新放送論

島崎哲彦・米倉 律 編著

学文社

はじめに

　世界初のラジオ定時放送は1920年11月2日，米ペンシルベニア州ピッツバーグのKDKAによって開始された。以来，あと数年で1世紀，すなわち100年という時間が経過しようとしている。日本においてもラジオは1925年に，テレビは1953年に放送が開始され，それぞれ90周年（2015年），60周年（2013年）という節目の年をすでに過ぎた。新聞や映画といった他のマス・メディアと比べると後発メディアである放送も「歴史」の名に値する時間を蓄積してきたといえる。そしてその間に放送は，私たちの日常生活に深く根を下ろし，政治や経済，社会，文化など各領域において大きな影響力を持つメディアへと成長してきた。

　他方で，放送の歴史は絶えざる変化の歴史でもあった。ラジオ時代からテレビ時代へ，白黒テレビからカラーテレビへ，衛星放送やケーブルテレビの登場と普及，デジタル放送やハイビジョン放送の開始など，放送は技術革新を繰り返しながら進化と発展を続けてきた。また近年では，インターネットが急速に台頭してメディア環境が大きく変容するなか，情報媒体としても広告媒体としても放送の存在感や影響力は相対的に縮小しはじめている。そして，若年層を中心に人びとのテレビ離れが指摘され，はやくも放送を「オールド・メディア」「斜陽産業」などと形容する声さえ珍しくなくなっている。

　『放送論』（旧版）を上梓した2009年1月からの9年ほどのあいだにも，放送をめぐる状況は目まぐるしく変化し，幾つもの特筆すべき事件や出来事が起こった。2011年3月に発生した東日本大震災および福島第一原発の事故では，放送は緊急報道・災害報道において一定の役割を果たした反面，特に原発事故報道において政府や東電に依存する「発表報道」が大きな批判の的となった。また第2次安倍政権下（2012年〜）では，テレビと政治の距離，テレビジャーナリズムの自律性が問題となるような事案が相次いできた。さらに近年では，「フェイクニュース」や「ポスト・トゥルース」などが大きな議論の対象とな

るメディア状況の中で，テレビについても信頼性や放送倫理のあり方が改めてさまざまな形で問われている。

　本書，『改訂版 放送論』では，こうした近年における変化や動向を踏まえ，内容や情報を更新・改訂するとともに章立ておよび執筆陣を一部変更している。旧版との主要な相違点は，ドラマについて論じた章（Ⅵ章）を新設したこと，広告を扱った章を廃止して第Ⅲ章「放送の産業構造とその変容」に統合したこと，旧版では終章（ⅩⅢ章）で取り上げていた放送の課題・展望については各章それぞれのテーマの中に盛り込んだことなどである。

　各章を担当した執筆者はそれぞれの領域を専門とする研究者であり，放送の歴史，法制度から，産業，倫理，コンテンツ，そして世界の最新動向に至るまで放送に関する多角的で専門的な検討を充分に行うことができたと確信している。そして，本書は放送を学ぶ学生にとっても，放送の概況を知り問題点を理解するうえでの，よき教科書になるものと考えている。

　最後に本書の刊行にあたっては，学文社の田中千津子社長をはじめ編集部の皆さんに大変お世話になった。ここに記して深い感謝の意を表するものである。

　2018 年 1 月

編者

目　次

第Ⅰ章　放送メディアの特性と社会的機能

1. 映像・音声メディア，文字メディアの特性と受け手の受容

　マス・メディアのうち4大メディアと呼ばれる新聞，雑誌，ラジオ，テレビは，この配列の順に登場した。世界で最初の日刊新聞は，1660年にドイツ・ライプチヒで創刊された『ライプチーガー・ツァイトゥング』(稲葉三千男，1989) であり，日本で最初の近代新聞といえるのは，1870年創刊の『横浜毎日新聞』(稲葉，1989) である。世界で最初の雑誌は判然としないが，日本で最初の雑誌は，西村茂樹，福澤諭吉，森有礼，西周らの明六社が1873年に発行した『明六雑誌』であるといわれる。世界で最初のラジオの本放送を開始したのは，1920年，アメリカ・ピッツバーグのKDKA局 (南利明，1992) であり，日本のそれは，1925年，(社) 東京放送局 (南，1992) である。世界で最初にテレビの本放送を開始したのは，1936年，イギリスのBBC (南，1992) であり，日本のそれは，1953年，NHKと日本テレビ放送網 (南，1992) である。

　この4大メディアのうち新聞と雑誌は活字メディアであり，ラジオは音声メディア，テレビは映像・音声メディアである。ニュースを事例にとりあげると，いずれのメディアもそれぞれのメディアの特性に従って，出来事の事実の一部を切り取って編集し，人びとに伝達する記事・番組を制作する。その編集は，活字メディアと映像・音声メディアでは異なる方式に従う。

　一つひとつの言葉には，社会的に共通する概念をもつという規約性がある。この規約性がある言葉を用いて綴る活字メッセージは，ひとつの事象を表現するのに，言葉のもつ概念を論理でつなげるという論弁的形式に従う。他方，映像は，事象全体をそれぞれの構成要素が有機的に結合した有縁的姿のまま提示するという特性をもっている。この有縁的特性をもつ映像を用いて編集する映

像・音声メディアは，ひとつの事象を表現するのに，事実の有縁的な断片をつなぎ合わせるという現示的形式に従う（津金沢聡広・田宮武，1983）。

　では，マス・コミュニケーションの受け手である人びとは，特性の異なる活字メディアによるメッセージと映像・音声によるメッセージをどのように受容するのであろうか。新聞とテレビを対比してみる。

　まず，受け手のメディアに対する関与度を比較してみる。日本では新聞の宅配制度が発達しており，新聞が人びとの自宅の手の届くところにあることを考えると，受け手の新聞閲読は習慣化しているといえよう。しかし，それでも新聞は人びとが読もうという意思をもち閲読行動を起こさないと，メッセージが受け手に到達しない。他方，テレビは電源が入っている状態（セット・イン・ユース）にあれば，受け手の耳に音声が到達し，そちらを向けば映像も目に入ってくる。したがって，受け手のメディア接触に対する積極性からみると，新聞は高関与メディアであり，テレビは低関与メディアであるといえる（島崎哲彦，1997）。

　次に，受け手がメッセージに接触した後の解読について比較してみる。言葉の規約性に基づいて論弁的形式によって編集された活字メッセージに接した受け手は，合理的・論理的に解読するであろう。これに対して，有縁的な事実の断片をもって現示的形式によって編集された映像・音声メッセージに接した受け手は，情緒的・感覚的に受容するであろう（島崎，1997）。

　情緒的・感覚的に受け手に接近するテレビのメッセージは，合理性，論理性で受け手に接近する新聞よりも受け手にとってのインパクトが大きいという特徴も指摘できる。それゆえに，テレビのメッセージは受け手にとって直ちに利益や満足を得る即時報酬的であり，新聞のメッセージは後に利益や満足を得る遅延報酬的であるといえる。

　この点がテレビというメディアの優れた点であり，劣った点でもある。受け手はテレビの映像・音声を情緒的・感覚的に受容し，強い印象を残す反面，その問題や背景にあるものを合理的・論理的に解読しようとしない傾向がある。テレビは，強烈な印象を人びとに与えるが，問題解決に結びつくような解釈に

到達しにくいといえよう。

　このように，活字メディアと映像・音声メディアではメッセージの編集方式が異なり，受け手の受容のしかたも異なる。したがって，同じ出来事であっても受け手に伝達・受容された内容は異なるものとなり，それは新聞的事実，テレビ的事実と呼ぶのが相応しい事実である（島崎，1997）。マス・コミュニケーションは，人びとに直接体験による現実環境以外の出来事の情報を提供し，リップマン（Lippmann, W.）のいう人びとの疑似環境を形成する（リップマン，1922=1987）。したがって，その疑似環境はテレビによる場合と新聞による場合では異なったものが形成されることとなる。

2．マス・コミュニケーションにおけるテレビの機能

　映像・音声メディアであるテレビの社会的機能を検討するにあたって，まず，マス・コミュニケーションの社会的機能について，マクウェール（McQuail, D.）の整理を提示しておく（マクウェール，1983=1985）。次に示すのは，マクウェールの提示した受け手の視点からみたマス・コミュニケーションの機能である。

Ⅰ　情報
　(1) 身近な環境や社会や世界における，重要な出来事や状況を見つけ出す。
　(2) 実用的な事柄についての助言や，意見や意思決定についてのアドバイスを求める。
　(3) 好奇心や一般的興味を満足させる。
　(4) 学習と自己啓発。
　(5) 知識を通して安心感を得る。
Ⅱ　個人のアイデンティティ
　(1) 個人的な価値を強化する。
　(2) 行動のモデルを見出す。
　(3) （メディアのなかの）重要な他者と同一化する。

　（4）個人のアイデンティティについての洞察力を得る。

Ⅲ　統合と社会的相互作用

　（1）他者の置かれている境遇についての洞察力を得る―社会的共感。

　（2）他者と同一化し，集団への所属感を得る。

　（3）会話や社会的相互作用のための素材を見出す。

　（4）実在の交友関係の代用物を得る。

　（5）社会的役割の遂行を助ける。

　（6）家族，友人，社会との結びつきを可能にする。

Ⅳ　娯　楽

　（1）悩みごとからの逃避または息抜き。

　（2）休息。

　（3）独特の文化的，美的楽しみを得る。

　（4）暇つぶし。

　（5）情緒的解放。

　（6）性的興奮。

　ここで，新聞とテレビのメッセージ内容の現況を念頭において，両者を比較してみる。全国紙や地方紙などの一般紙の機能は，「Ⅰ　情報」，「Ⅱ　個人のアイデンティティ」，「Ⅲ　統合や社会的相互作用」に偏っており，なかでも遅延報酬を提供する機能と深くかかわっているといえよう。他方，テレビは現示的形式によって編集され，即時報酬的であることは，既に指摘したとおりである。それゆえ，テレビは「娯楽」を提供するのに向いたメディアである。もちろん，テレビは他の機能も果たしているが，新聞との違いはこの娯楽提供機能にあるといえよう。

　テレビが娯楽メディアとして大いに発展したのは，もちろんメディア特性とかかわりがあるが，テレビが後発メディアであった点とも深いかかわりがある。

　新聞は中世後期に登場し，イギリスの名誉革命（1688），アメリカの独立革命（1775），フランスの大革命（1789）を経て近代市民社会が成立するにあたって，

市民の言論機関としての機能を果たした。その後も，社会的に大きな影響力を
もつ政府，政党，後には大企業などの権力と対峙しつつ，普通選挙制度など市
民の権利の獲得に寄与したのである。このような過程で，西欧型の新聞は自ら
が正しいと考えることを主張する独立新聞へと発展していく。この系譜は，大
衆化以降の現代社会におけるジャーナリズムのあり方，受け手に何をどのよう
に伝えるのかというジャーナリズム思想とその実践へと結びついていく。その
結果，ラスウェル（Lasswell, H. D.）の提示した①（人びとを取り巻く社会的）環境
の監視，② 環境に反応する際の社会的諸部分の相互作用，③ 世代から世代へ
の社会的遺産の伝達（ラスウェル，1949=1954）が重視されることとなる。日本
の新聞の初期における発展もまた，明治維新後の没落不平士族が中心の自由民
権運動を背景とした言論新聞である政論新聞（大新聞：オオシンブン）が担っ
たものであった。その後，西欧とは異なり，政治外的中立主義の立場に立つ日
本型新聞（小新聞：コシンブン）が台頭するが，いずれにせよ，日本型新聞も
また日本型ジャーナリズムの実践を担ったことに相違はない。

　他方，テレビは新聞にはるかに遅れて登場した。工業化が進展し，工場労働
者として農村から都市への大規模な人口移動が発生し，都市の労働者層が一定
の社会勢力となり，大衆社会が成立した後の時代である。テレビは，この大衆
を視聴者とすることとなる。

　報道などのジャーナリズムの領域では，言論の自由獲得のための権力との闘
争の歴史とともに歩んだ新聞がはるかに先行しており，テレビはそれに追随す
ることとなる。日本を例にとると，1953 年に放送を開始した民放テレビでは，
当初，ニュース番組の編集は新聞社の指導の下に置かれ，また新聞出身者に依
存していた。その後，テレビはカメラとマイクを街頭に持ち出し，さまざまな
出来事に対する一般の人びとの声を取り込むことによって独自のニュース制作
の技法を開発するが，それでもニュース編集の基本は新聞を追うものであった。

　一方で，テレビは前掲のメディア特性を活かして，娯楽の分野で大いに
発展する。1953 年に放送を開始した日本テレビ放送網は，プロレス番組で
多くの視聴者を獲得する。1945 年の太平洋戦争敗戦後，1951 年のサンフラ

ンシスコ対日講和条約調印まで，日本は連合国軍総司令部（GHQ：General Headquarters），実態はアメリカ軍の占領下に置かれた。その数年後，未だ占領下の社会状況を引きずる当時，空手チョップで白人レスラーを次々と倒す力道山が人気を博したのである。読売新聞社系の日本テレビ放送網は，プロレスの次に同系列のプロ野球読売巨人軍の試合中継で視聴者を獲得していく。日本テレビ放送網に2年遅れて1955年に放送を開始したラジオ東京テレビジョン（現東京放送ホールディングス，TBSテレビ）は，視聴者獲得のためにドラマと報道に力を注ぐ。特に「ドラマのTBS」と呼ばれる程，ドラマの領域で視聴者の評価を得た。

　このように，テレビはそのメディア特性ゆえに，また新聞等の他メディアとの歴史的関係ゆえに，娯楽を提供するメディアとして発展していったのである。

3. 受け手のテレビの機能評価

　では，テレビの受け手である一般の人びとは，テレビの機能をどのように考えているのであろうか。表Ⅰ-1は，日本新聞協会が2015年に全国を対象に行ったメディアの印象・評価に関する調査の結果である（日本新聞協会広告委員会，2016）。

　まず，人びとの評価で目立つのは，インターネット普及以前テレビの特性のひとつであった速報性の座をインターネット（新聞社のニュースサイト31.1%）に奪われたこと，とはいえ，それに次いでNHK（28.4%），民放（25.6%）ともに一定の評価を得ており，速報性についてテレビに依存している人びとも相当数いると考えられる点である。

　次に，注目されるのは，同じ放送であってもNHKと民放の評価が大きく異なる点である。

　NHKは，「社会に対する影響力」（45.5%），放送内容の「安心性」（38.0%），「情報の信頼性」（32.8%），「情報の正確性」（30.9%），「中立・公正性」（24.1%）といった項目で，民放を含む他メディアより高い評価を得ている。また，「知的」

(36.8%)，「教養に役立つ」(28.9%)，「世論形成力」(28.6%)，「情報源として欠かせない」(27.1%)，「視野を広げてくれる」(24.1%)，「世の中の動向を幅広く掌握」(22.9%)，「情報の整理性」(22.6%)，「情報の重要度が分かる」(22.2%)，「社会の一員として必要なメディア」(21.8%)，「詳報性」(20.1%) といった多くの項目で，新聞に次ぐ 2 位の評価を得ている。総じて NHK に対する評価は，新聞への評価と近似しており，ジャーナリズム性に関する項目で評価が高いと考えられる。NHK は，国の監督・統制下の社団法人として行った第二次大戦中の国民を戦争遂行に協力させる放送への反省と，日本を占領下に置いた GHQ の命令で，国とは一定の距離を置く特殊法人として再出発した。しかしながら，第二次大戦後も政府・政権与党との距離が問題とされることがしばしば生じた。2001 年に起きた従軍慰安婦を取り扱った番組の政権与党の圧力による改変問題などは，その代表的事例であろう。最近では，第二次安倍内閣発足以降，NHK 会長等の人事やその当事者の問題発言が度々指摘された。にもかかわらず，前掲の NHK に対する評価をみると，このようなことが人びとの「中立・公正性」や「信頼性」の評価に影響を与えるに至っていないといえよう。

　他方，新聞の「中立・公正性」の評価が NHK に比べて低い点 (15.3%) については，次のような要因が考えられる。日本のジャーナリズムは，明治期における日本型大衆新聞 (朝日新聞，毎日新聞，読売新聞) の台頭以降，多くの読者を獲得するために政治外的中立主義の立場をとり，西欧の独立新聞のような主張を行わず，事実報道中心の「結果ジャーナリズム」の傾向が強かった。さらに，太平洋戦争中の権力によるメディアを利用した大衆操作，そのことに対する戦後の反省と GHQ による客観報道要求を経て，戦後の客観報道＝中立主義が成立していった。日本では，受け手である人びとにも，このような客観報道＝中立主義を評価する傾向がある。ところが，2004 年 5 月 3 日憲法記念日に読売新聞に掲載された憲法改定の試案にみられるように，日本の政治情勢の変化の中で新聞は多少の主張を行うようになってきた。このような主張が人びとの中立・公正性の評価を低下させることになったとすれば，批判性や世論に対する主導性に欠けると批判されてきた新聞を代表とする日本のジャーナリズム

表Ⅰ-1　メディアの印象・評価（複数回答）　　（n=3,845）（%）

	新聞	テレビ（NHK）	テレビ（民放）	ラジオ	雑誌	検索サイト	新聞社のニュースサイト	SNS・ブログやコミュニティサイト・コミュ
社会に対する影響力がある	44.3	45.5	36.4	10.1	10.1	9.3	13.8	11.3
知的である	42.2	36.8	6.9	7.0	4.0	7.8	3.6	1.6
安心できる	35.0	38.0	13.8	10.3	3.4	4.8	4.0	1.3
自分の視野を広げてくれる	32.9	24.1	23.0	9.7	15.9	5.7	12.6	8.7
情報源として欠かせない	32.5	27.1	26.1	8.9	5.0	5.1	15.0	6.2
教養を高めるのに役立つ	32.2	28.9	12.5	6.3	8.6	4.4	6.3	2.2
日常生活に役立つ	31.0	26.6	31.4	11.1	12.8	4.6	14.5	6.9
地域に密着している	30.3	11.4	16.0	11.8	1.1	1.8	2.8	2.8
話のネタになる	30.1	21.7	45.1	15.9	22.8	6.6	21.2	15.7
情報の信頼性が高い	29.9	32.8	10.0	5.4	1.2	4.8	4.4	1.1
社会の一員としてこのメディアに触れていることは大切だ	29.3	21.8	17.8	6.7	3.7	4.5	7.9	3.3
情報が正確である	29.1	30.9	10.7	6.4	2.1	5.2	4.9	1.4
世論を形成する力がある	28.8	28.6	20.9	5.4	3.9	5.4	7.5	5.1
手軽に見聞きできる	28.0	24.3	40.8	19.9	14.7	9.8	25.9	13.8
情報が整理されている	27.8	22.6	10.9	4.2	4.4	5.7	7.7	1.3
情報量が多い	27.5	18.5	23.6	5.5	8.0	8.4	17.2	7.6
読んだ（見た・聞いた）ことが記憶に残る	27.4	17.9	18.8	7.0	9.1	3.1	7.8	4.6
世の中の動きを幅広く捉えている	27.0	22.9	19.5	5.7	4.4	5.3	10.5	4.0
多種多様な情報を知ることができる	26.1	18.7	29.6	9.8	12.6	8.1	20.3	9.7
親しみやすい	25.9	21.3	52.2	22.5	19.6	4.9	17.7	13.1
分かりやすい	25.2	28.3	31.1	9.4	11.2	5.8	14.4	4.8
情報が詳しい	25.1	20.1	14.2	3.9	7.0	5.5	8.3	2.8
バランスよく情報が得られる	24.8	17.7	16.2	4.7	2.4	4.5	9.8	1.8
仕事に役立つ	24.1	15.3	11.9	5.5	4.6	5.3	9.2	2.9
情報の重要度がよく分かる	22.8	22.2	12.6	4.1	1.8	4.0	5.7	1.5
物事の全体像を把握することができる	21.8	16.3	12.6	3.4	2.4	3.5	5.8	1.9
集中して見聞きする	19.9	14.6	10.9	5.1	4.5	3.1	6.2	2.9
物事の背景がよく分かる	18.6	16.5	14.4	3.2	3.3	3.2	5.3	2.4
就職活動をするために重要な情報源である	17.8	8.7	6.2	2.2	2.8	4.5	6.0	3.0
中立・公正である	15.3	24.1	6.0	3.8	0.9	2.1	2.5	1.0
情報が速い	8.7	28.4	25.6	12.1	1.6	14.0	31.1	11.5
楽しい	8.6	15.0	47.8	17.3	23.4	2.4	11.7	13.9
時代を先取りしている	6.6	9.1	17.1	3.1	11.2	6.5	14.5	10.9

注）網かけは各評価項目で最もスコアが高いメディア

出所）日本新聞協会広告委員会『2015年全国メディア接触・評価調査報告書』

にとっては，この評価の低下を必ずしも非とするにはあたらないであろう。

　民間放送に対する人びとの評価は，NHK と対極的である。「親しみやすい」(52.2%)，「楽しい」(47.8%)，「話のネタになる」(45.1%)，「手軽」(40.8%)，「日常生活に役立つ」(31.4%)，「分かりやすい」(31.1%)，「多種多様な情報」(29.6%)といった項目で，NHK を含む他メディアより高い評価を得ている。民放は，身近な情報提供機能と娯楽性で人びとに評価されていると考えられる。

4.　受け手のメディア接触

　では，受け手はどのようにメディアに接触し，利用しているのであろうか。前掲の日本新聞協会の『2015 年全国メディア接触・評価調査報告書』のデータを基に，現況について検討してみる。

　テレビの視聴者は全体の97.3% で，年齢層による差異はあまりみられない。視聴者の 1 日あたり平均視聴時間は 3 時間 22 分で，40 歳代以下と 50 歳代以上で差があり，高齢層の視聴時間が長い。視聴者率と視聴時間には，インターネット普及による影響が少ないと考えられる。

　新聞（新聞紙）閲読者は全体の77.7% で，10 歳代後半の閲読者率は低く，50 歳代まで加齢とともに増加し，60 歳代以上で90% 超となる。閲読者の 1 日あたりの閲読時間は，平日朝刊平均閲読時間が 26 分，休日朝刊平均閲読時間が 29 分で，10 歳代前半から 30 歳代までは短く，40 歳代以降加齢とともに長くなる傾向がある。朝刊の閲読率は，インターネット普及以前，どのような調査でも 90% 程度であったので，新聞はインターネット普及によって影響を被ったメディアであるといえよう。特に，若年層でその影響は大きいといえる。

　インターネットの利用者率は全体の70.4% で，60 歳代では利用者が半数弱，70 歳代では 20% 程度と激減する。仕事の場にインターネットが浸透し，現役世代には身近な存在となっていることがうかがえる。ウェブサイトの閲覧者は全体の 70% 程度で，インターネット利用者率と同様，60 歳以上で激減する。余暇でのインターネット利用時間は，平均 1 時間 47 分で，20 歳代をピーク（平均 3 時間 7 分）に 10 歳代後半から 30 歳代で長く，40 歳代以上では加齢ととも

に減少していく。インターネット利用者は若年層で多く，新聞閲読者が高齢層で多いのと対極をなしている。その境界は，40〜50歳代の中年層である（日本新聞協会広告委員会，2016）。

5. 多メディア時代のテレビと社会的機能

　本章3節，4節ではNHKと民間放送に対する受け手の評価と接触状況を検討したが，これらの放送は地上波放送を中心としたものである。

　しかし，現在では放送は多様化しているし，他メディアとの融合も進展している。20世紀末に通信衛星を利用したCS放送（1992年放送開始），放送衛星を利用したBS放送（1984年試験放送開始），多チャンネル・双方向の都市型CATV（1987年開局）が登場し，多メディア化が進展した。さらに，CS放送・BS放送のデジタル化（CS放送1996年，BS放送2000年）によって多チャンネル化が進展し，地上波テレビでも2003年にデジタル放送が開始され，2012年にアナログ放送が停波した。CATVもまた，他の放送メディアのデジタル化に伴って，デジタル化・多チャンネル化した。放送の多メディア・多チャンネル化以前の地上波放送は，電波の希少性ゆえに，放送法によって「教養・教育」，「報道」，「娯楽」の3領域によって番組編成を行う「放送番組調和原則」に基づく「総合放送」規定（放送法第5条，第106条）の適用を受けてきた。しかし，多メディア・多チャンネル化が始まると，BS放送やCS放送は利用可能な電波の増大を受けて「総合放送」規定が適用されず，ここに特定領域の番組で編成される「専門放送」（放送法第8条）が多数登場したのである。

　他方，放送のデジタル化は，すでにデジタル化されている通信との融合も促進し，データ放送やCATVの上り・下り回線を利用したケーブル・インターネット，ホーム・ショッピング，チケット予約，ビデオ・オン・デマンド，ゲーム・サービス，CATV電話，ホーム・セキュリティ，在宅医療支援といったさまざまな新しいサービスが提供されるようになった。また，インターネット放送やインターネット新聞，スマートフォン等を利用したワンセグ放送のように，従来のマス・メディアと通信技術を融合した新しいサービスも登場した。

　多メディア・多チャンネル化とは，放送にとっては単なる多チャンネル化のみならず，放送番組の多様化であり，伝送路の多様化であり，受信装置の多様化でもあるといえる。

　しかし，世界規模の放送の多メディア・多チャンネル化は放送ソフトの不足や映画等の番組価格の高騰を招き，またインターネットの映画やドラマの動画配信の影響もあって，放送番組の質低下といった問題を指摘するむきもある。

　ここで，放送とインターネットの関係をとりあげて，それらの社会的機能について考察してみる。放送は，取材・制作過程を経て，番組を地上波，衛星波，CATV を経由して視聴者に向けて送り出す。インターネット放送におけるインターネットは，地上波や衛星波と同様に，放送にとっては番組の伝送路のひとつに過ぎない。

　他方，インターネットのプロバイダーは，番組の取材・制作能力を有していない。インターネットを伝送路にして情報を提供するのは，従来からのマス・メディアである放送や新聞，そしてマス・メディア以外のさまざまな組織や個人である。

　近年，人びとに対する情報の提供に関して，インターネットを利用した市民ジャーナリズムの機能がさまざまな議論の対象となった。市民ジャーナリストのインターネットによる映像情報の発信は，オルタナティブ・メディアと呼ばれることが多い。オルタナティブ・メディアとは，① 専門集団による組織的取材・編集・放送を行う従来のテレビとは異なり，一般市民などを中心とした集団・組織（NPO も含まれる）によって制作から発信までの運営を行うメディアであり，② その番組内容はテレビなどのマス・メディアがとりあげないような地域の問題であったり，マス・メディアがとりあげた問題を異なる視点から検討するなど，従来のマスコミ文化に対して対抗文化的要素を含み，独自の視点から制作・編集されたものであり，③ 従来の放送とは異なり主としてインターネットを利用して発信を行うメディア活動であるといえる。しかし，オルタナティブ・メディアは独自の視点を有するとはいえ，全国規模や世界規模の政治，経済，社会などの重要な出来事については，取材能力を有していない

し，現在のマスコミ界の制度の下では取材すること自体が不可能である。その
ような出来事に対しては，オルタナティブ・メディアは，マス・メディアが
提供する情報に基づいて，マス・メディアとは異なる見解を提示するか，イン
ターネット上およびインターネット外での人びとの議論のきっかけを作ると
いった機能を果たしているに過ぎない。そのような出来事を人びとに重要な問
題であると提起する議題設定機能（McCombs, M. E. & Shaw, D. L., 1972）を担っ
ているのは，従来からのマス・メディアである。

　しかし，インターネット上という公開の場で人びとが批判的な論争を行
うという点では，オルタナティブ・メディアや掲示板などはハーバーマス
（Habermas, J.）の提唱する市民的公共性＝公共圏（ハーバーマス，1990=1994）の
形成に寄与しており，インターネットはその場を提供しているといえよう。そ
して，この議論は時に世論の形成に寄与し，さらに運動へと発展させる力を発
揮することもある。もちろん，テレビや新聞などのマス・メディアが，公共圏
の生成に全く無力というわけではない。CATV は，地域の公共圏の生成につ
いてこれまでも期待されてきたし，将来においても期待されている。しかし，
送り手から受け手の一方向性の強いメッセージ伝達を特性とするテレビなどの
マス・メディアは，一般の人びとに議論の場を提供するという点においては弱
体である。インターネットには，組織から個人まで多くの発信者が含まれ，か
つ誰でもが利用できる発進力を有するゆえに，地域の問題から全国規模・世界
規模の問題まで，公共圏の生成に大きな力を発揮するといえる。

　このように考えると，インターネットの登場は放送の速報性機能を奪うなど，
従来のマス・メディアの社会的機能に大きな影響を与えたといえる。しかし，
他方で従来のマス・メディアとインターネットを組み合わせたメディア複合に
よる新しいマス・コミュニケーション過程が誕生している。放送などの従来の
マス・メディアによる議題設定→オルタナティブ・メディア，掲示板などによ
るインターネット上での人びとの議論の展開→それを従来のマス・メディアが
とりあげることによるさらなる議題設定→相乗効果による世論形成といったマ
ス・コミュニケーション過程である。今後，マス・コミュニケーションがこの

ような過程を経て社会に大きな影響を及ぼすことが，ますます増えていくもの
と予測される。

引用文献

ハーバーマス，J.（細谷貞雄・山田正行訳）『公共性の構造転換―市民社会の一カテ
　ゴリーについての研究』第 2 版，未来社，1994.（Habermas, J., *Strukturwandel
　der Öffentlichkeit: Untersuchungen zu einer Kategorie der burgerlichen
　Gesellschaft*, Suhrkamp Verlag, 1990.）

稲葉三千男『コミュニケーション発達史』創風社，1989.

リップマン，W.（掛川トミ子訳）『世論』上下，岩波書店，1987.（Lippmann,W.,
　Public Opinion, The Macmillan Company, 1922.）

マクウェール，D.（竹内郁郎他訳）『マス・コミュニケーションの理論』新曜社，
　1985.（McQuail, D., *Mass Communication Theory -An Introduction-*, 1983.）

McCombs, M. E. & Shaw, D. L., "The agenda-setting function of mass media",
　Public Opinion Quarterly, 36, 1972.

南利明編『放送史事典』学友会センター，1992.

日本新聞協会広告委員会『2015 年度全国メディア接触・評価調査報告書』2016.

ラスウェル，H. D.「社会におけるコミュニケーションの構造と機能」シュラ
　ム，W. 編（学習院大学社会学研究室訳）『マス・コミュニケーション』創元社，
　1954.（Schramm, W.（ed.）, *Mass Communication, A Book of Readings selected
　and edited for Institute of Communication Research in the University of Illinois
　by the Director of the Institute*, The University of Illinois Press, 1949.）

島崎哲彦『21 世紀の放送を展望する―放送のマルチ・メディア化と将来の展望に
　関する研究―』学文社，1997.

津金沢聡広・田宮武編著『放送文化論』ミネルヴァ書房，1983.

第Ⅱ章　放送史

　放送史を記述することは，とても難しい。放送をどの視点から切り取るかによって，さまざまな歴史が描けてしまうからである。放送の産業や技術の変化のような「かたい」歴史もあれば，番組内容の変化といった「やわらかい」歴史もある。あるいは，各時代の番組の視聴体験をつづることでも，放送の歴史を描くことができるだろう。

　本章では，日本の放送史を「現代史」（とくに昭和史）という視点で記述してみたい。誕生以来，放送というメディアはほとんど全ての世帯に入り込み，人びとにとって中心的な存在であり続けてきた。戦前あるいは戦後に起こった社会的事件は放送によって認知され，放送もまた社会的事件によって発展してきた。日本における放送の歴史とは，現代の歴史であり，言い換えれば，人びとの「日常の歴史」でもあるのだ。[(1)]

1. 放送は昭和とともに始まった

(1) 後藤新平の野望

　日本におけるラジオ放送がはじまったのは，1925年3月22日のことである。日本初の放送局は日本放送協会であると思いがちだが，この日，仮放送を行ったのは「社団法人東京放送局」である。

　社団法人東京放送局は，当時の逓信大臣・犬養毅による発案で，営利を目的としないことが約束されて発足した。これはアメリカの放送史とは決定的に異なる点で，アメリカの場合，1920年に誕生した世界初の放送局KDKAは民間放送局であった。アメリカはアマチュア無線の時流に乗って民間放送が誕生したのに対し，日本での放送の始まりは中央集権的であった。

　東京放送局の初代総裁を務めたのは，後藤新平である。ラジオ放送が開始した 3 月 22 日午前 10 時，後藤は「無線放送に対する予が抱負」と題した演説をしている。「諸君，いよいよ本日より無線電話の放送を開始するに際しまして，不肖後藤新平が当放送局の総裁として，茲に一言するの機会を得たことは，最も光栄とする所であります」と語りはじめた。

　後藤はこの挨拶のなかで，これからの放送事業に関する 4 つの職能をあげている。第 1 に「文化の機会均等」，第 2 に「家庭生活の革新」，第 3 に「教育の社会化」，第 4 に「経済機能の敏活」である。なかでも後藤が力を入れたのが，「文化の機会均等」である。後藤曰く，いままで都会と地方には大きな隔たりがあり，主人が外に出て「文化的利益」を受けつつある間に，家にいるものは「落伍者」となっていたという。ラジオはそうした「都鄙と老幼男女と各階級相互との障壁区別を撤して，恰も空気と光線との如く，あらゆる物に向って其の電波の恩を均等に且つ普遍的に提供するもの」であると後藤は力説した（日本放送協会編，1977）。

　関東大震災以後，帝都復興院の総裁も務めていた後藤は，都市や農村を関係なく伝搬するラジオというニュー・メディアに，これからの近代社会の構想を重ねたのかもしれない。この後藤の野望は，その後，6 月 1 日に大阪放送局，7 月 15 日に名古屋放送局が放送を開始し，1926 年 8 月に 3 社が解散・統一して「社団法人日本放送協会」が誕生することで実現していくことになる。この新社団法人は，5 年以内に全国どこにいても鉱石式受信機で放送が聴けるよう，全国放送網の準備に取りかかることになったのである。こうして，日本におけるラジオ放送の幕があがった。

（2）高柳健次郎の夢

　一方，後藤がこれからのラジオを考えていた頃，テレビジョンの開発も着々と進んでいた。実は，日本におけるラジオ放送の開始とテレビジョンの開発の成功は，ほとんど同時期だった。

　日本のテレビ開発の祖は，高柳健次郎である。高柳は 1926 年 12 月 25 日，

世界にさきがけて「イ」の字の送受像に成功し，この新しく開発した技術を「無線遠視法」と名づけた。後に高柳はその理念を次のように回顧している。「ラジオ放送が遠くから無線で声を送れるのならば，映像だって無線でやれる理屈ではないか。そうすれば外国からの映像の中継放送でもやれるはずだ。私はこのように考え，それに『無線遠視法』と名付け，この考えにとりつかれていったのである」（高柳健次郎，1986：34）。

　古本屋でたまたま見つけたフランス雑誌の漫画をヒントに，無線遠視（テレビジョン）の開発を思いついた高柳は，1924年に浜松高等工業学校に転任した。高柳は送像側にニポー円板，受像側にブラウン管を使用する折衷方式をとることで，1926年暮れ，世界に先駆けて「イ」の字の送受像に成功した。

　実は高柳が「無線遠視法」を成功させた日は，奇しくも大正天皇が死去した日でもあった。奇妙な偶然だが，これは日本のテレビジョンが昭和とともに始まったという史実として興味深い。1925年に誕生したラジオと，1926年に開発が成功したテレビは，こうして「昭和史」とともにはじまっていくのである。

2. 戦争とラジオ──1930年代～40年代

（1）ラジオの発展，テレビの挫折

　1928年11月5日，新天皇の即位行事に合わせ，ラジオの全国放送網が完成した。東京，大阪，名古屋の他に，広島，熊本，仙台，札幌に新局が建設され，各局をつなぐ中継線が開通した。これによってラジオを介して人びとの体験がつながれはじめていく。その典型的な番組が「ラジオ体操」だろう。1928年，遞信省簡易保険局の発案によってはじまったラジオ体操は，号令一下，何百万人もの人びとが，同時に同一の動きをしていくことになった（黒田勇，1999）。

　このラジオの「同時性」や「広範性」をもっとも発揮できる場が，「戦争」であったことは言うまでもない。ラジオは情報宣伝活動を一本化し，戦意昂揚・国威宣揚のために情報を国民に拡散する道具となっていく。その意味において，ラジオは戦争に深く加担した戦犯であった。当時の知識人も「今やラジ

オは戦争遂行のための最強の而も最重要な装置と考えられるに至った」(小山栄三, 1942：5) と述べている。

　1931年9月18日, 柳条湖での南満州鉄道爆破事件をきっかけに, 日本は戦争へと巻き込まれていった。翌19日, 6分間の臨時ニュースを挟んだ瞬間が, ラジオと戦争の蜜月関係のはじまりであった。日中戦争が勃発するなかで, 陸軍・海軍・内務・逓信の各省はラジオの普及活動に乗り出し, 日本放送協会は「挙って国防　揃ってラジオ」という標語入りポスターを作成し, 全国に配布した。1932年に100万人を超えたラジオの聴取者は, 戦争終結前年の1944年には750万人を突破した。ラジオは戦争によってメディアの中心となり, 戦争はラジオによって生活の中心となっていった。

　一方その頃, 高柳健次郎らによって開発された日本のテレビ技術は, 一定の完成をみていた。とくに第12回東京オリンピック大会 (1940) の開催が決定してからテレビ開発は活性化し, 五輪放送計画もほぼ固まっていた。しかし, 1938年7月15日, 東京大会開催は幻となる。戦時下の物資統制で競技場建設ができなくなったことを理由に, 東京大会は返上されたのである。この返上の知らせが, 高柳をはじめとするテレビ技術者たちを大きく落胆させたことは想像に難くない。戦争はラジオを発展させた一方で, 無線遠視 (テレビジョン) の夢を無残にも消し去ったのである。

(2) "堪え難きを堪え"——玉音放送

　戦争を終わらせたのも, ラジオであった。1945年8月15日正午, 天皇は初めて正式に, ラジオの前で国民に語りかける。それまで天皇の「玉音」を放送することは禁忌とされていたが, このとき「玉音」が戦争の終結を告げるために利用された。これはラジオによる「降伏の儀式」(竹山昭子, 1998：71) でもあった。

　　朕深ク世界ノ大勢ト帝国ノ現状トニ鑑ミ非常ノ措置ヲ以テ時局ヲ収拾セムト欲シ茲ニ忠良ナル爾臣民ニ告ク。朕ハ帝国政府ヲシテ米英支蘇四国ニ対シ

其ノ共同宣言ヲ受諾スル旨通告セシメタリ……

　人びとは天皇の雑音まじりの放送と難解な言葉で意味が分からず，むしろその後に放送員によって朗読された「終戦の詔書」によって事態を理解した。皇居・二条城前では玉音放送を聞いた人びとが咽び泣き，跪いた。「堪ヘ難キヲ堪ヘ忍ヒ難キヲ忍ヒ以テ萬世ノ為ニ太平ヲ開カムト欲ス」と読む天皇の声は，緊張からやや震えていた。

　廃墟化した戦場から玉音放送が流れ，人びとが敗戦を理解したとき，戦前に拡大したラジオ放送の異常な空間は終わったのである。

(3) GHQ によるマイクの開放

　1945 年 8 月 30 日，マッカーサー元帥が厚木飛行場に到着し，日本は事実上，連合国軍の支配下に置かれた。同年 9 月 8 日，マッカーサーはアメリカ進駐軍とともに東京に乗り込み，連合国軍とその関係者 4 万 5,000 人が東京に駐留した（1946 年 2 月）。接収された第一生命ビルには，連合国軍総司令部（GHQ）が置かれ，内幸町の放送会館の 1 階と 4 階には民間情報教育局（CIE），6 階には民間検閲部（CCD）が鎮座した。

　占領軍が目指したのは放送の民主化であり，マイクの開放であった。戦前，上意下達のメディアとして国民に一方的に伝播していたラジオは，聴取者の声を積極的に発信することで民主化をはじめたのである。たとえば『街頭録音』（1946 ～ 1958）ではマイクに向かって市民が自分の意見を自由に述べ，そのテーマは「戦争孤児の救護について」「新憲法について」など多岐にわたった。他にも『のど自慢素人音楽会』（1946 ～）や『放送討論会』（1946 ～ 1963）など，ラジオは「民の声」の復権として，日本人の民主化に利用された。

　占領による放送の民主化において重要だったのが，この時代に放送制度が作られたことだろう。1950 年 6 月 1 日，GHQ の指導の下，電波三法が施行された。すなわち，放送法，電波法，電波監理委員会設置法である。それまで日本の無線行政は 1915 年制定の無線電信法によるものであったが，GHQ が同法

の改定を指示し，電波三法の成立をみたのである。とくに放送法の制定により，NHK は特殊法人となり，一方で，競争的自由企業としての民間放送が誕生した。このとき初めて誕生したラジオの民間放送局は，中部日本放送と新日本放送であった。これによって NHK による単独経営が終わりを迎えた。まさに電波三法の成立は，「戦後の放送民主化の制度的な仕上げを意味するものであった」（日本放送協会編，1977：293）。

3. 「夢の時代」とテレビ―― 1950 年代～ 60 年代

(1) NHK と民間放送の併存――街頭テレビの登場

　日本のテレビ放送が開始されたのは，1953 年 2 月 1 日のことである。同日，NHK 東京テレビジョン放送が開局し，ヘリコプターから開局ビラを散布した。同年 8 月 28 日には日本テレビが開局をする。実に高柳が開発に成功してから，四半世紀が経っていた。

　開局当時のテレビの受像機はわずか 866 台にすぎなかった。NHK に先に開局を譲ったことを悔いた正力松太郎（日本テレビ放送網初代社長）は，このとき「街頭テレビ」を設置するという奇策をとった。当時，テレビの広告収入は受像機の台数によって決まるとされ，民間放送が一定の収入を得るためには受像機の普及を待たなければならないと考えられていた。しかし，正力は広告効果が決まるのは受像機の台数ではなく，見ている人の数であるとし，都市空間に次々に街頭テレビを設置したのである（日本民間放送連盟，1961：382）。

　もっとも早い段階で設置されたのは，新橋駅西口広場（1953 年 8 月）で，その後，大井町阪急前，国鉄上野駅前，恵比寿駅前（1953 年 9 月）などに設置された。こうした街頭テレビによって，都市部は群衆の場となっていった。当時，五反田駅前の街頭テレビの光景を記した手記には次のような記述がある。

　　まっ暗な駅前広場は異様な熱気と昂奮に包まれていた。何ものかに憑かれたような血走った眼の男たちが押しあいへしあいして街頭テレビの前に群

がっていた。／その日たまたま夜学（定時制高校）の後半の授業が休講であった私はふだん降りたことのない五反田駅に降りてみて，聞きしに勝る街頭テレビの人気のすごさに圧倒されていた。／人ごみの後ろから豆粒のように小さく青白く光るブラウン管を眺めやる。プロレスの実況中継だった。(福島章ほか，1983：50-51)

草創期のテレビは，まさに「群衆の時代」である（仲村祥一ほか，1972）。都市部の人びとはどこかに群がってテレビを視ることが日常であった。その後，街頭テレビは料理屋，喫茶店へと広がり，さらに風呂屋などにも客引きのために設置されるようになっていった。こうした受像機の普及は，しだいに人びとの間に「テレビを所有すること」への欲望を喚起していくことになる。それはテレビが家庭空間へと侵入していく夜明けを告げていた。

(2) テレビが家にやってきた！——群衆から家庭空間へ

放送開始時に866台であったテレビジョンの契約台数は，1958年度末に198万2,379台，1959年度末には414万8,683台へと増加した（『NHK年鑑』1964年度版）。この原動力となったのが，1959年4月10日の「皇太子御成婚パレード」である。人びとは居間のテレビのなかでパレードを見たのである。あるサラリーマンは，田舎から上京してきた祖母のために，御成婚を見せてあげたいとテレビを購入した（『朝日新聞』1959年4月2日）。このことが意味するのは，テレビの設置場所が都市空間から家庭空間へと徐々に変化しはじめたということである。かつて普及率が低いころに日本テレビが主導した「街頭テレビ」はしだいに姿を消し，代わって家庭空間のなかにテレビは「一家団欒の装置」として入り込んできた。

敗戦を経た各家庭の居間において，テレビという電化製品は「夢の箱」であったに違いない。当時，テレビが家に来たときの家庭の光景が，次のようにいきいきとつづられている。

　私の家が初めてテレビを買ったのは，昭和 34 年頃，私が小学校 2 年生の時だった。／テレビが来るというので，母や祖母とタンスをどかしたりして，四畳半の茶の間の片隅を空かせたのを覚えている。……テレビを持つという事で，ひどくモダンな高級な暮らしになる様で，晴れがましい気持であった。／初めてテレビにスイッチを入れた時は家中興奮の渦であった。普段ムスッとした顔の父も威厳を保とうと努力しながらひきつってくる笑みを抑えられず，珍しく，お前達に付き合っているという風に私たちの顔を眺めては，笑っていた。(福島章ほか，1983：140-141)

　当時，多くの日本人にとって，テレビは「買う」というよりも「やって来る」ものだった (吉見俊哉，2003)。テレビを持つということは，生活の豊かさの実感でもあったのである。各家庭にとってテレビとは夢の装置であり，それを茶の間に迎え入れるということは特別な体験であった。こうして 1950 年代後半，電気冷蔵庫，電気洗濯機と並ぶ三種の神器として，テレビは各家庭の近代化の象徴としての役割を果たしていくことになる。

(3) 東京オリンピック——テレビによる狂騒

　1959 年度末に 415 万台だったテレビ受像機は，翌 60 年度末に 636 万台，61 年度末に 1,022 万台へと膨れあがった。1960 年代初頭，とうとうテレビは 1,000 万台を突破したのである。1,000 万台普及の起爆剤となったのが，1964 年の東京オリンピック大会の開催であったことは言うまでもない。一度，開催の返上を嘆いたテレビ技術者たちにとって，悲願とも言うべきイベントであった。ここにおいて高柳のオリンピックを遠視する夢が，とうとう実現したのである。

　東京オリンピック大会は，1964 年 10 月 10 日から 24 日までの 15 日間行われた。この東洋初のオリンピックは，世界 94 ヵ国から 6,605 名の選手が参加した。開会式の 10 月 10 日は透きとおるような秋晴れで，この模様を圧倒的多数の国民はテレビで視聴した。開会式当日の視聴率は 84.7％ にも達し，実に約 6,000 万人以上がテレビを通して祭典を見た (『文研月報』1965 年 1 月号)。

　面白いことに，テレビの前の国民たちは，必ずしも競技場で開会式を見られなかったことを悔いていない。NHK 放送世論研究所（当時）の調査によれば，「開会式にゆけなくて残念か」という質問に対して，58.3％の人が「ラジオテレビで充分だ」と答え，35.7％の人が回答した「残念だ」を大きく上回った（『文研月報』1965 年 4 月号）。

　大会期間中，テレビでオリンピックを見た人は 97.3％で，実に約 7,500 万人にのぼる。実際にオリンピック競技を会場で見た人は 206 万人だったので，いかに多くの国民がテレビで自国のオリンピックを体験していたかがわかる。大会期間中の国民 1 日あたりの視聴時間も，平均 8 時間 15 分にのぼった（『文研月報』1965 年 1 月号）。

　その結果，大会直後のアンケートでも「オリンピックの模様を知るうえで，どれが一番役に立ちましたか」という問いに「テレビ」と答えた人が 92％にのぼって他を圧倒した（藤竹暁，1965）。閉会式翌日の新聞の社説は，こうつづっている。

　　テレビがなければ，たとえ開催国であっても，国民の間にオリンピック・ムードがこれほど盛り上がりはしなかったであろう。事実，テレビをとおしての観衆がほとんどであったわけだが，人はその目で見て，はじめてオリンピックの真のすばらしさ，きびしさを知った。テレビの同時性は最大限に発揮され，新しい時代のオリンピックを感じさせた。（『毎日新聞』1964 年 10 月25 日）

　1964 年，こうしてテレビのなかでオリンピックは完結した。敗戦から立ち上がり，戦後日本はテレビとともに「夢」の時代を謳歌したのである。

4.「地方の時代」とテレビ── 1970 年代〜 80 年代半ば

（1）夢の終わりの始まり──浅間山荘事件中継

　1950 年代から 1960 年代，テレビとは魔法の箱であり，「夢の時代」の産物であった。これが 1970 年代に入ると，白黒テレビは全世帯に普及し，次第にカラーテレビへと移行しはじめる。この時点で，テレビは各家庭で必ず持つものとなった。言わば，このときテレビは「同居人」になった。1975 年，ある論者は次のように書いている。「テレビが現代日本人には，水か空気のように茶の間から離せなくなっている事実を素直に認めることは重要である」（『放送文化』1975 年 10 月号）。1970 年代，テレビは「夢」ではなく，ありふれた「日常」となったのである。

　このテレビの日常化のなかで起こった出来事が，浅間山荘事件（1972）であった。大量リンチ殺人事件の発覚を契機とした学生運動の終末として語られるこの事件は，放送史から見れば，テレビ的日常のなかで起こった出来事であった。1972 年 2 月 19 日から 10 日間にわたった連合赤軍と警察の攻防の最終日（2 月 28 日），NHK は 10 時間 40 分，日本テレビは 9 時間，TBS は 8 時間 50 分，フジテレビは 8 時間 59 分，人質救出の模様を放送し続けた（日本放送協会編，1977）。

　同日 12 時 15 分，全局の合計視聴率は 83.7％，人質救出と犯人逮捕後の午後 7 時の視聴率は 98.2％に達した。この日，視聴世帯の平均視聴時間は 6 時間 58 分となり，ほとんどの家庭でテレビがつけっ放しの状態とされた。このとき，向こう側で起きている非日常的な現実が，テレビのある「日常」のなかに取りこまれたのである。これはオリンピックという夢の視聴体験とは異なるものであった。

　　「浅間山荘事件」の数日間，日本中のことごとくの耳目が信州の片隅の小さな山荘に文字通りくぎづけになった。／テレビ放送としていえば，山荘を遠まきにした幾台かのテレビカメラがうつし出す映像は，何時もほとんど同

じアングルで，まるで変化にとぼしいものであったにもかかわらず，人々は
あの数日，その同じ画面に見入り，報道記者によって語られる刻々の情報に
耳を傾けながらあきることがなかった。……敢えて不謹慎を承知の上でいえ
ば，日本のテレビ二十数年の歴史を通じて，あれ程に面白い番組はなかった。
（『放送文化』1975 年 5 月号）

　軽井沢での凶悪事件が「面白いこと」として，家庭の「日常」のなかに違和
感なく取り込まれていく。かつて人びとが歓迎したテレビの「夢の時代」が
終わり，テレビは人びとのありふれた日常の一コマのなかで，「窓」となって，
外界を映しはじめていた。

(2) 地方局の乱立—— UHF 帯の開放

　1970 年代は，テレビ産業の構造が大きく変化したときでもあった。1967 年
11 月 1 日，郵政省が UHF 帯による大量のテレビ免許を交付し，1960 年代末
から 1970 年代初頭にかけて大量の「地方局」が開局することになった。そ
れまで各都道府県に民放一局だったのが，新しく UHF 帯（極超短波，300 ～
3000MHz）が開放されることで，新しい民放局が参入できるようになり，各都
道府県には複数の民放局が設置されていくことになった。
　新しい UHF 局の相次ぐ開局は，既存のテレビ・ネットワークに対する再編
を促した。それにともない，テレビによる「ローカル・ジャーナリズム」が
勃興していったことも見逃せない。その発端となったのが青森放送で 1970 年
4 月から開始した『RAB ニュースレーダー』である。この番組は月曜から土
曜の毎朝 6 時 55 分～ 8 時まで地域向けの情報を発信した。これに続いて 1977
年には JNN 系列 25 局が午後 6 時台のローカル・ワイドニュースを放送し，
FNN 系列でもネットニュースに 30 分のローカルニュースを放送するようにな
るなど，1970 年代は，ネットワークの再編とともに，地域に根差したローカ
ル番組が全国的な広がりを見せていった時代であった。

（3）「地域を凝視める眼」としてのテレビ

　1970年代後半，長洲一二（当時神奈川県知事）は「地方の時代」を訴えた。当時，「地方の時代」は新しく地方分権を謳うキーワードとして，さまざまな場で多用された。重要なのは，この概念が地方局の開局やローカル・ジャーナリズムと親和性がきわめて高いものであったことである。

　1970年代から80年代前半のテレビは，この「地方の時代」を牽引したと言っていい。たとえば，ローカルニュース以外にも，NHK『新日本紀行』（1963～1982）や読売テレビ『遠くへ行きたい』（1970～）といった紀行ドキュメンタリー番組が流行し，毎週，決まった時間にテレビは各地を旅し，「窓」となってその土地土地の風景を伝えた。このような風潮を，村木良彦は「地域を凝視める眼」（村木良彦，2012）の誕生と言った。UHF帯の開放によって全国各地に遍在するようになったテレビカメラが，時代を切り取る新しい眼となって，「地方」を映しだしていったのである。テレビは当時のディスカバージャパン・キャンペーンとも連動しつつ，積極的に地方を演出して「地方の時代」を牽引した。1980年代初頭，フジテレビ『北の国から』（1981～1982）がヒットしたのも，こうした流れのなかでこそだろう。

　けれども，この「地方の時代」とテレビの関係も長くは続かなかった。1980年代半ばまで続いた「地方」へのまなざしは，1990年代に入ると情報化，国際化の波に取り込まれることになる。「地方の時代」のスローガンはいつの間にか消え，とくに東京は「世界都市」として舵をきる。このとき，テレビもまた次の時代を生きようとしていた。

5.「虚構の時代」とテレビ——1980年代後半～1990年代

（1）昭和の終焉から衛星時代へ

　1990年代へと突入する直前，放送史にとって重大な出来事が起こる。昭和天皇の死去である。1989年1月7日午前6時33分，昭和天皇は世を去り，87年8ヵ月の生涯を閉じた。1月7日，8日にかけて，テレビ局は特別編成を組

むことになり，NHK は 43 時間 11 分，民放各局も 42 ～ 44 時間にわたって報道した。天野祐吉は，このときの様子を次のように書き記している。「2 日間は窓に暗幕がかけられたように，世間の風景がまったく見えなくなってしまった」(『朝日新聞』1989 年 1 月 13 日)。テレビは国民に対し，「窓」を閉じ，一斉に自粛ムードを促した。昭和史とともに始まった放送の歴史にとって，昭和天皇の死は間違いなくひとつの転換点であった。

1980 年代末，昭和の終焉とともに，テレビは衛星時代へと突入した。1989年 6 月 1 日，NHK 衛星第 1 テレビと衛星第 2 テレビが 24 時間の衛星放送を開始し，1991 年 4 月 1 日には民間初の衛星放送である日本衛星放送 (JSB)，通称 WOWOW が本放送を開始した。テレビは急速に進む国際化，情報化の荒波のなかで「多メディア」時代を迎えることになったのである。その結果，テレビはそれまでとは異なる新たな局面を迎えていくことになる。その中心にいたのがフジテレビだった。

(2) フジテレビの戦略——お台場の誕生

1997 年，フジテレビは東京都港区台場に新しい社屋を完成させた。この新社屋の建設は，1980 年代後半から鈴木俊一 (当時東京都知事) が構想していた「臨海副都心計画」の一環であった。丹下健三が設計し，球体の展望室を備えた斬新な建築で話題をさらった。『フジテレビジョン開局 50 年史』(2009) によれば，このビルは他局に先駆けて，放送のデジタル化に対応したトータルデジタルシステムを導入し，どこからでも生放送を可能にしたという。まさにこの新社屋は，どこからでも放送できることをモットーとした，建物全体がメディアのビルである。

こうして 1990 年代，フジテレビによって「お台場」は観光都市へと変貌した。海浜公園，ヴィーナスフォート，自由の女神像，レインボーブリッジなど異国情緒ただようなかで，フジテレビの球体の展望室は「お台場」のシンボルとされた。1997 年 4 月 2 日の球体展望室の一般公開初日には 1 万 894 人が入場し，同年 5 月のゴールデンウィークには約 15 万人が訪れた。

　このとき，テレビは「見る」だけではなく「見に行く」ものへと変化していることがわかる。1990年代，テレビは単なる「窓」ではなくなり，社屋そのものがメディアとなって都市空間に屹立することになった。すなわち，「テレビは単に『現実を反映』するのではなく『現実を生産』する主要な要因のひとつとして機能」（丹羽美之，2005：94）しはじめたのである。

(3) "楽しくなければテレビじゃない"

　1990年代後半から，フジテレビは「お台場」でテレビのなかの世界をそのまま現実化するイベントを次々に放っていった。それが「お台場ドドンパ」(1997)，「お台場どっと混む！」(2000～2003)，「お台場冒険王」(2003～2008)，「お台場合衆国」(2009～2013)といった自社の周辺での大規模なイベントであった。来場者数も年々増え，400万人を超えた。

　これらのイベントはフジテレビで放送しているバラエティ番組（『めちゃ×2イケてるッ！』(1996～2018)など）と連動し，番組内で使用されたセットを現実空間で再現し，来場者を楽しませるものであった。テレビのなかの空間をそのまま現実化することで，人びとを「虚構」の世界に誘ったのである。一方，ドラマ戦略としても，フジテレビはお台場内に架空の湾岸署を設定し，そこを舞台とした『踊る大捜査線』(1997)をヒットさせ，お台場のもつ「虚構」を強調した。"楽しくなければテレビじゃない"。これが1980年代末から1990年代にかけてのフジテレビのスローガンとなった。

　もちろん，都市空間に意味づけしていった放送局は，フジテレビだけではない。1990年代以降，各在京キー局は積極的に局舎を建て替え，あるいは移転することで，その立地地域を虚構的に意味づけていく。たとえば，日本テレビの「汐留」，TBSの「赤坂」，テレビ朝日の「六本木」などである。フジテレビほど空間戦略に成功したとは言い難いが，これらのキー局でも自社周辺でイベントを毎夏開催し，たとえばTBS『オールスター感謝祭』(1991～)では番組のなかで局舎周辺をマラソンさせて「赤坂マラソン」と呼んだりする。

　1990年代以降は，放送局が都市空間を虚構的に意味づけていった時代であ

る。社会学的にみれば，東京ディズニーランド（1983 年開園）の虚構性に近い。テレビは単に外側にある現実を映しだすのではなく，自らが生産する現実を見せはじめたのである。これはテレビによる自作自演であり，テレビによる「虚構の時代」の創出であった。

6. テレビはいかなる時代を生きるのか── 2000 年代〜 2010 年代

(1) 虚構の終わりの始まり──ライブドア騒動

　1990 年代のテレビ的な虚構は，2000 年代に入ると危機を迎えた。しだいに人びとの間で，テレビの虚構が暴かれはじめたのである。1990 年代にフジテレビによって築きあげられた「お台場」という虚構が，もろくも崩れかける決定的な事件が起こる。それが，2005 年のライブドアによるニッポン放送株買収騒動であった。

　当時，インターネット関連企業として急成長を遂げていたライブドア（堀江貴文社長（当時））が，巨大化し虚構化したフジテレビを実効支配しようと試みたのだ。言うまでもなく，これまでテレビ産業は独占産業として，新規参入を拒んできた。独占的支配にまみれた旧態依然の放送産業に，ライブドアは風穴を開け，経営権を得ようとしたのである。

　この買収騒動は，インターネット産業がテレビ産業を駆逐する時代の到来を予感させた。週刊誌も連日のようにこの話題を取り上げ，とくに華やかな女性アナウンサーを有するフジテレビが，インターネット産業の新興勢力によって支配されそうになる構図を面白がった。

　この一連の騒動は，両者の和解，そして，堀江の逮捕（証券取引法虚偽記載容疑）によって収束していく。けれども，免許事業の裏側であぐらをかいてきた内向きなテレビ産業（とくにキー局）は，2000 年代，はじめて自由競争にさらされ，危機におちいったのである。

（2）東日本大震災を経て，変わる視聴者

　2000年代におけるテレビ産業の凋落の予兆は，東日本大震災を経て，決定的なものとなっていく。2011年3月11日に発生した東日本大震災は，甚大な被害とともに，テレビにとっても大きな出来事となった。この未曽有の大災害は新旧のメディアの構造を浮き彫りにし，Twitterをはじめとするソーシャル・メディア（SNS）の優位性を人びとに認識させたからである。テレビは震災時に情報を隠蔽していたと非難され，しだいに「マスゴミ」として糾弾される対象となった。インターネットの爆発的な普及によって，誰もが発信できるソーシャル・メディアの可能性が議論されはじめたのである。

　こうして2010年代前半，多くの論者たちは「ソーシャル・メディアは政治を変える」とか「新しい民主主義の誕生」と扇動し，美辞麗句を並べてた。この新しいメディア言説の特徴は，つねに「マス」に対するオルタナティブ言説であろうとすることである。多くの論者はソーシャル・メディアの可能性を，マス・メディアにはないものとして語ろうとした。

　そのマス・メディアの先鋒として，つねに批判に晒されたのがテレビである。テレビ批判のほとんどが情報の「一方向性」への批判として語られ，ソーシャル・メディア論は情報の「双方向性」への賛美を謳おうとした。その結果，ソーシャル・メディア論が隆盛すればするほど，ますますテレビの崩壊論が語られるようになっていった。思えば，先の堀江も買収騒動の際，次のように述べていた。「テレビは画一的な放送を流すだけで，双方向性に欠ける」（『朝日新聞』2005年2月24日）。

　このようなソーシャル・メディア礼賛とそれに伴うマス・メディア不信は，視聴者たちに「テレビ＝やらせ」意識として伝染し，次第にテレビの一方向の「嘘」を暴くことが，インターネット言説の主流になった。2010年代に入り，テレビの虚構は視聴者たちによって完全に暴かれはじめたのである。

（3）放送と通信の融合——テレビ史と現代史の乖離へ

　インターネットの爆発的な普及によって，これまでのテレビの概念が揺らぎ

はじめた。テレビ局がもっとも気にしているのが，視聴時間の減少であり，とくに若年層の「テレビ離れ」である。かつて視聴率20%〜30%などと毎日のように連発していた頃が「異常」だったのであって，むしろ，テレビもようやく後進のメディアによって自身を見つめなおす機会を得たと考えることもできなくはない。

　2011年，アナログテレビ放送からデジタル放送へ移行し，急速に放送と通信の融合が進んだ。その結果，テレビ局はインターネットで番組を配信する動きを積極的に見せていくことになった。とくに「Netflix」や「Hulu」といった海外発のサービスが日本でも定着し，それに続いて，国内でもテレビ朝日がサイバーエージェントと開局した「AbemaTV」や，各局で放送後の番組を配信する「TVer」といったサービスが始まった。これはテレビに限った話ではなく，ラジオでも2010年から「radiko」がスタートし，インターネットでの新しい聴取体験の提供が始まった。

　このような放送と通信の融合を，ここまで辿ってきたテレビ史から捉えかえしてみれば，「テレビ的日常の変容」と見ることができるだろう。1950年代から60年代にかけて夢の装置として各家庭にやってきたテレビは，1970年代以降は同居人として家庭に居ついてきた。長らく続いた「テレビが当たり前にあるという日常」は，インターネット配信によって崩れ，変容しはじめた。テレビは家庭で視聴するものではなくなり，しだいに個々人がスマートフォンのなかで視聴するスタイルへと変わりつつある。これは放送が「手のひらのなかの日常」の一部として受容されるようになったことを意味している。

　そしてこの事態は，テレビから離れたところで人びとの「日常」が成り立つようになったことも意味している。テレビはインターネットの波に飲み込まれ，重層化するメディア体験のなかで，あくまで選択肢のひとつとして受容されている。ここにおいて，テレビ史が徐々に現代史と乖離しはじめたとみることができるかもしれない。現代史はテレビ史から離れたところで，徐々に歩みはじめたのである。

　これまで電波媒体として君臨してきたテレビやラジオは，2010年代に入っ

て，その枠組みを根底から変えなければならない時期にさしかかった。今後，インターネット時代を放送はいかにして生きるのか，もう少し先の未来での検証が必要となるだろう。

7. おわりに——放送史を書くということ

　本章の冒頭で，放送史は「現代史」であると書いた。昭和とともに始まった放送の歴史は，第2次世界大戦を経て，敗戦後，「夢」の時代→「地方」の時代→「虚構」の時代を順々に生きてきた。放送史を辿るということは，現代の歴史を辿ることであり，とりわけテレビ史は戦後日本史と重なりあう。

　本章でたびたび言及してきたのが「日常」というワードである。戦後，とくにテレビはほぼ全世帯に普及し，毎日，流水のように国民に情報を浴びせ続けてきた。戦後日本社会に生きる人びとの「日常」のなかには，いつも放送（とくにテレビ）があった。

　冒頭で書いたように，戦前あるいは戦後に起こった社会的事件はほぼすべて放送を介した体験であったと言っていい。本章で扱った第2次世界大戦，東京オリンピック，浅間山荘事件，昭和天皇崩御などに限らず，アポロ11号月面着陸，湾岸戦争，オウム真理教事件，アメリカ同時多発テロ事件など，あらゆる社会的事件は放送と密接に関係している。人びとは放送によって社会的事件を認知し，放送は社会的事件によって発展してきた。その結果，「放送史」を書くということは取りも直さず，人びとの日常を介した「現代史」を書くということに他ならない。

　無論，これまで多くの「放送史」が書物として描かれてきた。管見の限り，300を超える放送史がすでに刊行されている。発行の主体は日本放送協会から各民間放送局までさまざまで，それぞれ10年史，30年史……というように，節目でたびたび出版する場合も多い。表Ⅱ-1に，代表的な放送史を取りあげておく。もし放送史に興味をもったら，ぜひ手にとってみて欲しい。意外にも読みやすいものが多いはずだ。

表Ⅱ-1　主な日本の「放送史」

刊行年	発行主体	放送史名
1928	越野宗太郎ほか編	『東京放送局沿革史』
1939	日本放送協會	『日本放送協會史』
1951	日本放送協会編	『日本放送史』
1961, 1981, 2001	日本民間放送連盟	『民間放送十［三十, 五十］年史』
1965	日本放送協会編	『日本放送史』
1977	日本放送協会編	『放送五十年史』
1978	日本テレビ放送網社史編纂室編	『大衆とともに25年 沿革史』
2001	日本放送協会編	『20世紀放送史』
2001	東京放送編	『TBS 50年史』
2004	日本テレビ50年史編集室編	『テレビ夢50年』
2009	フジテレビ50年史編集委員会編	『フジテレビジョン開局50年史』

　ここで重要なのが,「放送史自体にも歴史がある」ということだ。いつの時代に放送史が編まれたかによって, 当然, 書きぶりや時代の区切り方がまったく違う。たとえばテレビに勢いがあった頃の『放送五十年史』(1977) と, 虚構が暴かれはじめた頃の『20世紀放送史』(2001) では, 書き方が異なっている。繰り返しになるが, これは放送が現代と重なり合うため, つねに変化していくメディアであるからに他ならない。ゆえに, 本章は「テレビ離れ」が叫ばれる時代に書かれたものであることは留意しなければならないだろう。歴史とは, つねに時代に合わせた視点で書き換えられていくものである。

　2010年代に入って, ようやく放送史を的確に捉えられる段階に来ているということは確かである。前述のように, インターネットの爆発的な普及によって, 放送の輪郭が崩れつつある。これは言い換えれば, 放送は他のメディアと「相対化」される時期に入ったことを意味している。ラジオやテレビは最先端のメディアではなくなったがゆえに, その「歴史」の検証の必要性がいま高まっているのだ。

　であれば, これからわれわれが明らかにしていかなければならないのは,「放送とは何だったのか」というきわめて根本的な問いであろう。もう少し具体的に言えば,「放送はいかに『日本』を規定してきたのか」という問いである。放送史は現代史であるがゆえに, つねにナショナルな問題と結びついてきた。

この放送と日本の関係については，本章を超えて，さらなる検証が必要となるだろう。

　放送史とは「放送局史」ではない。産業や経営の歴史だけを書いていても「放送とは何だったのか」を明らかにすることはできない。これから放送史を書くということは，「誰が（産業・経営）」だけでなく，「何を（番組）」，「誰に（視聴者）」，「いかに（技術）」放送し，戦後日本社会という共同体を創りあげてきたのかを複合的に明らかにしていくことである。それゆえ，放送史とは単に放送の歴史を書くということを超えて，日本の現代史を書きかえる重要な契機を含んでいるのだ。

注
　(1) 本章の時代区分は，見田宗介 (2006) の戦後史観に拠っている。

引用文献
藤竹暁「調査からみた東京オリンピックの展開過程」『NHK 放送文化研究年報』No.10，1965.

福島章ほか『人生読本—テレビ』河出書房新社，1983.

小山栄三「現代戦に於ける放送の性格」『放送研究』No.2 (1)，1942.

黒田勇『ラジオ体操の誕生』青弓社，1999.

見田宗介『社会学入門—人間と社会の未来』岩波書店，2006.

村木良彦『映像に見る地方の時代』博文館新社，2012.

仲村祥一・津金沢聡広・井上俊・内田明宏・井上宏『テレビ番組論—見る体験の社会心理史』読売テレビ放送，1972.

日本放送協会編『放送五十年史』日本放送出版協会，1977.

日本民間放送連盟『民間放送十年史』日本民間放送連盟，1961.

丹羽美之「イベント・メディア化するテレビ—「ウォーターボーイズ」論」石坂悦男・田中優子編『メディア・コミュニケーション—その構造と機能』法政大学出版局，2005.

高柳健次郎『テレビの事始—イの字が映った日』有斐閣，1986.

竹山昭子『玉音放送』晩聲社，1998.

吉見俊哉「テレビが家にやって来た—テレビの空間　テレビの時間」『思想』No.956，2003.

第Ⅲ章　放送の産業構造とその変容

1.　テレビジョン放送の種類と現況

　日本で一般的にテレビジョンと呼ばれている放送は，無線系では地上波放送，放送衛星 (Broadcasting Satellites) を利用した BS 放送，通信衛星 (Communication Satellites) を利用した CS 放送があり，有線系では CATV がある。

(1)　地上波放送

　最初に放送が開始されたのは，地上波を利用したテレビ放送で，1953 年 2 月に日本放送協会 (NHK)，同年 8 月に日本テレビが開局した。受信料を財源とし全国放送を行う公共放送の NHK と，広告を主財源としそれぞれ地域に基盤を置く民間放送 (民放) の二元体制が特徴となっている。

　日本テレビの開局後，1957 年の田中角栄郵政大臣による民放テレビの "大量免許" の断行により，ほぼ全国に民放テレビが置局され，NHK と民放の 1 県 2 波体制ができあがった。さらに，VHF 帯に加え，UHF 帯を使った U 局の開局，郵政省が打ち出した「地上民放テレビの 4 局化政策」などによって，各地域に民放テレビが複数局置局され，2017 年現在，127 社が全国各地で放送を行っている。関東，近畿，中京の 3 つは広域圏，その他の地域は原則県単位で置局されている。関東広域の局は「キー局」，近畿・中京の局は「準キー局」，その他の県単位の局は「ローカル局」と呼ばれている。福井・大分・宮崎の 3 県には，複数のネットワークに加盟する局があり，それらは「クロスネット局」と呼ばれている。また，3 つの広域圏内には，独立局と呼ばれる県単位の局が 13 局ある (表Ⅲ-1)。

　なお，2003 年 12 月から，3 つの広域圏から地上デジタル放送が開始され，全

表Ⅲ-1　地上民放テレビのネットワーク

都道府県	JNN (28社)	NNN (30社)	FNN (28社)	ANN (26社)	TXN (6社)	独立協 (13社)
北海道	北海道放送 HBC	札幌テレビ放送 STV	北海道文化放送 UHB	北海道テレビ HTB	テレビ北海道 TVH	
青森	青森テレビ ATV	青森放送 RAB		青森朝日放送 ABA		
岩手	岩手放送 IBC	テレビ岩手 TVI	岩手めんこいテレビ MIT	岩手朝日テレビ IAT		
宮城	東北放送 TBC	宮城テレビ放送 MMT	仙台放送	東日本放送 KHB		
秋田		秋田放送 ABS	秋田テレビ AKT	秋田朝日放送 AAB		
山形	テレビユー山形 TUY	山形放送 YBC	さくらんぼテレビ SAY	山形テレビ YTS		
福島	テレビユー福島 TUF	福島中央テレビ FCT	福島テレビ FTV	福島放送 KFB		
東京/京	TBSテレビ TBS	日本テレビ放送網 NTV	フジテレビジョン	テレビ朝日	テレビ東京	東京メトロポリタンテレビジョン TOKYO MX
群馬						群馬テレビ GTV
栃木						とちぎテレビ GYT
茨城						
埼玉/玉						テレビ埼玉 TVS
千葉						千葉テレビ放送 CTC
神奈川						テレビ神奈川 tvk
新潟	新潟放送 BSN	テレビ新潟放送網 TeNY	新潟総合テレビ NST	新潟テレビ21 UX		
長野	信越放送 SBC	テレビ信州 TSB	長野放送 NBS	長野朝日放送 ABN		
山梨	テレビ山梨 UTY	山梨放送 YBS				
静岡	静岡放送 SBS	静岡第一テレビ SDT	テレビ静岡 SUT	静岡朝日テレビ SATV		
富山	チューリップテレビ TUT	北日本放送 KNB	富山テレビ放送 BBT			
石川	北陸放送 MRO	テレビ金沢 KTK	石川テレビ ITC	北陸朝日放送 HAB		
福井		福井放送 FBC	福井テレビジョン放送 FTB	福井放送 FBC		
愛知	CBCテレビ	中京テレビ放送 CTV	東海テレビ放送 THK	名古屋テレビ放送	テレビ愛知 TVA	
岐阜						岐阜放送 GBS
三重						三重テレビ放送 MTV
大阪	毎日放送 MBS	讀賣テレビ放送 YTV	関西テレビ放送 KTV	朝日放送 ABC	テレビ大阪 TVO	
滋賀						びわ湖放送 BBC
京都						京都放送 KBS
奈良						奈良テレビ放送 TVN
兵庫						サンテレビ SUN
和歌山						テレビ和歌山 WTV
鳥取	山陰放送 BSS	日本海テレビ NKT				
島根			山陰中央テレビ TSK			
岡山	山陽放送 RSK		岡山放送 OHK		テレビせとうち TSC	
香川		西日本放送 RNC		瀬戸内海放送 KSB		
徳島		四国放送 JRT				
愛媛	あいテレビ ITV	南海放送 RNB	テレビ愛媛 EBC	愛媛朝日テレビ EAT		
高知	テレビ高知 KUTV	高知放送 RKC	高知さんさんテレビ KSS			
広島	中国放送 RCC	広島テレビ放送 HTV	テレビ新広島 TSS	広島ホームテレビ HOME		
山口	テレビ山口 TYS	山口放送 KRY		山口朝日放送 YAB		
福岡/岡	RKB毎日放送 RKB	福岡放送 FBS	テレビ西日本 TNC	九州朝日放送 KBC	TVQ九州放送 TVQ	
佐賀			サガテレビ STS			
長崎	長崎放送 NBC	長崎国際テレビ NIB	テレビ長崎 KTN	長崎文化放送 NCC		
熊本	熊本放送 RKK	熊本県民テレビ KKT	テレビ熊本 TKU	熊本朝日放送 KAB		
大分	大分放送 OBS	テレビ大分 TOS	テレビ大分 TOS	大分朝日放送 OAB		
宮崎	宮崎放送 MRT	テレビ宮崎 UMK	テレビ宮崎 UMK	テレビ宮崎 UMK		
鹿児島	南日本放送 MBC	鹿児島讀賣テレビ KYT	鹿児島テレビ放送 KTS	鹿児島放送 KKB		
沖縄	琉球放送 RBC		沖縄テレビ放送 OTV	琉球朝日放送 QAB		

白抜き文字の局は、クロスネット社です。

衛星放送は除く

出所）日本民間放送連盟（2017）

国でもアナログ放送に加えデジタル放送が順次, 開始された。2011 年 7 月に東北 3 県 (岩手・宮城・福島) を除く 44 都道府県で, 翌年 3 月に東北 3 県においてアナログ放送が終了し, 地上波テレビ放送は全てデジタル放送に移行した。アナログ放送では, VHF 帯, UHF 帯を利用して放送が行われていたが, デジタル化により地上波テレビ放送は, すべて UHF 帯を利用して放送が行われている。

(2) BS 放送

テレビ放送は, 平成元年にちなんで「衛星元年」と呼ばれた 1989 年以降, 多メディア化, 多チャンネル化が本格化する。この年には, 放送衛星を利用した NHK の BS 放送が本放送に移行した。

NHK-BS は, 1984 年 5 月に世界で初めての本格的な直接衛星放送サービスとして開始され, 1986 年 12 月に 2 チャンネル体制となり, 1989 年 6 月から本放送に移行した。衛星放送は, 赤道上空 36,000km の静止軌道上を周回している静止衛星を利用して, 直接, 各家庭にテレビの電波を送り届けることができるものである。一波で全国をカバーすることにより, 地上波より効率よく放送サービスを提供できる。山など障害物が多い地域や離島にも放送を届けることができることから, 日本全国あまねく放送を届ける義務を負う NHK が, 難視聴地域の解消を理由に BS 放送を開始した。

NHK-BS に続いて, 1990 年 11 月には, 民放初の有料放送である日本衛星放送 (現 WOWOW) がサービス放送を開始し, 1991 年 4 月から有料放送に移行した。テレビ受像機を設置した世帯から受信料を徴収する NHK, 広告が主財源の民放という経営形態に加え, 個別に契約を結び加入料を財源とする有料放送という新たな事業形態が生まれた。契約者以外は番組を見られないようにするため, 送信側で電波を暗号化し, 契約した受信者側で暗号を解くスクランブル方式によるテレビ放送が開始された。放送内容は, 地上波テレビの総合編成とは異なる「専門編成」で, ハリウッド映画を中心にスポーツ・音楽などエンターテインメント系の番組が柱に据えられた。

2000 年 12 月には, NHK, 民放キー局系 5 社, WOWOW, 映画を放送する

スターチャンネルが BS によるデジタル放送を開始した。民放キー局系 5 社は，無料の広告放送，総合編成の経営形態をとった。地上波放送と同様のサービス形態であるが，"大人のためのテレビ" とも称されるように，紀行ものやドキュメンタリーなどじっくりと視聴できる番組を放送するなど，その編成コンセプトは異なっている。2000 年以降は，専門チャンネルを中心にチャンネル数が増え，2017 年 7 月 1 日現在，29 チャンネル（表Ⅲ-2）が放送されている。

　なお，BS デジタル放送以前に開局した，NHK-BS，WOWOW のアナログ放送は，いずれも 2011 年 7 月に放送を終了した。地上波とともに BS 放送も現在は，全てデジタル放送に移行している。

表Ⅲ-2　BS 放送のテレビチャンネル（2017 年 7 月 1 日現在）

編成形態	有料・無料等	チャンネル名
総合	受信料	NHK-BS1, NHK-BS プレミアム
総合	無料・広告	BS 朝日, BS-TBS, BS ジャパン, BS 日テレ, BS フジ, BS11, TwellV, Dlife
大学教育放送	無料	放送大学
総合娯楽	有料	WOWOW プライム, 同ライブ, 同シネマ, FOX スポーツ＆エンターテインメント, BS スカパー！, ディズニー・チャンネル[※1]
映画	有料	スターチャンネル1, 同2, 同3, イマジカ BS・映画, BS 日本映画専門チャンネル
スポーツ	有料	J SPORTS 1, 同2, 同3, 同4
娯楽・趣味	有料	BS 釣りビジョン
アニメ	有料	BS アニマックス
農林水産情報, 競馬	有料	グリーンチャンネル

注：点線アンダーラインのチャンネルは，スカパー JSAT が有料放送管理事業者として管理業務を行っているチャンネル。
※1：ディズニー・チャンネルのみ SD 番組。その他は HD 番組。
出所）総務省情報流通行政局衛星・地上波放送課「衛星放送の現状」（平成 29 年度第 2 四半期版）より作成

（3）CS 放送

　1985 年に電電公社の民営化（NTT の誕生）など電気通信分野に競争原理が導入され「通信の自由化」が図られたことによって，通信衛星（CS）を利用した

放送が誕生した。CS放送は，従来の放送とは異なり，放送設備を所有し運用する者とその設備を使用して放送番組を提供する者，ハードとソフト分離型の制度を初めて取り入れた。放送番組を提供する者は，衛星を所有する必要がないため，資金力がない者でも，放送ソフトの制作能力があれば新規参入が可能で，多チャンネル化を大きく促進するものであった。ハード・ソフト分離型は，BSデジタル放送でも導入された。

　CS放送では，報道，文化，娯楽など情報ジャンルを別々に取り出して，有料の「専門チャンネル」として提供するという情報提供機能の細分化を進めたという見方ができる。地上波とは異なるニッチな視聴者のニーズに応えるコンテンツを揃える。そうしたコンテンツをプラットフォーム事業者が取りまとめ，かつ管理を行い，視聴者に提供するサービス形態である。1992年にアナログ放送がスタートし，その後1996年にデジタル放送が開始され，アナログ放送は1998年に終了した。

　現在，CS放送は，東経110度衛星で放送を行う「スカパー！」と東経124/128度衛星で放送を行う「スカパー！ プレミアムサービス」がある。プラットフォーム事業者はともにスカパーJSATである。

　2017年7月1日現在，110度CSでは54チャンネル，124/128度CSでは158チャンネルのテレビ放送が行われている。総合娯楽，ニュース，スポーツなど，海外の事業者を含めた事業者が番組を提供している（表Ⅲ-3, 4）。また，124/128度CSでは848番組のラジオ放送も行われている。

表Ⅲ-3　東経110度CSのテレビチャンネル（2017年7月1日現在）

種　　類	チャンネル数	種　　類	チャンネル数
総合娯楽	12	ドキュメンタリー	4
映画	5	ニュース	5
スポーツ	4	娯楽・趣味	1
音楽	6	教育	2
アニメ	3	ショッピング	2
海外ドラマ・バラエティー	5	ガイド[※1]	1
国内ドラマ・バラエティー・舞台	4		

※1：ガイド以外のチャンネルは全て有料。
出所）総務省情報流通行政局衛星・地上波放送課「衛星放送の現状」（平成29年度第2四半期版）より作成

表Ⅲ-4　東経 124/128 度 CS のテレビチャンネル (2017 年 7 月 1 日現在)

種　　類	チャンネル数	種　　類	チャンネル数
PPV（pay per view）	14	ニュース・ビジネス・経済	9
映画	14	娯楽・趣味	7
スポーツ	11	教育	2
音楽	9	公営競技	22
アニメ	5	外国語放送	2
総合娯楽	15	ショッピング	5
海外ドラマ・バラエティー・韓流	11	アダルト	17
国内ドラマ・バラエティー・舞台	6	番組案内	1
ドキュメンタリー	5	その他 (4K)	3

出所）総務省情報流通行政局衛星・地上波放送課「衛星放送の現状」（平成 29 年度第 2 四半期版）より作成

(4) CATV

　これまでみてきた，地上波放送や衛星放送のように電波ではなく，光ファイバーケーブルや同軸ケーブルを敷設して，局のセンターと地域内の各家庭を結び，多様なサービスを提供するのが CATV である。CATV は，1955 年に群馬県伊香保町で，難視聴解消を目的とする地上波テレビ放送の再送信からスタートした。1963 年にはコミュニティ向けの自社制作番組なども放送する自主放送が開始され，1987 年には，都市型ケーブルテレビの多摩ケーブルネットワークが開局し，大規模化が図られていく。1989 年には「スペース・ケーブルネット」により，CS を通じて CATV に番組供給が行われるようになる。さらに BS 放送や CS 放送も送信することにより，多チャンネル化が本格化した。1993 年には，「地元に活動の基盤を有すること」という要件が廃止され，CATV 事業者が広域的に事業展開ができるようになったことなどにより MSO（Multiple System Operator）が登場した。MSO とは，J：COM のように複数の CATV 局を所有し，番組購入や PR などを統括する大規模運営会社のことである。

　CATV は，双方向機能も持ち合わせているため，現在は放送サービスに加え，通信サービスも提供している。通信サービスであるインターネット接続は，1996 年に始まった。当時のインターネット接続はダイヤルアップ接続が主流だったため，ケーブルテレビのインターネットの常時接続は画期的として注目を浴びた。電話サービスは，CATV の第三のサービスとして 1997 年に開始さ

れた。放送，インターネット，電話の３つのサービスを提供することを「トリプルプレイサービス」と呼ぶ。このように CATV は，現在，地域の「情報インフラ」としての機能を果たしている。総務省の「ケーブルテレビの現状」（総務省情報流通行政局地域放送推進室，2017）によると，2015 年度末の CATV 業界全体の営業収益のうち，CATV 以外の営業収益が 61％を占めるまでになっている。

　法的な登録を必要とする引き込み端子 501 以上（501 未満は届出）の CATV の加入世帯数は 2017 年 3 月末現在で，約 2,980 万世帯，世帯普及率は約 52.3％となっている。

（5）4K・8K 放送

　テレビ放送は，アナログ時代は SD（標準画質）放送であったが，デジタル化によって，HD（ハイビジョン）放送となり，画面比率も 4：3 から 16：9 に変わった（BS で 1 番組，110 度 CS で 33 番組が現在でも SD 放送を実施している）。さらに，現行のハイビジョン（2K）を超える超高精細な画質による 4K・8K 放送が開始されている。2K に比べて 4K は 4 倍の画素（約 800 万画素），8K は 16 倍の画素（約 3,300 万画素）で，キメ細かでよりリアルな映像表現が可能となる。総務省のロードマップでは，東京オリンピック・パラリンピック競技大会が開催される 2020 年に「4K・8K 放送が普及し，多くの視聴者が市販のテレビで 4K・8K 番組を楽しんでいる」ことを目標としている。

　4K 放送は，2015 年 12 月，CATV 業界初の全国統一編成による「ケーブル 4K」で放送を開始した。124/128 度 CS では，現在，総合，映画，体験の 3 チャンネルを提供している。また，BS，110 度 CS による 4K・8K の試験放送も行われている。

　総務省は，2017 年 1 月に BS および 110 度 CS で 2018 年 12 月以降に 4K・8K 実用放送を開始する予定の NHK，民放キー局系 5 社を含む 11 社 19 番組の認定を行っている。ただ，これらの実用放送のうち BS 左旋，110 度 CS 左旋は，現行の衛星放送とは異なった仕組みで放送されるため，受信するためにはパラボラから受信機まで新たな機器が必要となる。

2．地上波の全国放送と番組ネットワーク

（1）NHKと民放の番組ネットワーク

　全国放送のNHKは，全国各地に54の放送局と14の支局があり，全国放送のほか，地域に密着した番組の提供も行っている。大阪，名古屋，広島，福岡，仙台，札幌，松山の7つの放送局を関東甲信越以外の全国7ブロックの地域拠点局と位置付け，それぞれのブロック内の各放送局の支援・調整機能を持たせている。また，「各地方向け地域放送番組編成計画」（NHK，2017）では，各拠点局の1日平均の地域放送時間を決めており，たとえば，2017年度の仙台局の地域放送時間は，2時間14分となっている。この地域放送時間では，県域向け放送，東北，九州沖縄などのブロック向け放送が行われている。

　民放テレビの放送対象地域は，関東・近畿・中京など大都市圏では広域，その他の地域では県域を原則としている。このため，報道機関としての役割を果たすためには，各地域の民放テレビが連携する全国規模のニュースネットワークが必要であることから，1959年にラジオ東京（現TBS）系列のJNN（ジャパン・ニュース・ネットワーク）が誕生した。その後，日本テレビ系列のNNN，フジテレビ系列のFNN，テレビ朝日系のANN，テレビ東京系のTXNが発足した（表Ⅲ-1）。ニュース協定により，加盟各局では，地域のニュースを取材し素材を相互に交換するほか，大規模な災害，事件・事故や国政選挙での共同取材・放送を行っている。海外では，支局の特派員の配置などを行っている。

　ニュースでの連携にはじまったネットワークは，その後，ニュース以外の番組や営業に関してもキー局とローカル局間で個別の業務協定が結ばれ，報道，編成，制作，営業などあらゆる部門での協力関係を構築している。ネットワークの成立理由は，前述の全国規模のニュースネットワークが必要であることに加え，① 複数の放送事業者が同一の番組を放送することで，単独で放送するよりも1社当たりの制作費が少なくて済むという規模の経済性があること，② 全国的な広告を展開する広告主のニーズに応える必要があること，③ 系列局間での連携した番組制作が可能となること，などが挙げられる。

　なお，放送法は第110条「放送番組の供給に関する協定の制限」で，キー局など特定の者からのみ放送番組の供給を受ける協定を締結することを禁止している。この規定は，民放テレビの地域密着性を確保することを目的としている。前述のとおり，民放テレビでは，ネットワーク協定を結んでいるが，第110条で規定されているような排他的な契約内容となっていないため，放送法上の問題とはなっていない。しかし，近畿など経済基盤の強い局でも自社制作番組比率が2割～3割程度で，その他の局では平均すると1割程度となっており，実際には，地域のニュースと天気予報の他はほとんどが東京キー局と同じ番組を同じ時間帯に編成しているのが実態である。

(2) 営業としてのネットワーク

　民放テレビの各ネットワークは，全国に広告 (CM) を流すという営業上の大きな役割も担っている。電通の「日本の広告費2016」(電通，2017) によると，マスコミ4媒体の2016年の広告費は，民放テレビ1兆8,374億円，民放ラジオ1,285億円，新聞5,431億円，雑誌2,223億円となっている。日本の総広告費6兆2,880億円に占める民放テレビの割合は29％となっており，テレビは広告媒体として最強のメディアとなっている (表Ⅲ-5)。一方，NHKの事業収入は，7,073億円 (2016年度決算，うち95.7％が受信料) である。民放テレビ127社の合計広告費が1兆8,374億円であることと比較すると，NHKがどれほど巨大であるかがわかる。

　民放テレビは，CMを流すことで収入を得ているが，その特徴について簡単に触れる。通常の商取引は，商品に対して消費者が対価を払いその利便を享受するが，民放テレビの場合は，放送番組を提供する視聴者 (消費者) からは直接対価を受け取る形ではないビジネスモデルとなっている。広告主のCMを放送するという "CM放送時間に対する対価" がその収入源となっている。番組とともにCMを放送することで，視聴者に広告主の商品やサービスを認知してもらい，購買行動を喚起する。こうしたことに対し，広告主が対価を払っているともいえる。また，"時間" に広告主が対価を払うという特性から，需

表Ⅲ-5　媒体別広告費の変化（2007年～2016年）

単位：億円

媒　体	2007年(平成19年)	2008年(20年)	2009年(21年)	2010年(22年)	2011年(23年)	2012年(24年)	2013年(25年)	2014年(26年)	2015年(27年)	2016年(28年)
総広告費	70,191	66,926	59,222	58,427	57,096	58,913	59,762	61,522	61,710	62,880
マスコミ4媒体広告費	35,699	32,995	28,282	27,749	27,016	27,796	27,825	29,393	28,699	28,596
新聞	9,462	8,276	6,739	6,396	5,990	6,242	6,170	6,057	5,679	5,431
雑誌	4,585	4,078	3,034	2,733	2,542	2,551	2,499	2,500	2,443	2,223
ラジオ	1,671	1,549	1,370	1,299	1,247	1,246	1,243	1,272	1,254	1,285
地上波テレビ	19,981	19,092	17,139	17,321	17,237	17,757	17,913	18,347	18,088	18,374
衛星メディア関連	603	676	709	784	891	1,013	1,110	1,217	1,235	1,283
インターネット広告費	6,003	6,983	7,069	7,747	8,062	8,680	9,381	10,519	11,594	13,100
媒体費		5,373	5,448	6,077	6,189	6,629	7,203	8,245	9,194	10,378
広告制作費		1,610	1,621	1,670	1,873	2,051	2,178	2,274	2,400	2,722
プロモーションメディア広告費	27,886	26,272	23,162	22,147	21,127	21,424	21,446	21,610	21,417	21,184
屋外	4,041	3,709	3,218	3,095	2,885	2,995	3,071	3,171	3,188	3,194
交通	2,591	2,495	2,045	1,922	1,900	1,975	2,004	2,054	2,044	2,003
折込	6,549	6,156	5,444	5,279	5,061	5,165	5,103	4,920	4,687	4,550
DM	4,537	4,427	4,198	4,075	3,910	3,960	3,893	3,923	3,829	3,804
フリーペーパー・フリーマガジン	3,684	3,545	2,881	3,640	2,550	2,367	2,289	2,316	2,303	2,267
POP	1,886	1,852	1,837	1,840	1,832	1,842	1,953	1,965	1,970	1,951
電話帳	1,014	892	764	662	583	514	453	417	334	320
展示・映画他	3,584	3,196	2,775	2,634	2,406	2,606	2,680	2,844	3,062	3,195

出所）電通「日本の広告費 2016」(2017年) から作成

要が見込めるからといって予め大量に生産しておくことや，在庫を持つことはできない。さらに1日は24時間であり，この時間を増やすことも不可能なため，"時間"という商品は決まった枠しか確保できない。民放の業界団体である日本民間放送連盟は放送基準で，自主的に「1週間のコマーシャルの総量は，総放送時間の18%以内とする」と定めている（日本民間放送連盟，2017）。

　CMには，タイムセールスとスポットセールスの2種類がある。タイムセールスとは，「この番組は○○の提供でお送りいたします（いたしました）」とのアナウンスが流れる，いわゆる番組提供である。番組放送枠内で広告主の社名や商品名（提供表示）が表示され，自社のCMが放送される。基本的なセールス単位は，60秒または30秒である。2クール（6ヵ月）での番組提供が基本となっている。番組を提供することで広告主は，決まった時間にCMを流すことができ，商品などを効率よく訴求することができる。また，番組内容によっては，「質の高い番組を提供する企業」「環境問題を高く意識している企業」など企業評価を高めるといった効果も期待できる。

　ネットワークを通じて放送される番組の提供は，ネットタイムと呼ばれる。ゴールデンタイムの番組など全国で同じ時間に編成される番組のCM枠は，多くがネットタイムとしてセールスされている。ネットタイムは，番組を制作したキー局がネット局もまとめてセールスを行い，その収入をネット局に配分する。『放送ってなんだ？　テレビってなんだ？』によると，ローカル局の「タイムの60%〜70%がネットタイムである。ネットタイムの割合は売り上げの30%〜40%に達し，その比率は上昇傾向にある」（伊藤裕顕，2003）としている。また，1つの民放テレビだけで放送される番組を提供する場合は，ローカルタイムと呼ばれる。

　一方，スポットセールスは，15秒単位を基本に番組と番組間の時間帯であるステーションブレーク（ステブレ），番組内に挿入されるPT（パーティシペーティング・コマーシャル）といった時間枠を販売する方法である。スポットは，各民放テレビが販売する。広告主は予算に合わせて，CMを放送する民放テレビ（地域），期間，時間帯を自由に選べるメリットがある。

3.　マスコミ独占体制と放送

　放送制度には,「マスメディア集中排除原則」と呼ばれるものがある。一の者が支配できる民放局を「1」に限定し,できるだけ多くの者に放送を行う機会を確保することによって,放送による表現の自由を確保するのが趣旨である。新聞社などメディア企業,一般企業,個人などいずれの者であっても民放局は2局以上支配できないという原則で,民放局の多元性,多様性,地域性を確保するのが目的である。具体的には,議決権(株式)の保有と役員の兼任が規定されている。

　こうした規定があるものの,マス・メディアとして最も影響力がある媒体である新聞と民放テレビは,民放テレビが全国で開局する過程で,独特の関係が出来上がっていった。一例をあげると,1973年12月20日衆院通信委員会で,広島県で新たに民放テレビを置局するにあたり郵政大臣が県知事を通じて新聞社の出資調整を行っている実態が指摘された。内容は「キー局と関係がある朝日,産業経済,読売,日本経済の4社並びに地元中国の各新聞社に対し均等に5％を割り当てる」というものであった。この新聞社の出資調整案は,広島県で1970年に開局した広島ホームテレビの調整案を参考にしたものとも指摘され,民放局への新聞社の出資調整は常態的に行われていたことをうかがわせる。

　こうした新聞社の民放局への出資は,キー局を中心としたネットワーク化が進む中で,整理する必要に迫られた。まず,キー局の新聞社株の整理が図られる。1973年11月の再免許時に教育専門局だった日本教育テレビ(現テレビ朝日)と東京12チャンネル(現テレビ東京)が総合放送に転換し,キー5局が全て総合編成局となった。これを受け同年12月に朝日,毎日,読売の新聞3社間で所有するキー局の株式譲渡交換合意文書が交わされ,読売新聞＝日本テレビ,毎日新聞＝TBS,産経新聞＝フジテレビ,朝日新聞＝テレビ朝日,日本経済新聞＝テレビ東京という,全国紙の民放テレビの系列化が行われた。在京キー局の株式整理を受け,俗に"腸捻転"と呼ばれていた東京・大阪での新聞社系列のねじれも解消される。朝日新聞系の朝日放送が毎日新聞社系のTBSとネッ

トワークを組み，逆に毎日系の毎日放送が朝日系のテレビ朝日とネットワークを組んだ状態が解消され，TBS＝毎日放送，テレビ朝日＝朝日放送となる。

　また，2004年には，新聞社が第三者の名義で民放局の株式を保有していたことが明るみに出て問題となった。日本テレビが，読売新聞グループ本社会長名義の日本テレビ株式の実質的保有者は，同グループ本社であるとして有価証券報告を訂正，さらに読売新聞が第三者名義株による民放局の株式保有状況を公表したことが発端である。この後，各地の新聞社，民放局が相次いで類似事例を公表し，マスメディア集中排除原則に定められている株式保有の制限を超える事例が多く含まれることが判明した。郵政省（当時）は，民放局に対し第三者名義の株式保有の調査を求め，民放局50社で株式保有制限を超える出資があったことがわかった。

　2017年7月現在，キー局では，日本テレビで読売新聞，テレビ東京で日本経済新聞の出身者が社長を務めている。キー局だけでなく，各地域においても地元新聞社出身者が民放テレビの社長を務めるケースは多い。こうしたことからも，民放局と新聞社の関係が見えてくる。

　また，一の者が支配できる民放局を「1」に限定する原則は，メディア環境の変化，民放局の広告媒体としての力が相対的に落ちていくなかで，放送事業の経営基盤の強化の観点から例外がいくつも作られている。2008年に導入された「認定放送持株会社」制度では，キー局への一極集中が進んだ。認定放送持株会社自身は民放局とはなれないが，支配下に複数の民放局を置くことを可能としている。キー局5社ともに認定放送持株会社を設立し，そのもとに，キー局，系列BS局のほか，CS局，ラジオ社などを子会社とするほか，プロダクションなど関連会社も傘下においている。放送対象地域が重複しない場合に民放局を最大12局まで子会社とすることも可能で，フジ・メディア・ホールディングスでは，仙台放送も子会社としている。

　このほか，放送対象地域が重複しない場合や隣接7地域内の連携に関する支配基準の議決権の緩和，民放テレビと民放ラジオ4局（コミュニティ放送を除く）の兼営を認めるなど，部分的に"原則"は崩れ始めている。

4. 地上波放送の番組制作と下請け構造

　キー局の自社制作番組比率の平均は9割を超えているが，その実態をみると，地上波テレビの番組で人的にも組織的にもテレビ局が単独で制作しているものはほとんどなく，番組製作会社の協力を得て制作されている。「プロダクション」と呼ばれる番組製作会社とテレビ局の取引は，「完パケ」「制作協力」「人材派遣」の3つの形態がある。完パケは，「完全パッケージ」の略称で，テレビ局から，プロダクション（1社あるいは複数社の合同）が番組の制作の委託を受け，放送できる状態で番組を納品する取引である。番組全てを受託する場合とコーナーなど番組の一部の制作を受託する形態がある。制作協力は，プロダクションが演出業務など一部の業務の委託を受けるものである。人材派遣は，プロダクションがテレビ局に対し自社の社員を派遣し，アシスタントディレクターなどとしてテレビ局の指揮命令下で番組制作を行うものである。

　公正取引委員会が2015年7月に発表した「テレビ番組制作の取引に関する実態調査報告書」によると，取引形態は，「完パケ」が75.9％（番組全て71.7％，番組の一部4.2％）と最も多く，「制作協力」が16.5％，「人材派遣」が7.7％となっている。取引される番組種類は，「ニュース・報道・情報」（47.2％），「バラエティー」（24.3％）が多い（公正取引委員会，2015）。

　テレビ番組の制作に欠かせないプロダクションは，1970年に東京放送（当時）が，木下惠介プロ，テレパックを設立し番組の外注化を始めたのが始まりである。同年には，東京放送を退社したプロデューサーたちが中心となり，日本最初の独立プロダクション「テレビマンユニオン」も設立された。その後，1970年代から80年代にかけて，民放テレビの関連会社や独立系などさまざまなプロダクションが設立され，バラエティー，ドラマ，情報，ドキュメンタリーなど，それぞれが得意分野で事業を展開するようになった。NHKも1985年に番組制作・供給を目的とするNHKエンタープライズ，1989年にNHKエデュケーショナルを設立するなど，傘下にプロダクションを抱えている。一般社団法人全日本テレビ番組製作社連盟（ATP）に加盟するテレビ番組製作会社は2017年

時点で119社であるが，正確なプロダクションの社数は把握されていない。

　総務省・経済産業省の合同調査「平成28年情報通信業基本調査」(総務省情報通信国際戦略局・経済産業省大臣官房調査統計グループ，2017) によると，プロダクションは，資本金5,000万円未満の事業者が61.3%，従業者が100人未満の事業者が90.2%で，多くが中小規模の企業であることがわかる。プロダクションは，テレビ局に比べ事業規模が小さく，特定のテレビ局との取引に依存している傾向があるとされている。こうしたことからテレビ局と「上下関係」となることが問題視されてきた。

　2007年1月に発覚した，関西テレビが制作しフジテレビ系列で放送していた「発掘！あるある大事典Ⅱ」では，関西テレビが番組制作を委託したフジテレビ系の大手プロダクションが番組をさらに中小のプロダクションに再委託していた「孫請け」で制作が行われていることや，実験データや海外の専門家のインタビューなどのねつ造があったが，関西テレビの担当者が認識していなかったという番組制作のプロダクションへの丸投げの実態が明らかになった。

　また，「映像メディアのプロになる！」では，「(制作費の) 前年比10%カットは日常茶飯事です。しかし，制作会社側としては番組の質を担保しなくてはならない，つまり制作費をカットされたからといって視聴率を落としてはいけないのです。ここに構造上の問題が潜んでいる」「このテレビ産業の構造こそが，捏造や『やらせ』といった近年のテレビ産業の諸問題の発生原因となっている」と指摘している (奥村道夫・藤本貴之，2010)。

　テレビ局とプロダクションの関係については，公正取引委員会が1998年に「役務の委託取引における優越的地位の濫用に関する独占禁止法上の指針」(公正取引委員会，1998) を公表し，代金の減額要請，著しく低い対価での取引の要請，やり直しの要請などが違法となることを示した。また，2003年には，大手事業者 (テレビ局) が優越的地位を利用して，下請けの中小事業者 (プロダクション) に経済的不利益を与えることを防ぐ「下請法」が改正され，放送番組やコンピュータプログラムなどが「情報成果物作成委託」として，同法の規制対象に追加された。こうした法的な取り組みが行われているにもかかわらず，

「発掘！あるある大事典Ⅱ」のような問題が発生する状況がある。

5. 衛星放送の産業構造

　NHK の現在の地上契約料（地上テレビの受信契約，月額・税込）は 1,310 円，衛星契約料（地上テレビ・衛星の受信契約，同）は 2,280 円で，差額は 970 円である。2016 年度末時点の受信契約数は 4,313 万件，うち衛星契約数は 2,062 万件で受信契約数の約半分（48%）である。2011 年度末の衛星契約数は 1,650 万件となっており，5 年間で約 400 万件伸びており今後も収入増が見込まれる（総務省情報流通行政局衛星・地上波放送課，2017）。

　一方，有料放送の WOWOW および，110 度 CS，124/128 度 CS の 2011 年度から 2016 年度の加入件数推移を見てみると，124/128 度 CS が大きく減少し，WOWOW は横ばいとなっているなかで，110 度 CS が一番加入者を伸ばしている（表Ⅲ-6）（総務省情報流通行政局衛星・地上波放送課，2017）。

　無料広告放送としてスタートした，BS 日テレ，BS 朝日，BS-TBS，BS ジャパン，BS フジのキー局系 5 社は，2000 年 12 月の放送開始当初，1,000 日で 1,000 万世帯に普及という目標を掲げたが，実際には放送開始から 4 年 9 ヵ月後の 2005 年 8 月末にようやく受信可能世帯数が 1,000 万件を突破するなど立ち上げ当初は普及が遅々として進まなかった。その後は，地上デジタル放送への完全移行に向けて，地上波，BS，CS の 3 波の受信が可能な「3 波共用受信機」の販売が開始されたことなど受けて普及が加速し，総務省の「衛星放送の現状」

表Ⅲ-6　NHK 衛星受信契約および有料放送の加入件数の推移

単位：万件

契約・加入数／年度	2011	2012	2013	2014	2015	2016
NHK 衛星受信契約	1,650	1,737	1,823	1,911	1,993	2,062
WOWOW	254.8	263.1	264.8	275.6	280.5	283.3
110 度 CS	173.7	196.3	205.6	212.0	219.5	209.3
124/128 度 CS	196.3	176.2	157.1	125.4	120.3	114.4

※各年度末の件数。WOWOW は加入件数，110 度 CS，124/128 度 CS は個人契約件数
出所）総務省情報流通行政局衛星・地上波放送課「衛星放送の現状」（平成 29 年度第 2 四半期版）より作成

表Ⅲ-7　BSデジタル民放5社売り上げ

単位：億円

年　度	2011	2012	2013	2014	2015
金　額	557.5	656.8	756.7	817.9	867.6

出所）日本民間放送連盟『日本民間放送年鑑2016』より作成

（総務省情報流通行政局衛星・地上波放送課，2017）によると，2016年で視聴可能世帯数は，4,064万件，世帯割合で71.7％までに普及している。

　視聴可能世帯数の伸びは広告収入に直結しており2011年には，BS－TBS，BS朝日，BS日テレの売り上げが100億円を突破，翌2012年には，5局そろって100億円の大台をクリアするなど収入は順調に伸びている。

　BSは，衛星を使用し一波で日本全国に電波の送信が可能なことから，地上波民放テレビのようにネットワーク構築が不要で「ネットワーク維持費」がかからない。そのため，地上波に比べ低コストで全国広告の放送が可能である。CM出稿の特徴としては，「地上の民放テレビで35秒以上のCMシェアが1％しかないのに対してBSは4割を占めており大きな違いがある」「35〜90秒未満，90秒以上が各々2割前後を占めており，年々シェアを伸ばしている」（ビデオリサーチ，2017）ことがあげられ，番組同様にじっくり視聴できるCMも放送されている。視聴者層は，60歳代が最も多く，50歳代，40歳代が続いていると言われ，大半を中高年層が占めている。

6. 通信と放送の融合

　「通信と放送の融合」という問題は，古くて新しい問題である。ニューメディアという言葉が使われ始めた1980年代からすでに議論が行われていた。1885年の「通信の自由化」を受け通信分野では，NTTに加え，多くの新規事業者が参入し，ISDNやビデオテックスなど各種の新しいサービスが登場した。ISDNは，不特定多数の加入者相互間を結ぶネットワークで，音声・データ・画像通信を総合的に提供できるシステムである。従来，1対1の関係で情報の

やり取りを行っていた通信が，放送と同様に1対N（不特定多数）への情報伝達が技術的に可能となった。こうした通信サービスは放送に類似しているため，中間領域的サービスなどと呼ばれ，通信と放送の融合の先駆けとしていずれに分類するのかが議論された。こうした議論のなかで，従来は，CATVへの番組供給など特定業界向けの通信システムであった通信衛星（CS）を"放送"として利用し，家庭に番組を届けるサービスが始まった。

　中間領域的サービスは，1993年のインターネットの商用利用でさらに加速する。インターネットは，Windows95の登場によってパソコンが一般ユーザーにとって身近なものになったことや，1996年にNTTが，1997年に複数の新規参入事業者がインターネット接続サービスを開始したことなどを受け，1998年には，商用利用開始からわずか5年でインターネットの世帯普及率が10%を超えた。これは，従来の主要な情報通信メディアと比較しても急速な家庭への普及であった。さらに，2001年から2002年にかけては，世帯普及率が34.0%（2000年末）から60.5%（2001年末），81.4%（2002年末）に急増した（総務省，2015）。

　こうした状況を受けて，情報通信産業が日本経済の活性化の起爆剤として注目を集めるようになり，2000年代に入ると，「IT（情報通信技術）革命」という言葉が強調されるようになる。2001年3月に閣議決定された「規制改革推進3か年計画」には「通信と放送の融合に対応した制度整備」が盛り込まれるなど，規制改革とセットで「通信と放送の融合」の議論が進められていく（内閣府規則改革会議，2001）。また，サービス面では，デジタル化に伴う技術革新で，無線・有線の通信を通じて情報が提供され，さまざまなデバイスでの利用が進み，放送が独占してきた"動画"も視聴手段の選択肢が増えつつあるなかで，"伝送路の融合"という言葉が頻繁に使われるようになる。こうした状況が，放送制度を転換すべきだという発想につながっていく。

　2005年5月には，総理大臣の諮問機関「規制改革・民間開放推進会議」が放送改革を重点検討事項候補に掲げ検討を行うなど「通信と放送の融合」議論の流れが加速，総務省は2006年1月，竹中平蔵大臣の私的諮問機関「通信・

放送の在り方に関する懇談会」(竹中懇)を設置した。同年6月に公表した報告書では,「通信・放送の融合に対応して現行の法体系を見直すことが喫緊の課題であり,即座に検討に着手すべきである」との認識を示した(総務省, 2006)。この報告書を踏まえ,同年6月に政府と与党(自民党・公明党)は,「通信・放送の在り方に関する政府与党合意」をまとめ,通信と放送に関する総合的な法体系について,「2010年までに結論を得る」との目標を設定した。これらを受け総務省は,「情報通信法」構想に向けた具体的な検討を進めることになった。「情報通信法」構想では,通信・放送関連の9法をコンテンツ,プラットフォーム,伝送インフラの3つのレイヤー区分に基づき新しい法体系へ一本化することが検討された。情報通信ネットワークを流通する「コンテンツ」を,社会的影響力に応じて区分し,規制の濃淡に差をつける構想が示された。しかし,インターネット上のコンテンツに規制をかけることに対し,批判が噴出し,結局は,情報通信法構想はとん挫した。

　情報通信政策研究所によると,2015年時点で日本で流通する映像系ソフトの流通量は1,762億時間,その内の地上波のテレビ番組が84.0%(1,479.9時間)を占め,他を圧倒している。しかし,2兆9,633億円の通信系コンテンツ市場(インターネットなどを経由したコンテンツ市場)の中で地上波のテレビ番組はわずか688億円(2.3%)に過ぎない(情報通信政策研究所, 2017)。「通信と放送の融合」をどのように促進するかが政策上,長らく議論されてきたわけであるが,前述の状況を見ると,この議論の本質は放送法制の問題というよりも「放送番組を通信網でいかに柔軟性をもって利用することができるか」ということではないかと考える。

7. 放送産業の構造変化と諸問題

　民放テレビは,広告メディアとして現在は最強のメディアであるが,その影響力は相対的には下がってきていると言わざるを得ない。インターネットの台頭で,2008年に日本の広告費に占める新聞,雑誌,ラジオ,民放テレビ

のマスコミ4媒体の割合が初めて50％を割った。2007年に6,003億円だった
インターネット広告費は，2016年には，倍以上の1兆3,100億円までに伸びた。
2007年には，インターネットと民放テレビの広告費の差は1兆3,000億円以上
あったが，2016年には5,274億円までに縮まっている（表Ⅲ-5）。

　こうした広告環境変化から民放テレビでは，広告収入以外（放送外収入）の拡
大に力を入れてきた。番組や番組制作力を活かした，映画製作・出資，DVD
販売，ネット配信に加え，通販などがその代表的な取り組みである。このうち，
映画製作・出資はすでに定着しており，日本映画製作者連盟発表の「2016年
興行収入10億円以上番組・邦画」（日本映画制作者連盟，2017）で見ると，興行
収入トップ10に民放テレビが関わるものが6つランクインしている。

　現在，最も大きな課題は，テレビの視聴環境が変化するなかでのテレビ番組
のネット配信への取り組みである。NHK放送文化研究所が5年後ごと実施し
ている「国民生活時間調査」の2015年版（2016年）によると，国民全体のテレ
ビの行為者数が減少している（NHK放送文化研究所，2015）。1995年調査では平
日・土曜・日曜ともに92％であったが，2015年には各曜日ともに85％までに
減少した。10代，20代では，その減少率はさらに大きく，最も低い20代男性
の土曜日は国民全体から25ポイント下回る60％となるなど若者のテレビ離れ
が顕著である（表Ⅲ-8）。視聴時間も国民全体では各曜日ともに3時間を超えて
いるが，10代，20代では，20代女性を除き平日は1時間半程度，土日でも大
幅に視聴時間が下回っている。こうした若者のテレビ離れの一方で，インター
ネットの行為者率・時間ともに若者は，国民全体の平均を大きく上回っている。

表Ⅲ-8　テレビの行為者率

単位：％

		平日		土曜		日曜	
		1995	2015	1995	2015	1995	2015
国民全体		92	85	92	85	92	85
男性	10代	90	74	93	68	94	72
	20代	81	62	77	60	85	67
女性	10代	91	77	91	77	91	75
	20代	90	77	91	77	91	75

出所）NHK放送文化研究所『2015年国民生活時間調査報告書』より作成

　また，総務省の『平成28年 版情報通信白書』(2016) によると，2010年に9.7％
だったスマートフォンの保有率は，2015年には72.0％まで急速に伸びた。タ
ブレットも同様に7.2％から33.3％に伸びている。こうしたデバイスの環境変
化を受け，広告付き無料動画配信のGYAOやYouTubeなどに加え2015年には，
Netflix，Amazon プライムビデオ，dTV，2016年にはDAZNが有料の動画配
信サービスを相次いで開始するなど，動画配信サービスが激化している。さら
に，スカパー！が保有していたサッカーJリーグの放送権を，DAZNを運営
する英国系企業が10年間約2,100億円で獲得するなどコンテンツの争奪も起
こっている。

　民放テレビ各社は，自社のプラットフォームで無料・有料でテレビ番組の配
信を行うほか，2014年には日本テレビが「Hulu」の日本事業を譲り受け，定
額制動画配信事業に参入した。2016年にはテレビ朝日がサイバーエージェン
トとの共同出資により，番組編成表にそった広告つき無料の24時間ストリー
ミング配信を開始するなど，さまざまな取り組みを行っている。また，2015
年10月には，民放テレビキー局5社の共通ポータルサイト「TVer」が開始さ
れ，民放テレビが連携したネット配信も始まった。準キー局の毎日放送，朝日
放送，読売テレビも加わり，2017年12月にはアプリのダウンロード数が1,000
万を超えた。しかし，各社のネット配信事業が大きな収入増につながっている
という状況にはまだない。

　こうしたなか，NHKが2019年に開始を目指している同時配信への対応も課
題となっている。NHKは，放送法に基づき，総務大臣が認可する実施基準に
従って，試験的な同時配信を行っているが，常時の同時配信は，現行法では認
められていない。2020年の東京オリンピック前にNHKは開始すべく検討を進
めている。民放テレビは，NHKが受信料を背景にした豊富な資金でネット事
業を拡大することに懸念を示している。一方，同時配信のビジネスモデルは現
時点では確立されておらず，先行投資を行う状況ではないため，NHKが先行
すると収益の見通しが立たないまま民放は追随を迫られることになりかねない
状況となっている。

引用文献

日本民間放送連盟 http://www.j-ba.or.jp/network/tv.html（2017 年 8 月 11 日アクセス）

総務省情報流通行政局衛星・地上波放送課「衛星放送の現状」（平成 29 年度第 2 四半期版）http://www.soumu.go.jp/main_sosiki/joho_tsusin/eisei.pdf（2017 年 8 月 11 日アクセス）

総務省情報流通行政局地域放送推進室「ケーブルテレビの現状」http://www.soumu.go.jp/main_content/000504511.pdf（2017 年 8 月 29 日アクセス）

NHK「平成 29年度各地方向け地域放送番組編成計画」http://www.nhk.or.jp/keiei-iinkai/giji/shiryou/2178_houkoku01-3.pdf（2017 年 8 月 11 日アクセス）

電通「日本の広告費」http://www.dentsu.co.jp/knowledge/ad_cost/（2017 年 8 月 11 日アクセス）

伊藤裕顕『放送ってなんだ？　テレビってなんだ？』新風舎，2003.

公正取引委員会「テレビ番組制作の取引に関する実態調査報告書」http://www.jftc.go.jp/houdou/pressrelease/h27/jul/150729.html（2017 年 8 月 11 日アクセス）

総務省情報通信国際戦略局・経済産業省大臣官房調査統計グループ「平成 28 年情報通信業基本調査」http://www.meti.go.jp/statistics/tyo/joho/index.html（2017 年 8 月 11 日アクセス）

奥村道夫・藤本貴之『映像メディアのプロになる！』河出書房新社，2010.

公正取引委員会「役務の委託取引における優越的な地位の濫用に関する独占禁止法上の指針」http://www.jftc.go.jp/dk/guideline/unyoukijun/itakutorihiki.html（2017 年 8 月 11 日アクセス）

日本民間放送連盟『日本民間放送年鑑 2016』2016.

ビデオリサーチ『Video Research Digest（3, 4 月号）』2017.

総務省『平成 27 年情報通信白書』2015.

内閣府規制改革会議「規制改革推進 3 か年計画」2001，http://www8.cao.go.jp/kisei/siryo/010330/（2017 年 8 月 11 日アクセス）

総務省「通信・放送の在り方に関する懇談会報告書」2006，http://www.soumu.go.jp/main_sosiki/joho_tsusin/policyreports/chousa/tsushin_hosou/pdf/060606_saisyu.pdf（2017 年 8 月 11 日アクセス）

日本映画製作者連盟「日本映画産業統計」2017，http://www.eiren.org/toukei/（2017 年 8 月 11 日アクセス）

NHK 放送文化研究所「国民生活時間調査」2015，http://www.nhk.or.jp/bunken/research/yoron/pdf/20160217_1.html（2017 年 8 月 11 日アクセス）

総務省『平成 28 年情報通信白書』2016.

第Ⅳ章　放送の法制度

1. はじめに

　放送の法制度は独特である。同じマス・メディアでも，新聞など印刷メディアには憲法第21条の表現の自由の観点から許されないと一般に考えられているさまざまな法規制が放送に対しては課せられている。免許制，番組編集準則，マス・メディア集中排除原則がその代表例であり，さらに公共放送という特殊な組織の設営も定められている。他方で，デジタル化などメディア技術の発達による多チャンネル化や「通信と放送の融合」現象に伴い，「放送」概念をめぐり議論が絶えない。

　本章の目的は，放送法制の趣旨および概要をできるだけわかりやすく解説することにある。その際，憲法第21条に照らして放送法制の趣旨をどのように把握すべきであるのか考えることに分析の力点をおくことにする。複雑な環境の変化に惑わされずに，マス・メディアとしての放送が果たすべき社会的機能を表現の自由の視点から捉えることにこそ，放送法制を論じる固有の意味がある。

2. 法制度における放送の意味

　2010年の放送法改正により，コンテンツ（業務・番組）規律につき，それまでの「放送法」，「電気通信役務利用放送法」，「有線テレビジョン放送法」，「有線ラジオ放送業務の運用の規正に関する法律」の4つの法律が「放送法」に統合された。他方で，ハード（設備）規律につき，「有線放送電話法」は「電気通信事業法」に統合され，「電波法」と「有線電気通信法」も一部改正された。

以上により，従来の8つの法律が4つに整理されたことになる。

　2010年放送法改正前では，放送法は「放送」を電波法と同様，「公衆によって直接受信されることを目的とする無線通信の送信」と定義していた。しかし，2010年放送法改正により以上のように4つの法律が「放送法」に統合されたことに伴い，「放送」は「公衆によって直接受信されることを目的とする電気通信の送信」（第2条1号）と定義されている。すなわち，「放送」は「公衆によって直接受信されることを目的」とする送信の点で1対N（不特定多数）の一方向の伝達を前提にしているのに変わりはないものの，無線系の放送メディアのみならず有線系の放送メディアをも含むことになったのである。ただし，電波法は従来の「放送」の定義を用いていることから（電波法第5条4項），日本の通信放送法制では「放送」について2つの異なる定義が存在することになった。

　電気通信事業法第2条1号は「電気通信」を「有線，無線その他の電磁的方式により，符号，音響又は影像を送り，伝え，又は受けること」としている。電気通信サービスは1対1の双方向をも含んでいる。

　近年，通信と放送の融合という現象が指摘されている。この現象は，① 伝送路の融合，② 端末の融合，③ サービスの融合，④ 事業者の融合に分けることができる。このなかの③ の動画配信サービスに関連して，放送法の「放送」概念は放送の範囲を明確に画定することに成功しているのかが問題となる。

　総務省事務次官を歴任した金澤薫によれば，旧「電気通信役務利用放送法」において電気通信役務利用放送として規律されてきたIPマルチキャスト技術による動画配信（IPTV）は，送信者が不特定の受信者に向けて同時かつ一斉に送信を行うものであるため，「放送」の定義に含まれる（金澤薫，2012）。技術的には視聴者側の機器からの送信要求が存在するものの，視聴者の操作は機器の電源を入れチャンネルを選択するだけであり，通常の地上テレビ放送を視聴する場合と同様であるとの実質的な理解があるといえよう（鈴木秀美・山田健太，2017）。他方で，インターネットでの公然性を有する情報の送信，いわゆるウェブサイト上でのストリーミングによる動画配信を意味するインターネット放送については，現在は概ね，情報を受信者からの要求に応じて送信するものであ

り，放送に該当しないという。インターネット放送は，技術的に見れば IP マルチキャスト技術による動画配信と区別されないものの，視聴者自らコンテンツを能動的に選択し送信要求を行う点で，受動的な視聴態度を特徴とする「放送」とは区別されることになる（鈴木・山田，2017）。

ただし，以上のような視聴態度による「放送」の実質的な区別に従うと，近年登場している一斉同報のインターネットテレビは「放送」として位置づけられることになろう。そこで学説のなかには，EU の「視聴覚メディアサービス指令」における「リニア・サービス」（送信側がスケジュール編成を行うものであり，テレビ放送と同等のルールが適用される）と「ノンリニア・サービス」（受信側が視聴のタイミングを選択するもの）の区別を参考にして，IPTV のうち，視聴者からの個別の要求に応じてコンテンツが配信されるビデオ・オン・デマンド（ノンリニア・サービス）は「放送」に該当しない一方，インターネットテレビのなかでもリニア・サービスに該当するものは「放送」（ただし，後述する「一般放送」として最小限度の規律のみを課すにとどめる）として把握する可能性を指摘するものがある（鈴木・山田，2017）。

なお，放送法第 176 条 1 項によれば，「放送」に該当するものでも，「役務の提供範囲，提供条件等に照らして受信者の利益及び放送の健全な発達を阻害するおそれがないものとして総務省令で定める放送については」放送法の規定は適用されない。この規定をうけて，放送法施行規則第 214 条は適用除外となる範囲を定めている。このような適用除外は，法律ではなく総務大臣の定める命令によるものであるため，恣意的な規制を懸念する意見もある。

3. 原則としてのハード・ソフト分離

2010 年放送法改正前では，放送施設の設置・運用（ハード）と放送業務（ソフト）の一致が原則であった。この「ハード・ソフト一致の原則」とは「電波法により一定の放送設備を対象として放送局の免許を得た者が，放送番組の編集についても責任をもつ」ことを意味する（鈴木・山田，2017）。もっとも，2010

年放送法改正前でも，例外として「ハード・ソフト分離」が存在した。1989
年の放送法改正により通信衛星を利用して行う放送（CS放送）の分野で導入さ
れた受託・委託放送制度である。

　2010年放送法改正では，以上の原則と例外の関係が変わり「ハード・ソフ
ト分離」が原則となり，放送法における放送の主体は「放送の業務を行う者」，
つまりソフト事業者を基本とすることになった（これに伴い，受託・委託放送制
度は廃止された）。そのうえで，「放送」は「基幹放送」と「一般放送」に区分
された。「基幹放送とは，電波法の規定により放送をする無線局に専ら又は優
先的に割り当てられるものとされた周波数の電波を使用する放送」（第2条2））
である。すなわち，総務大臣が定める基幹放送普及計画（第91条）の対象とな
る周波数を利用した放送である。基幹放送は，さらに放送法第2条15号の定
義する「地上基幹放送」（具体例として地上波のテレビ・ラジオ），同条13号の
定義する「衛星基幹放送」（具体例としてBS放送，110度CS放送），同条14号の
定義する「移動受信用地上基幹放送」（具体例としてV-High，V-Lowのマルチメ
ディア放送）に分けられる。他方で，一般放送は「基幹放送以外の放送」（第2
条3号）であり，110度CS以外のCS放送とケーブルテレビなど有線系の放送
がその具体例である。

　基幹放送と一般放送の違いについて，金澤は次のように説明している。旧法
の「放送」を引き継ぐ基幹放送は，民主主義の健全な発達の寄与，基本的情報
の共有の促進などの社会的役割を確実かつ適正に果たすために確保する枠組み
に基づくものであるのに対し，一般放送は，これと同様の社会的役割を果たす
ことを否定するものではないものの，こうした役割を確保する枠組みに基づく
ものではない。具体的には，基幹放送は，社会的役割が確実に果たされるよう
に放送のための周波数を確保し，かつ，確保した周波数に応じてその放送の区
分等を定めて社会的役割が適正に果たされるように参入の際に必要な審査を
行って業務を規律する制度である。他方で一般放送は，こうした適正性を担保
するための参入の際に必要な審査や業務の規律を不要とする制度である（金澤，
2012）。

　基幹放送の業務を行おうとする者は，放送法第93条1項で掲げる要件のいずれにも該当することについて，総務大臣の「認定」を受けなければならない。この認定を受けた者を「認定基幹放送事業者」という（第2条21号）。他方で，一般放送に対する参入時の審査や業務の規律については，金澤の説明の通り，これを不要とする制度となっている。一般放送の業務への参入は，原則として総務大臣の「登録」を要する（第126条1項）ものの，受信者の利益及び放送の健全な発達に及ぼす影響が比較的少ないものとして総務省令（放送法施行規則第133条）で定める一般放送については総務大臣への届出でよい（第126条1項ただし書）。「一般放送事業者」とは，「第126条1項の登録を受けた者及び第133条1項の規定による届出をした者をいう」（第2条25号）。

　基幹放送の業務に用いられるハード事業は，電波法に基づき基幹放送局の「免許」を受けなければならない。この免許を受けた者を「基幹放送局提供事業者」（第2条24号）という。基幹放送局提供事業者は電気通信事業者であるものの，電気通信事業法により適用除外とされたうえ，放送法により認定基幹放送事業者に対する役務提供義務，役務の提供条件の総務大臣への届出等の規律をうける（第117条～第125条）。一般放送は，電気通信事業者から役務提供を受けて放送を実施することになる。この電気通信事業者は放送法の規律の対象外である。

　2010年放送法改正にあたって以上のような「ハード・ソフト分離」が原則とされたものの，地上放送事業者が放送用施設の「免許」（電波法第4条）を総務大臣から受けることにより，自動的に放送業務を行うことができる従来の「ハード・ソフト一致」制度の存続を強く望んだため，この種の事業形態も「特定地上基幹放送事業者」（第2条22号）という例外として残されている。特定地上基幹放送事業者は放送業務の認定を受ける必要はない。

　なお，基幹放送と一般放送の区別は，放送法の関連規定からは判読できず，省令や告示をみてはじめて明らかになるという，広範な省令への委任の問題が指摘されている。また，一般放送事業者からすると，届出で足りるのか登録申請が必要であるのかの違いは事業活動にとり大きな意味を有するにもかかわら

ず，総務大臣が「影響」を判断して届出でよい一般放送業務を定めることを認める放送法第126条1項の省令委任の適否を問題視する見解もある（鈴木・山田, 2017）。

4.　放送法の構造と併存体制

　以上，やや言葉の説明に終始してきた。ここからは，現行の放送法制度のポイントを制度趣旨を踏まえて説明することにする。

　放送法は第1条で次のような規律目的を掲げている。① 放送が国民に最大限に普及されて，その効用をもたらすことを保障すること，② 放送の不偏不党，真実及び自律を保障することによって，放送による表現の自由を確保すること，③ 放送に携わる者の職責を明らかにすることによって，放送が健全な民主主義の発達に資するようにすること，の3点である。それを受けて第3条は，「放送番組は，法律に定める権限に基づく場合でなければ，何人からも干渉され，又は規律されることがない」とし，そこで予定された規律として第4条1項の番組編集準則がある。放送事業者が依拠すべきこの準則は，① 公安及び善良な風俗を害しないこと，② 政治的に公平であること，③ 報道は事実をまげないですること，④ 意見が対立している問題については，できるだけ多くの角度から論点を明らかにすること，からなる。

　以上の条文の関連で重要であるのは，放送の規律の趣旨である「放送が国民に最大限に普及されて，その効用をもたらすこと」および「民主主義」という意味での「公共の福祉」の実現は放送事業者の自律に委ねられており，番組編集準則もそうした自律のための基準として位置づけられていることである。このことは，放送法が番組編集準則を担保する手段として放送番組の編集の基準（番組基準）を定めること（第5条），および放送番組の適正を図るために放送番組審議機関を設置すること（第6条）を規定していることによっても明らかである（浜田純一, 1990）。この放送事業者の自律は裁判所によっても強調されている（最判平成16・11・25民集58巻8号2326頁；最判平成20・6・12民集62巻6

号1656頁）。以上の規律の理念は，民間放送事業者であれNHKであれ共通に妥当する。

　もっともNHKに関しては，放送法上さらにその役割や業務についての規律が存在する。NHKは放送法によって設立された特殊法人だからである。

　放送法第15条は，NHKの目的として「豊かで，かつ，良い」放送番組の放送等を挙げる。そして81条1項は，放送番組の編集に関して，以上のような番組を通して公衆の要望を満たすとともに文化水準の向上に寄与するよう最大の努力を払うこと，全国向けの放送番組のほか地方向けの放送番組を有するようにすること，過去の優れた文化の保存，新たな文化の育成・普及に役立つようにすることなどを定めることにより，民間放送よりも積極的な役割をNHKに期待している。ただしこのような規定も先の第1条から第4条の連関を睨んで解釈される必要がある。

　こうしたNHKの役割を踏まえて，その業務内容が法定され（第20条），財源は受信料とされている（第64条）。また放送法は，NHKの組織の中枢を最高意思決定機関としての経営委員会に据えるとともに，NHKに対する「公共的規制」を国会における予算承認など国会を中心に置くことにより，民主的な統制をも図っている（詳細については第Ⅷ章を参照）。つまるところ「NHKの役割，財源，経営機構，公共的規制は相互に関連し，一体のものとして構成されたものである」ことが重要である（山本博史，2006）。

　それでは，放送法はなぜNHKの設営を規定したのであろうか。この公共放送と民間放送の併存体制の意義について，放送法制定にあたっての政府説明は，全国民の要望を満たす放送番組の放送を任務とするNHKと個人の創意と工夫により自由闊達な放送文化を築くことが期待される民間放送との相互補完を強調していた（1950年1月24日，衆議院電気通信委員会における網島毅電波監理長官の発言。なお参照，片岡俊夫，2001；長谷部恭男，1992）。他方で，この政府説明について傾聴すべき考えとしながらも，現在の放送事業の発展も踏まえて「民放ネットワークもほぼ全国にわたって放送し，全国民の要望を満たそうとしているといえるし，またNHK内における個人の創意と工夫が民放に比べ

て元来劣るはずだともいえないであろう」と指摘し，「広告料を財源とする放送機関と受信料あるいは税金を財源とする放送機関とを併存させるという制度は，（中略）極端な公共財であるがゆえに価格メカニズムが適切な配分を行いえない放送サービスについて，次善の形でそれを視聴者に提供しようとする試みの一つである」と評価する見解もある。それによれば「NHKと民間放送とは，両者の併存によってはじめて公共の福祉に貢献することができる。NHKのみを『公共放送』と呼ぶことは，その限りでミスリーディングである」ということになる（長谷部，1992）。

5.　事前規制（参入規制）

(1)　特定地上基幹放送事業

　上記の通り，特定地上基幹放送事業を行おうとする者は，従来通り，放送用施設の「免許」（電波法第4条）を総務大臣から受ける必要がある。この事業形態は，無線局としての放送局（ハード）の免許を受ける者が同時に伝達される情報内容（ソフト）の編集主体でもある「ハード・ソフトの一致」である。ここから，第1に放送免許とは放送設備の設置・管理・運営に係る施設免許であって事業免許ではないこと，第2に公権力が施設免許を介してソフトの側面にまで実効的な規律を及ぼすシステムを構築していると見ることができること，の2点が確認されうる。

　それでは，この実効的な規律の仕組みとはどのようなものであろうか。

　無線局免許の趣旨は，周波数の稀少性のもと電波の公平かつ能率的な利用を確保することにある。したがって，免許の基準としては技術基準の適合性が前面に出てくる（電波法第7条2項）。しかし，電波法第7条2項4号ハにおいて「基幹放送普及計画に適合することその他放送の普及及び健全な発達のために適切であること」と規定され，これと同じ文言が無線局の免許にかかる審査基準を定めた訓令である「電波法関係審査基準」（平成13年訓令第67号）第3条(12)イにある。この規定によれば，「基幹放送普及計画に適合することその他放送

の普及及び健全な発達のために適切であること」の審査は，基幹放送業務の認定（放送法第93条1項）にかかる審査基準を定めた訓令である「放送法関係審査基準」（平成13年1月6日訓令第68号，平成23年8月8日改正）第2章によることとされ，その第3条(11)は以上の文言に加え「別紙1の基準に合致すること」が追加されている。そして，この「別紙1」の1では放送法第4条の番組編集準則がそのまま，そして同106条の番組調和原則が厳格化した形であげられているのである。

　確かに，電波法関係審査基準等は訓令形式であるため，特定地上基幹放送事業者に対する法的拘束力をもたない。しかし学説の指摘するように，① 総務大臣が詳細な審査基準を定めることは，実質的なポリシーメイキングを立法権ではなく行政権が行使することを意味しているに他ならない（鈴木・山田，2017）。また，② 訓令によって，番組編集準則，（厳格化された）番組調和原則への適合性が放送免許のひとつの基準となり，このような電波法と放送法との結合を通じて単なる電波監理とは異質な（番組内容にまで踏み込む）放送行政の本格的展開が可能となっているといえよう（稲葉一将，2004）。

(2) 基幹放送業務と一般放送業務

　類似のことは（特に①），基幹放送業務の認定に対しても当然に妥当する（放送法第93条1項，とりわけ「その認定をすることが基幹放送普及計画に適合することその他放送の普及及び健全な発達のために適切であること」を定める5号と放送法関係審査基準）。一般放送業務と異なり基幹放送業務において認定制度が設けられた理由は，3.で説明した通りである。

　一般放送業務については，原則として登録申請を必要とする（第126条1項）。この登録制度の存在理由は，安定的かつ継続的に実施されるよう業務が適格に行われるための総務大臣が審査することにあるとされる（金澤，2012）。したがって技術基準適合性の審査が中心であり，また，基幹放送業務の認定とは異なり，総務大臣の判断は機械的に行われる（参照，放送法第128条「拒否しなければならない」）。他方で，放送法第126条1項に基づき総務省令（放送法施行規

則第 133 条) で定められている一般放送業務は，上記の通り，業務の登録を受けるべき必要はなく，届出で足りる (放送法第 126 条 1 項，第 133 条 1 項)。この届出制度の存在理由は，次のように説明されている (金澤，2012)。「参入時に特段の審査を要しないものの，実際に業務を行う段階において，受信者利益の保護の観点から事後的な措置を必要に応じて講ずるために必要な最小限度の情報を取得するためである」。届出制度は，総務大臣による事後規制のための情報収集制度の一種であるといえよう。一般放送業務の届出制度はもとより事前規制が維持されている登録制度も，業務開始の事前よりも事後の規制に重点が置かれている (鈴木・山田，2017)。

(3) 日本の免許制の特質

　日本の放送法・電波法の体系は，電波監理委員会という合議制の行政委員会 (独立規制機関) が放送規制と電波監理を所管することを前提にしていた。しかし，電波監理委員会が活動したのは 1950 年 6 月から 1952 年 7 月までのわずか 2 年余りであり，その後は独任制行政庁が規制・監督機関として活動している。日本は，参入規制として放送エリアを設定しエリアごとに参入できる事業者数を決める放送対象地域制度 (地域免許制度) を採用したうえで，後述する資本規制 (マス・メディア集中排除原則) を併用することにより，資本・経営面での地域性の維持を図ってきた。その際，郵政省が法律の根拠なく「チャンネルプラン」と呼ばれる周波数の割当計画を策定し，どの地域にどの程度の放送事業者を置くかという基本的な放送政策を担ってきた。また，放送局免許の審査基準も省令に定められているのは「放送の公正かつ能率的な普及に役立つこと」といった抽象的な内容にすぎず，具体的な基準は通達等により規定されていた。こうした制度を前提にして，免許申請の際に非公式な調整，いわゆる一本化調整が規制当局の下支えのもと，政権与党，知事，新聞社，経済界等を調整者として行われるようになり，その結果，とりわけ政権与党は放送事業者に対し番組面も含めた強い影響力を行使してきた可能性があると指摘されている (村上聖一，2016)。

　なお,「チャンネルプラン」が法律に根拠を持つ「放送用周波数使用計画」(電波法)と「放送普及基本計画」(放送法)として位置づけ直されたのは 1988 年のことである。また,1993 年に行政手続法が制定され審査基準の公表が義務付けられたため,不透明な手法で事前調整を行うことは難しくなっている (村上, 2016)。

6. 事後規制

(1) 特定地上基幹放送事業者以外

　特定地上基幹放送事業者を除く放送事業者に対する事後規制として重要であるのは,放送事業者が放送法に違反したときに総務大臣が命ずることができる業務の停止である (放送法第 174 条)。放送法第 4 条の番組編集準則に違反した場合も総務大臣は業務停止命令を行うことができるため,番組内容にまで踏み込む放送行政のあり方が問題になる (この点については,特定地上基幹放送事業者に対する電波法第 76 条に基づく無線局の運用停止命令についての下記の叙述を参照)。

　基幹放送事業者が業務停止命令に従わないとき,総務大臣は認定を取消すことができる (第 104 条 4 号)。また,一般放送事業者が業務停止命令に違反した場合において,一般放送の受信者の利益を阻害すると認められるとき,総務大臣は登録を取消すことができる (第 131 条 4 号)。いずれの場合にも電波監理審議会への必要的諮問事項である (第 177 条 4 号)。なお,業務停止命令は電波監理審議会への諮問事項ではないが,これも必要的諮問事項とすべきとの学説の指摘がある。

(2) 特定地上基幹放送事業者——電波法第 76 条の問題——

　特定地上基幹放送事業者に対する事後規制として議論されてきたのが,電波法第 76 条である。電波法 76 条は「総務大臣は,免許人等がこの法律,放送法若しくはこれらの法律に基づく命令又はこれらに基づく処分に違反したとき」,

無線局の運用停止さらには免許取消しを行いうることを規定している。したがって形式的に考えると，放送法で規定された番組編集準則の違反を理由に総務大臣は，以上の処分を行うことができることになる。また，電波法第13条1項により，無線局免許は免許の日から起算して5年を超えない範囲内において総務省令で定める期間のみ有効であり，事業継続のためには再免許を受ける必要があるため，免許期間中に特定地上基幹放送事業者が放送法第4条に反する行為を行った場合，再免許の際には否定的に考慮される可能性がある（松井茂記，1997）。いずれにせよ，総務大臣による事後規制および再免許における番組編集準則の考慮（電波法と放送法の結合）は，無線局免許の付与と同様，本来は電波監理委員会の存在を前提にしていたことに注意する必要がある。

　電波法第76条に基づく行政処分に関しては，放送行政が独任制行政庁により担われていることを意識して，郵政省（当時）自身により，番組編集準則は「法の実際的効果としては多分に精神的規定の域を出ない。要は，事業者の自律にまつほかない」と位置づけられていた（郵政省，1964）。つまり，番組編集準則違反を理由とする電波法第76条の適用には慎重な姿勢を示してきたのである。ところがいわゆる椿発言事件（1993）に関連して，郵政省は一定の場合には番組編集準則違反を理由に電波法第76条に基づき放送局の運用停止を命じることができると明言した。

　番組編集準則違反を理由に電波法第76条に基づき運用停止命令が下されうる場合，この処分は直接に義務を課し，またはその権利を制限する不利益処分にあたるため，あらかじめ具体的な処分基準を定めておく必要がある（行政手続法第2条1号，4号，第12条）。2006年に金澤はこの基準につき次のように説明している。処分基準は，① 番組が番組編集準則に違反したことが明らかであり，② そのような番組が放送されることが公益を害し，電波法の目的に反するから，将来に向けて阻止する必要があり，③ 同一の事業者が同様の事態を繰り返し，再発防止の措置が十分ではなく放送事業者の自主規制に期待するのでは，放送法第3条の2［2010年改正法では第4条］を遵守した放送が確保されないと認められる場合，である。ただしこの基準に対しては，番組編集

準則は解釈の幅のある準則であり，① を判断しうるのか疑問である（放送法第175条に基づき総務大臣が提出を求めることのできる資料には，個々の放送番組の内容にかかわる資料は含まれていない），②「公益を害し」という言葉があいまいであるという批判がある（三宅弘・小町谷育子，2016）。

2015年5月12日参議院総務委員会，2016年2月8日衆議院予算委員会，および同年2月9日衆議院予算委員会における総務大臣の国会答弁は，前述した処分基準を満たす場合，番組準則違反を理由に電波法第76条に基づく運用停止命令を下すことができるとの政府見解を踏襲したうえで，「政治的公平」について，放送事業者の番組全体を見て判断することを原則としつつも，場合によっては一つの番組でも評価することがありえると指摘した。この答弁は，放送事業者の番組全体を見て判断するという従来の解釈（たとえば，第168回国会参議院総務委員会議事録第11号平成19年12月20日10頁の国務大臣の答弁）を変更するように思えるが，2016年2月12日に総務省は「政治的公平の解釈について（政府統一見解）」を出して，高市早苗大臣の答弁を「これまでの解釈を補充的に説明し，より明確にしたもの」と述べている。「番組全体」は「一つ一つの番組の集合体」であり，政治的公平の判断については「一つ一つの番組を見て，全体を判断する」ことになるという。しかし以上の政府統一見解に対しては，「総務大臣が個々の番組の番組編集準則適合性を認定することになれば，恣意的判断がなされる危険があるし，放送に対して強い萎縮効果を及ぼすことになる」と批判されている（鈴木秀美，2016）。

(3) 行政指導

放送行政に関して政府の行政指導は，現時点で，① 警告，② 文書による厳重注意，③ 口頭による厳重注意，④ 文書による注意，⑤ 口頭による注意の5種類あり，行政指導の主体も重い行政処分である①と②の一部は郵政大臣（当時）・総務大臣による。それ以外は放送行政担当の局長，政策統括官または各総合通信局長による行政指導である（三宅・小町谷，2016）。1985年に郵政大臣がテレビ朝日に対して真実でない報道を行ったことを理由に厳重注意をして以

降，政府は放送内容について行政指導を行い始めた。ただし，当初は「放送法の趣旨」や「番組基準」を引用しての行政指導であり，放送事業者が自律的に定める番組基準を放送法に従って守るよう促すだけのものであったと理解できる一方，椿発言事件以降は電波法の処分の可能性を前提とした事前警告の意味を持つようになった（川端和治，2017）。そして2007年の「発掘！あるある大事典Ⅱ」事件においては，総務大臣は「報道は事実をまげない」という番組編集準則等違反を理由として，「行政指導としては最も重い『警告』を行い，再発防止措置やその実施状況について報告を求めた上，今後の再発には『法令に基づき厳正に対処する』として，電波法第76条の適用可能性を示唆」するまでに至っている（鈴木秀美，2007）。関西テレビに運用停止まで示唆して再発防止措置や実施状況の報告を求めたことは，行政指導というより実質的には改善命令に他ならないとの指摘がある（山本博史，2007）。また，行政処分と行政指導がリンクされたことにより，まずは行政指導を避けようとする意識が放送局に働きやすくなることが危惧されている（三宅・小町谷，2016）。

　当初，倫理規定（訓示規定）として考えられた番組編集準則が法的拘束力のある規定と見なされるにおよび，この準則は憲法第21条に照らして正当化されうるのか，近年盛んに議論されている。以下，この議論を見ていくことにする。

7. 番組編集準則をめぐる憲法論

　そもそも番組編集準則のような表現内容規制は，表現の自由の法理からすれば原則として許されないはずである。憲法上その特別な正当化として，伝統的には，① 社会的影響力論（「衝撃説」または「お茶の間理論」ともいう），② 電波公物説，③ 周波数有限稀少説，④ 番組画一説，⑤ 国民の知る権利論を基軸にして③および①④をも放送規制の根拠として加味する総合論，が示されてきた（芦部信喜，1996）。裁判所も，放送事業者は「限られた電波の使用の免許を受けた者」（最判昭62・4・24民集41巻3号490頁）であり，「直接かつ即時に

全国の視聴者に到達して強い影響力を有している」(最判平2・4・17民集44巻3号547頁),「テレビジョン放送をされる報道番組においては,新聞記事等の場合とは異なり,視聴者は,音声及び映像により次々と提供される情報を瞬時に理解することを余儀なくされる」(最判平15・10・16民集57巻9号1075頁)などと述べている。

もっともこれらの伝統的な見解に対しては,① そこでいう「放送」の影響力の証明がなされていないこと,② 公物概念が不明確なこと,③ 多チャンネル化により有限稀少性は解消されつつあること,④ いかなる基準により画一的と判断するのか不明であること,⑤ 以上の諸根拠が薄弱であればそれを総合しても意味がないこと,などと批判されている(松井,1997:西澤雅道・井上禎男,2007)。また,放送において「主要な情報源が少数のマスメディアによって掌握されている,そのボトルネックとしてのリスクに対処するというのが規制の実際の根拠であって,規制の具体的な執行の目安として希少性や社会的影響力というものを持ち出してきている」のにすぎず,それらは「いずれも物差しではあってもそもそもの根拠ではない」(長谷部恭男,2004)との指摘もある。この指摘を踏まえて,⑤ 「総合論」の基軸である国民の知る権利を前面に出して,マス・メディア(放送)の自由を規範的に啄彫しようとする学説が散見されるようになり(曽我部真裕,2007:宍戸常寿,2008),その一環として番組編集準則の正当化も試みられている。

その代表的学説として,⑥ 放送に関しては,プレスとの憲法的伝統の相違により表現の自由の主観権的側面の行使(各人による自由な表現活動)が客観法的側面(多様な情報の流通)に繋がるという規範意識が人びとの間に根付いていない点を捉えて,放送の自由を「未成熟な基本権」として性格づける説(浜田純一,1990),⑦ 憲法が保障する権利を「切り札」としての権利と公共財としての性格ゆえに保障されている権利とに分けたうえで,マス・メディアの自由は社会で共有されるべき「基本的情報」の提供のために認められる後者の権利のみに属し,したがって「基本的情報」の確保のために個人には認められない特権および制約が許されるとする説(長谷部恭男,1999),がある。また,⑧ 「基

幹的放送」（受信料または広告放送による総合放送）という概念を用いることにより，「地上波テレビ放送については，現状においても少数者による情報独占の危険が認められるので，自由で多様な意見・情報の流通を確保するという目的のために，印刷メディアと異なる法的規律を課すことも正当化されうる」とする説（鈴木秀美，2000），⑨団体の基本的人権の享有主体性という観点から，マス・メディアの表現の自由はマス・メディアを構成するジャーナリストの表現の自由を実現するためにこそ認められる，こうしたジャーナリストの表現の自由の実現，国民の知る権利の保障という目的のためにマス・メディアは特権を認められ，あるいは制限を受けることがあるとする説（市川正人，2009）もある。

　これらの学説のうち，⑥説は放送の自由においては主観権的側面と客観法的側を連結させる措置として番組編集準則などが認められるとする一方で，⑦説は印刷媒体と放送はマス・メディアの自由という点で実態的な差異が存在しないからこそ，規制されるメディアとそうでないメディアとの相互作用により「基本的情報」の実効的な提供を確保することを目指す部分規制論を唱え，この脈絡で放送に対する規制，その一種としての番組編集準則が認められるとする。⑨説は表現内容規制は原則として認められないとしつつも，放送に関しては今なお周波数の有限性が考えられるとして番組編集準則を合憲としている。

　番組編集準則を正当化する見解は，伝統的なものも含めて，一般に倫理規定と理解している（伊藤正己，1966；内川芳美，1974）。放送事業者の自律のための番組編集準則を強調するためであり，したがってその文言の不明確性は問題とならない。この立場からは，番組編集準則違反を理由とする電波法第76条の適用のみならず，行政指導についても憲法上問題視される（鈴木，2007；山田健太，2007）。これに対して⑤説と⑨説は，国民の知る権利のため番組編集準則のなかの「政治的公平」と「多角的論点の解明」については法的拘束力を認める余地があるとする。ただしその前提条件として，放送法4条1項よりもずっと限定的で明確な表現による番組編集準則を定める必要性，および違反認定手続きの整備があげられている（市川，2009）。さらに⑧説は番組編集準則を倫理規定として把握すべきとしつつも，仮に法的性格を認めるとすればその適用対

象を公共放送に限定すべきと指摘している。

　以上のように番組編集準則を憲法上正当化する議論は，その根拠，法的性格，文言の不明確性の評価をめぐり拡散している状況にある。これに対して，端的に番組編集準則は表現内容規制として憲法第21条に違反するとの見解が近年有力に唱えられている。この説によれば，伝統的な正当化論とともに，⑥説以下についても次のように批判される。伝統的な表現の自由の法理を変容させたうえでマス・メディア（放送）のそれを本来の基本的人権から外れた手段的な自由と捉えた結果，政府による干渉の危険性を大きくしてしまっている，むしろ，マス・メディア以上にそれを規制する政府を信用することができないという認識を踏まえた「国家からの自由」としての表現の自由論をベースラインとすべきである（松井茂記，2005）。

8. マス・メディア集中排除原則

　マス・メディア集中排除原則とは，放送（民間放送）の多元性，多様性，地域性の三原則（情報源の多元性，情報の多様性，地域に根差した情報発信メディアの確保）の実現という趣旨から，複数局支配およびテレビ・ラジオ・新聞の三事業支配を原則として禁止する法制度を指す。多元性，多様性，地域性の三原則は，総務大臣が定めるものとする「基幹放送をすることができる機会をできるだけ多くの者に対し確保することにより，基幹放送による表現の自由ができるだけ多くの者によって享有されるようにする」基幹放送普及計画（放送法第91条）をうけてのものであり，さらに基幹放送普及計画における以上の指針は，放送法の目的のうち「放送が国民に最大限に普及されて，その効用をもたらすことを保障すること」（第1条1号），「放送が健全な民主主義の発達に資するようにすること」（第1条3号）により根拠づけられている。基幹放送普及計画が示しているように，マス・メディア集中排除原則は地上テレビジョン放送，地上ラジオ放送，コミュニティ放送，BS放送，東経110度CS放送等の基幹放送を対象としている。

　放送法上，複数局支配が原則禁止されるというとき，一の基幹放送事業者が2局以上の基幹放送を行うこと（兼営）のみならず，当該基幹放送事業者が「支配関係」を有する者等（支配関係者）を通じてグループ全体として2局以上の基幹放送を行うこと（支配）をも原則として禁止されることを意味している。テレビ・ラジオ・新聞の3事業についても兼営のみならず支配が原則禁止される。そして「支配関係」や「支配」は，放送事業者の議決権保有比率と役員兼任比率により算出される。

　兼営・支配の制限の基本的な部分について，放送法は第2条32号で「支配関係」を定義したうえで，それを第93条1項4号（特定地上基幹放送局の免許の審査についても放送法第93条1項4号と同様。電波法第7条2項4号）において基幹放送の業務の認定基準として定めている。さらに放送法の委任をうけた総務省令「基幹放送の業務に係る特定役員及び支配関係の定義並びに表現の自由享有基準の特例に関する省令」（以下，省令と記す）は以上の詳細を定めている。

　まず，複数局支配の原則禁止について見ておく。

　議決権保有による支配の例として，地上基幹放送事業者に即して考えると次の2つが考えられる。第1に，放送対象地域が重複する場合である。X社が甲県にあるA社（テレビ）の議決権を10分の1を超えて保有しているとき，X社とA社は「支配関係」にある。この場合，X社は同じく甲県にあるB社（テレビ）の議決権の10分の1超を保有することができない。第2に，放送対象地域が重複しない場合である。第1の場合と同じく，X社が甲県にあるA社（テレビ）の議決権を10分の1を超えて保有しているとき，X社とA社は「支配関係」にある。この場合，X社は乙県のB社（テレビ）の議決権の3分の1超を保有することができない。なお，衛星基幹放送事業者と移動受信用地上基幹放送事業者においてはその3分の1超の議決権保有が「支配関係」となる（省令5条参照）。

　役員兼任による支配の例として，ここでも次の2つが考えられる。第1に，X社の「特定役員」（放送法第2条31号の委任をうけた省令第3条によれば「業務執行役員及び業務執行決定役員」）がA社（テレビ）の5分の1を超える「特定役員」

を兼任しているとき, X社とA社は「支配関係」にある。この場合, X社の「特定役員」はB社（テレビ）の5分の1を超える「特定役員」を兼任することができない。第2に, X社の代表権を有する役員又は常勤の役員がA社（テレビ）のそれを兼任しているとき, X社とA社は「支配関係」にある。この場合, X社の代表権を有する役員又は常勤の役員がB社（テレビ）のそれを兼任してはならない（省令第6条, 第7条）。

　もっとも, 以上のような複数局支配の原則禁止には省令により例外（特例）が認められている。主な特例として, 地上基幹放送事業者については, テレビ1局及びラジオ放送（コミュニティ放送を除く）4局, テレビ1局及びコミュニティ放送1局であれば, 兼営・支配が認められている（省令第8条）。また, 広域連携地域における兼営特例（省令第12条）, 経営困難特例（省令第11条）もある。衛星基幹放送事業者については, 周波数の合計4以内であれば兼営・支配が認められる。ただし地上基幹放送事業者が属するグループの場合は, BS放送につき2分の1超の議決権保有は許されず, また東経110度CS放送につき2周波数を超える兼営・支配は許されない。

　次に, テレビ・ラジオ・新聞の3事業支配の原則禁止について見てみると, 省令8条5号がかかる禁止を定めている。しかし, この禁止も次のような特例がある。「当該重複する地域において, 他に基幹放送事業者, 新聞社, 通信社その他のニュース又は情報の頒布を業とする事業者がある場合であって, 当該一の者（当該一の者がある者に対して支配関係を有する場合におけるその者を含む。）がニュース又は情報の独占的頒布を行うこととなるおそれがないときは, この限りでない」。この特例により, 事実上, 地方における新聞・放送兼営が認められていると指摘されている（鈴木・山田, 2017）。

　マス・メディア集中排除原則の大きな例外として, 認定放送持株会社制度がある。この制度は, 総務大臣の認定を受けることにより基幹放送事業について持株会社によるグループ経営を可能とするものである。認定の効果として, ①認定放送持株会社は外資規制の直接適用を受けることが可能になり（放送法第159条2項5号）, 外国人取得株式の名義書換拒否権を有することになる（同

第161条1項）。②一の者が認定放送持株会社の議決権を保有する場合，その制限は原則3分の1以下である（放送法施行規則第207条1項）。③認定放送持株会社は複数の基幹放送事業者を傘下に置くことができる（放送法第159条1項）。

②の例外として，一の者が認定放送持株会社の傘下の地上基幹放送事業者と放送対象地域が重複する地上基幹放送事業を「支配」する場合は，認定放送持株会社につき10分の1を超える議決権を保有できない（放送法施行規則第207条2項）。この場合であっても，全体としてテレビ1局・ラジオ（コミュニティ放送を除く）4局の範囲内であれば，原則通り3分の1以下である（同4項）。

③について，広域放送，県域放送の場合，認定放送持株会社は地上基幹放送事業者を最大12都道府県まで保有可である。また，地上基幹放送のほかBS放送を行う衛星基幹放送事業者等を傘下に置くことも可能である（省令第9条）。

なお，ハード事業者としての放送事業者を念頭に制度設計が行われてきた従来型の構造規制はその影響力を低下させていくとの指摘もある（村上，2016）。市場占有率やメディア接触者数などにより言論の多様性の維持を図る外国の制度を参考にすることも求められよう。

9.　おわりに

以上，放送の法制度を概観してきた。

留意しておくべきなのは，「放送」を含むマス・メディアの社会的機能の第1は国民の知る権利の奉仕，公権力の監視機能であり，したがって国家からの自由を基軸とする表現の自由が大前提とされなければならないということである。「放送」の法制度は，メディア環境の変容に適応しつつ，この理念を具体化する発展プロセスとして理解される必要がある。

引用文献

芦部信喜『人権と議会政』有斐閣，1996.
市川正人『ケースメソッド憲法［第2版］』日本評論社，2009.

伊藤正己「放送の公共性」日本民間放送連盟編『放送の公共性』岩崎放送出版社，1966.

稲葉一将『放送行政の法構造と課題』日本評論社，2004.

内川芳美「放送における言論の自由」内川芳美・岡部慶三・竹内郁郎・辻村明編『講座現代の社会とコミュニケーション3　言論の自由』東京大学出版会，1974.

片岡俊夫『新・放送概論』日本放送出版協会，2001.

金澤薫『放送法逐条解説（改訂版）』情報通信振興会，2012.

川端和治「放送法の番組編集準則及びその解釈の変遷と表現の自由」宮澤節生先生古稀記念『現代日本の法過程』信山社，2017.

宍戸常寿「情報化社会と『放送の公共性』の変容」『放送メディア研究』2008.

鈴木秀美『放送の自由』信山社，2000.

鈴木秀美「情報法制」『ジュリスト』1334号，2007.

鈴木秀美「放送事業者の表現の自由と視聴者の知る権利」『法学セミナー』738号，2016年6月.

鈴木秀美・山田健太編著『放送制度概論』商事法務，2017.

曽我部真裕「表現の自由論の変容—マス・メディアの自由を中心とした覚書」『法学教室』324号，2007.

西澤雅道・井上禎男「放送・通信の『融合』をめぐる問題状況」『情報通信学会誌』84号，2007.

長谷部恭男『テレビの憲法理論』弘文堂，1992.

長谷部恭男『憲法学のフロンティア』岩波書店，1999.

長谷部恭男「ブロードバンド時代の放送の位置づけ—憲法論的視点から」長谷部恭男・金泰昌編『公共哲学12　法律から考える公共性』東京大学出版会，2004.

浜田純一『メディアの法理』日本評論社，1990.

松井茂記「放送における公正と放送の自由」石村善治先生古稀記念『法と情報』信山社，1997.

松井茂記『マス・メディアの表現の自由』日本評論社，2005.

三宅弘・小町谷育子『BPOと放送の自由』日本評論社，2016.

村上聖一『戦後日本の放送規制』日本評論社，2016.

山田健太「放送の自由と自律」自由人権協会編『市民的自由の広がり』新評論，2007.

山本博史「図説『放送』法①」『放送文化』2006年春号，2006.

山本博史「『総務省対テレビ局』をめぐる制度的深層」『世界』2007年4月号.

郵政省「放送関係法制に関する検討上の問題点とその分析」臨時放送関係法制調査会『答申書 資料編』1964年9月.

第 V 章　放送ジャーナリズムの発展と問題点

1. はじめに

　この章では，放送ジャーナリズムの主要ジャンルとしてのニュースおよび解説番組，そしてドキュメンタリーといういわゆる報道系番組の沿革と現状，その問題点をテレビに力点を置いて述べる。

　放送ジャーナリズムについては，その範疇に非報道系番組，たとえばドラマや CM すべてを含むべきだとする考え方がある。田宮，津金沢は「放送ジャーナリズムを考える場合には，報道機能だけにジャーナリズムをみるのではなく，娯楽を含め，報道から広告までのすべての機能が現実に活動している有様を認識するところから出発しなければならない」としている（田宮武・津金沢聡広，1975）。ただし同書では，娯楽番組や広告に関する箇所でジャーナリズム性についての言及はない。また『テレビ・ジャーナリズムの世界』では，編者の藤竹が，「テレビはジャーナリズムである」と表現した。藤竹は，テレビ番組表が「現代人の生活のリズムを形成する重要な条件」として作用するとし，「人々はテレビ視聴を通してそこに"現在"を感じる。(中略) テレビ報道ばかりでなく，非報道の世界もまたジャーナリズムとしての世界を色濃く示すのである」と記している（藤竹暁，1982）。ジャーナリズムの要素たる日常性，定期性を重視した主張である。

　それからほぼ四半世紀後，新聞記者からニュースキャスターへの道を歩んだ筑紫哲也は，「ジャーナリズムは2本の足で支えられている」とし，テレビのそれは，第1の足としてのニュースを視聴者に届けることでは，その役割を果たしているが，第2の足である権力の監視役としての解説や論評がほとんどないかあっても弱い，「跛行性」のジャーナリズムであると指摘している（筑紫哲

也，2004)。その上で，筑紫は，逆に在来のジャーナリズム論や定義でテレビを捉えられるのか，と問うた。

こうした流れをみていると，テレビの番組総体をジャーナリズムとしてみなすコンセンサスや具体的方法論がいまだ打ち立てられていない，という印象を受ける。

1980年代後半，テレビが報道の時代を迎えたといわれてから久しい。衛星中継を駆使した国際規模での報道が日常化し，テレビ的報道が視聴者の日常の中に深く定着した。さらに，1990年代になって，速報はテレビ，解説は新聞という棲み分けが崩れ，新聞購読者の減少とも重なるように，テレビが解説機能でも新聞に並んで評価されるようになった（白石信子・原美和子ほか，2005；上村修一・居駒千穂ほか，2000）。テレビ報道の責任は，それだけ重みを増している。

しかし現実には，ワイドショーが広がり，ニュース番組のソフト・ニュース化が進んできた。こうした傾向に対して，本当にテレビ報道は人びとの知るべき情報を伝えているのかという批判も強い。ドキュメンタリーの分野でいえば，NHKを別にして民放では，正統派のドキュメンタリーが視聴率を理由に深夜帯に追いやられ，絶滅危惧的状況にある。こうした問題を見つめ直すことが今，必要なことではないだろうか。この章で，報道系番組を放送ジャーナリズムの対象とするのも，これらの理由からである。

2. 放送ジャーナリズムの特性

(1) メディアとしての特性

放送ジャーナリズムの特性は，放送そのものの特性と重なる。田宮，津金沢は，放送は，3つの特性の上に成り立ち，放送ジャーナリズムはその上に立脚するとした（田宮・津金沢，1975）。その特性とは，第1に速報性，それにつながる第2の特性として臨場性にも重なる同時性，さらに受信機を設備するすべての人びとに放送が開放されているという意味で第3の特性としての開放性で

ある。この第3の特性は大衆性・経済性をも意味する，としている。

　さらに，テレビには視覚性があり強い訴求力がある。一方で，放送メディアは一過性であり，活字メディアに比べ，記録性，保存性に劣る。この視覚性と一過性というメディア特性も放送ジャーナリズムの特性に重なる。

　放送ジャーナリズムの特性の第1に速報性がくることには異論はあるまい。放送の速報性は，放送というメディアの誕生時点で，先行マス・メディアである新聞に対して，自らの優位性を特徴づけた。顕著な例は，定時的なプログラムをもつ最初の商業放送局として知られるアメリカの8XK局（後のKDKA局）の事例である。1920年11月2日夕刻6時に放送が開始されたが，大統領選で共和党のハーディング候補が勝利したニュースは，「午後8時から真夜中まで」，「地元の朝刊新聞社に入る速報を電話中継して読み上げ，合間には手動蓄音機で音楽を流した」（水越伸，1993）。新聞社の情報をもとに，新聞より早く結果が伝えられた。放送開始日そのものを大統領選開票日に合わせたとされる。水越によればKDKA局の電波の到達範囲には5千から1万台の受信機が存在していた。ただ初日の放送をどのくらいの聴取者が聞いたかは，100人から1,000人程度と幅があり定かではない（日本放送協会，2001; Hilliard R. L. & Keith, M. C., 2001）。しかし，彼らは初めて新聞とは違うニュースの速報の世界に触れたのである。

　ただし，放送ジャーナリズムの速報性は，その記事を新聞社か通信社に依存する構造のなかで，権益を侵されることを恐れる新聞によって抑制された。アメリカでラジオ報道の力が本当に発揮できたのは，第2次世界大戦の様子をヨーロッパからアメリカに実況中継したエド・マロー（Murrow, E. R.：従軍記者，後にCBSニュースのアンカー）の時代になってからである。

　また，1923年11月14日，株式会社として放送を開始したBBCのその日のニュースは，翌日行われる総選挙についてであった。ラジオの速報性を恐れる新聞業界の意向を入れて，夜7時以降，新聞業界が出資した通信社からの情報が一度だけだが速報（bulletin）として流れた（Cain, J., 1992）。しかし，1926年5月のゼネラル・ストライキで，新聞が発行されないなか，BBCはほとんど唯

一の情報提供者として1日に5回の放送へとニュース枠を増やすことができた。このストライキ報道に当たっては，BBCを接収し事態収拾のための道具として使おうとしたウィンストン・チャーチル首相と，接収を避け政府にも労働者にも偏らない姿勢で乗り切ろうとした初代会長ジョン・リースとの争いがあった。結果的に，これがBBCの政府からの独立，ひいてはその後のジャーナリズムを築く試金石となった（簑葉信弘，2002）。

　ラジオは中継放送などを通じて同時性を開拓したが，さらにテレビ時代になって，小型ビデオカメラを駆使したENG（Electronic News Gathering）や衛星を中継に使うSNG（Satellite News Gathering）の発展で，速報性が即報性に変わり，同時性と臨場性が高められた。

　次に開放性だが，これは大量伝達性とも響きあう。誰でも，受信機をもてば情報を取得できるという意味での開放性は，電波の到達範囲の拡大や受信機の所有者の増加と比例して，大量伝達性を高めていく。ラジオで示された大量伝達性はテレビに引き継がれ，その普及とともに社会への影響力もまた高まっていく。9.11事件，それに続くアフガン戦争やイラク戦争は，世界規模での映像の大量伝達である。

　また，放送は，テレビの時代になって視覚性を得た。この視覚性は音声だけであったラジオの現示性，訴求力を格段に高めた。視覚性は第2次大戦後の世界的なテレビ放送の普及の原動力でもあり，ラジオを二次的な放送メディアへと急速に変えていく理由でもあった。

　一方，紙面ではなく時間で伝えられる放送ジャーナリズムは，一過性である。送り手の編集したリニアな情報の流れを受け手は変えることができない。新聞がスペース・エディティングなら，放送はタイム・エディティングの世界である。新聞には，読者それぞれの個人的な読み方が成立するし，すぐに読み直しや拾い読みも可能だが，ラジオ・テレビにはそれができない。また，長い間，保存性がないのが放送メディアの欠点とされた。オープンリール・テープからカセットテープ，そしてICレコーダーなどへと進んだラジオの録音，テレビのビデオレコーダー，さらにはデジタル・ビデオ・レコーダー（DVR）などの

出現で放送にも受け手による保存性が高まったが，それは，いまだ限定的である。聴取者，視聴者の嗜好・目的の範囲での保存性に止まるのが通常である。

(2) 制度的特性と公共性

　放送ジャーナリズムの制度的特性も，放送というメディアの特性と重なる。電波の有限希少性を根拠とした免許制と，社会的影響力を考慮した放送の内容に対する法規制である。

　どの国でも，電波の有限希少性を理由に，放送は免許制を取り入れてきた。アメリカではラジオ放送の初期に放送局が乱立し，混信が激しく，放送局が政府にいわば交通整理を求めた。この状況を見ていたイギリスでも日本でも，政府は，放送開始に当たって放送局の設立を免許制としたのである。日本では戦前の放送は，私設無線電話としての扱いを受けたが，戦後も，電波法の下で免許制が続いている。

　次に，放送の内容に対する法規制を特徴づけているのは，公共性への要求である。放送は，その開始とともに，あるいは早い段階で役割としての公共性をもたせられた。それは放送ジャーナリズムの役割とも重なる。

　イギリスのBBCは1923年，通信機器メーカー5社が出資した株式会社として出発したが，総支配人ジョン・リースが「伝える，啓蒙する，楽しませる」の3つの指標を掲げ，コマーシャルのない公共サービスの実現を目指した。「伝える」の中に，放送ジャーナリズムの萌芽があった。

　商業放送を中心としたアメリカの放送は，KDKAの放送開始から7年後の1927年，「無線法」の段階で「公共の利益，必要，便宜」という概念を取り入れた（池田正之，2005）。電波の希少性を理由に，つまり，電波を使って企業を目指す者の数の方が使える帯域数を上回っていたことや，電波の社会的影響力を考慮し，放送事業に公共への奉仕という枷をはめた。

　また，日本でも，1925年，ラジオ放送が開始されたが，前年に逓信大臣犬養毅が，放送事業の経営組織を営利企業ではなく公益法人にするとした時，逓信省が説明した理由の中に，「国民ノ福祉ヲ増進セシムヘキ事業ナルニツキ，聴

取者の利益ヲ重ンシ終始公益ヲ主眼トシテ之ヲ経営シ得ルモノナルコト」とある。また，放送当日，代読された祝辞の中で，犬養は「聴取者や一般の人々も，この事業の公共的性質を理解し，その進歩発達に協力することがもっとも必要である」と述べた（日本放送協会，2001）。ただし，日本では，放送当初から新聞紙法，出版法，軍機保護法，治安維持法などが準用され，番組の取り締まりが始まった。通信省が意図した公益が政府の考える公益であることは明白である。戦後，1950 年に施行された放送法は，その第 1 条に「放送を公共の福祉に適合するように規律し，その健全な発達を図ることを目的とする」としている。

　公益という言葉は，放送を，そして放送ジャーナリズムの役割を論ずるときの出発点と見なすべきであろう。一方で，公益の内容はその国の民主化の度合いとも重なり多様である。

3.　放送ジャーナリズムの発展

（1）欧米と日本にみる放送ジャーナリズムの出発点の違い

　欧米の場合，はじめから商業放送が放送の主役となったアメリカでも，公共放送 BBC が 1955 年まで長い間無競争の状態におかれたイギリスでも，先行メディアである新聞が民主主義を支える基盤であるジャーナリズムの担い手として認知されていた。アメリカでは独立後，1791 年に憲法修正第 1 条で言論・出版の自由が確立する。「新聞のない政府よりも政府のない新聞をとる」としたトマス・ジェファーソンの言葉に代表されるような状況が 18 世紀末には出現した。フランスでは，一時は言論・出版の自由を勝ち取ったフランス革命後，封建勢力の巻き返しなどでさらに 100 年近くを費やしたあと，1881 年に，言論と出版の自由がフランス言論出版法に盛り込まれた。ヨーロッパのどの国でも「（新聞を縛っていた）規則は，1880 年代にはほとんど姿を消し，新聞も産業構造の一翼を担うようになった。」（スミス，A.，1979）。ファシスト政権が誕生していくドイツやイタリアを別にすれば，放送メディアが登場するときには，新聞はさらに成熟し，国民の知る権利を代行するメディアとして定着していた。

　欧米では，新聞が勝ち取った言論・表現の自由という先行指標に放送が近づいていく過程がみられた。たとえばBBCの場合は，1928年，政府に論争事項の放送禁止を解除させることで1930年代には世界大恐慌が社会や人間に与えたさまざまな影響をシリーズで番組化できた。1939年には報道局が設立された。初代局長は，1938年のミュンヘン協定報道がナチスドイツ宥和政策を取る政府の意向に従ったことは誤りであったとする覚え書きを残し，政府や新聞の批判を受けながらも，戦争不可避を国民に伝え続けた。第2次大戦中，国民内閣を組織したチャーチルは，当初BBCの接収を考えたが，BBCと妥協しラジオを通じて国民を鼓舞する戦略をとった。BBCは，国防上の軍と防衛の活動に関わる安全保障上のものや，国民の士気に関わる政策上のものについて情報省の検閲を受けた。が，BBCのニュースグループは政府のプロパガンダの道具にされないようにと決心し，報道の独立を守った（蓑葉，2002）。

　一方日本の場合は，前述のように，1925年放送開始の当初から社団法人日本放送協会（NHK）に対し番組の規制が始まった。さらに満州事変から日中戦争，そして太平洋戦争と突き進むなかで，新聞と同様，放送も国論統一と戦争遂行の道具と化していった。NHKには，自立した取材に基づく放送ジャーナリズムといった概念はその当時なかった（日本放送協会，2001）。日中戦争での派遣アナウンサーによる前線放送や，報道部員による大本営発表の録音構成などはあったが，ほとんどのニュース原稿は同盟通信社が配信する新聞向けのニュースを話し言葉に書き直し，アナウンサーが読むというものだった。NHKは終戦の1945年11月，第89回帝国議会から自前の取材を開始し，ようやく自立した報道への歩みを開始する。戦後，1950年の電波三法の施行で，NHKと，そして新聞社を後ろ盾とした民放による二元体制のラジオ放送が始まるが，1953年のテレビ放送の開始以降，ラジオは次第に二次的な放送メディアとして主役の座をテレビに譲っていく。

（2）テレビニュースの系譜

　2003年3月，放送記念日特集の一環としてテレビ放送開始50年を記念し

NHK 総合テレビで放送された『今日はテレビの誕生日』で，当時の報道局の幹部が「テレビ放送が始まったとき NHK のニュースの時間は一日 9 分でしたが，今では 9 時間です」と述べていた。テレビ放送開始後，主役はプロレス・野球・劇場などの中継，そしてアメリカから輸入されたテレビ用映画であり，テレビニュースはつまりは娯楽の添え物であった。きわめて映像の少ない状況で出発し，技術の進展に助けられながら，映像化，わかりやすさ，そして視聴者の視点を模索し，テレビ的手法を開発していく。

1953 年に始まった NHK テレビニュースの初期は，ニュースのタイトルや内容，地図などをパターンと呼ばれる紙に書き，それをスタジオカメラで写す，いわゆるパターン・ニュースの時代だった。週 1 回の映像ニュースは，映画館向けニュースを 15 分に編集して放送したが，行事ものや話題ものが多かった。電気紙芝居と呼ばれた時代である。1950 年代の後半，正午と夜に固定されていたニュース枠が朝にも広がり，また，民放が全国組織の NHK に対抗するため，1959 年の皇太子（現平成天皇）結婚パレード中継を契機としてニュース・ネットワーク化をすすめた。

初期のテレビ的報道の模索として，1960 年 4 月に NHK は，夜 10 時から 20 分間の『NHK きょうのニュース』(1960 ～ 1972) を開始する。ニュースバリューの判断を第一に総合編集を目指したもので，アナウンサーを進行役に，背後のスクリーンにフィルム，テロップ，図表，写真を写しだし，記者による解説などで一日の動きをまとめた。一方，1962 年 10 月，TBS は民放としては初のワイドニュース『JNN ニュースコープ』(1962 ～ 1990) を新設し，戸川猪佐武と田英夫を初代キャスターに 4 代にわたって新聞・通信社出身のジャーナリストがキャスターを務めた。キャスターと当事者の対談や，大型投射装置を使い現場中継の映像や報告を画面に入れ込むなどの工夫が盛り込まれ，「日本における本格的なキャスターニュースの第一号となった」(NHK 放送文化研究所，2003)。

① テレビ的ニュースへの模索と手法の開発

　新聞の政治・経済・国際・社会といった紙面分けとその順序を，ニュースの流れに置き換えたラジオニュース的なものから離れて，「映像と音声を生かし」，当事者が現場から伝える "現場主義" と "当事者主義" を掲げて 1974 年に登場したのが NHK の『ニュースセンター 9 時』(1974 ～ 1988) であった。アナウンサーとは違って原稿を読まずにメモを見ながら「話し言葉」で語るキャスター，史上最年少で横綱になった北の湖や長嶋茂雄の引退などスポーツものを添え物からニュースの主役に据えるといった自由な編成など，話題に事欠かなかった。

　1983 年のフィリピンでのアキノ氏暗殺に始まる政変，三原山噴火，1984 年のグリコ・森永事件，ロス疑惑，1985 年の日航ジャンボ機の墜落，豊田商事事件など，1980 年代以降の内外の激動の中で視聴者のニュースへの関心が高まる。テレビ報道の時代の到来である。ENG と SNG の組み合わせが世界各地からの中継を可能にした技術の進展，報道が金食い虫ではなく視聴率が稼げる番組だという民放での認識の高まりが，"ニュース戦争" を迎えさせた (日本放送協会，2001)。

　1985 年 10 月，テレビ朝日が，夜 10 時から 1 時間 20 分というワイドニュース『ニュースステーション』を開始した。「上から伝えるニュースではなく視聴者が見たいニュース」，「中学生にもわかるわかりやすいニュース」，「NHK に対抗できる刺激的なニュース」，「テレビの生の機能や映像，音声などをフルに生かした立体的ニュース番組」などのコンセプトを固めてスタートした (日本放送協会，2001)。当初は低迷したが，アメリカのスペースシャトル，チャレンジャーの爆発事故 (1986 年 1 月) で，CM 抜きで 7 時間連続報道を行い弾みをつけた。2 月のフィリピン政変の報道では，NHK の『ニュースセンター 9 時』が終わった後にマルコスのマラカニヤン宮殿脱出とアキノ大統領の誕生が続き『ニュースステーション』の一人舞台となった。それぞれのニュースで，提携先の CNN の生の映像がふんだんに使えたことが大きかった。ニュースの素人であった久米宏の軽妙な語り口と，朝日新聞編集委員の小林一喜の落ち着いた

解説という組み合わせが定着していく。ニュース項目のそれぞれの最後に久米が庶民感情を代弁する一言を加えるという伝え方，模型や人形，実物の持ち込みなど，親しみとわかりやすさにこだわったニュースの作り方だった。

　1987年3月に，NHK放送文化研究所が『ニュースセンター9時』と『ニュースステーション』が視聴者にどう受け止められたかを調査している。このとき，NC9の方が評価が高かったのは，「放送されている時間が都合がよい」，「一日の出来事がよくまとまっている」，「海外のニュースがよくわかる」の3点で，一方『ニュースステーション』は「取り上げる話題がバラエティに富んでいる」，「問題の取り上げ方に新しさがある」，「気楽な雰囲気がある」で勝っていた。この3点は『ニュースステーション』の作り出したわかりやすさの所産であるとともに，NHKが先鞭をつけたニュースショー，あるいはニュースマガジン的要素をさらに押し広げた結果でもあった（藤原功達・三矢恵子1987）。

　2017年現在，夜のニュース戦争は時間枠による棲み分けがなされている。NHKの9時に始まる『ニュースウォッチ9』（2006～），テレビ朝日の9時54分から始まる『報道ステーション』（2004～），10時54分から始まるTBSの『NEWS23』（1989～）と日本テレビの『NEWS ZERO』（2006～），11時から始まるテレビ東京の『ワールド・ビジネス・サテライト』（1988～），11時40分から始まるフジテレビの『THE NEWS a』（2017～）である。ただし，NHKの『ニュース7』，『ニュースウォッチ9』と10時台の『報道ステーション』を除けば，ゴールデンタイムは，エンターテインメントの世界である。

② 拡大するワイドショーとニュース番組のソフト化

　1964年に始まった『木島則夫モーニングショー』（NET，～1993）は日本でのワイドショーの嚆矢とされる。働き手を送り出した後の主婦向けワイドショーであり，犯罪，芸能，「人間蒸発」（家出人捜索）などの企画コーナー，歌手の生出演などが，台本はなく一枚の進行表をもとに"泣きの木島"といわれたキャスターのアドリブでつながれていくというワイドショーの原型が作られた。翌年には，朝の『小川宏ショー』（フジテレビ，～1982），午後の『アフタヌー

ンショー』(NET, ～ 1985), そして夜の『11PM』(日本テレビ, ～ 1990) が出そろう。

　1960 年代から 1970 年代, さらには 1980 年代にかけて, ワイドショーは三面記事や芸能スキャンダルに流れていく。小型ビデオカメラの普及は, 芸能リポーターによる密着取材や突撃リポートなどを容易にした。過熱取材のひとつの頂点が 1981 年のロサンゼルスで雑貨輸入販売会社社長三浦和義の妻が銃で撃たれた事件である。1984 年に週刊文春が「疑惑の銃弾」というタイトルで, 保険金目当ての三浦の犯行とする連載記事を載せ, 1985 年の三浦の逮捕に至るまで報道合戦が続き, 警察の逮捕以前にメディアが犯人を作り上げてしまったと批判された。また 1985 年の豊田商事会長刺殺事件も居並ぶ報道陣がなぜ殺人を防げなかったのか, あるいは残酷なシーンを長々と見せてよいのかという批判を浴びる。こうしたワイドショーの行き着いた先が 1985 年の『アフタヌーンショー』(テレビ朝日, 1965 ～ 1985) のやらせリンチや, TBS のワイドショー『3 時にあいましょう』(1973 ～ 1992) のスタッフが 89 年に坂本弁護士にインタビューをし, そのビデオテープを放送はせずにオウム真理教幹部に見せていたことが 1995 年に明るみに出たなどの不祥事であった。

　その後, ワイドショーは, 政治や外交, 国際報道といった本来硬派のニュースをも取り込みながら, 専門家のみならず芸能人まで交えた討論仕立てにするなど, 娯楽の要素を加えた報道バラエティ的な色彩も帯びるようになる。

　テレビ 50 余年の歴史の中で, テレビ番組は長時間化 (ワイド化) し, ナマ化し, 内容において時事化, 情報化してきた (NHK 放送文化研究所, 2003)。そしてニュースの進展を支えた技術や手法は, 朝, 正午, 午後と広がるワイドショーをも支えてきた。

　こうしたワイドショーの全盛は, 一方で, ハード・ニュースを主体としていたニュース番組にも影響を与えた。NHK の正午, あるいは夜 7 時のニュースは, 最後に行事ものなどがあるにせよ, いわゆるストレート・ニュースの形を保っている。一方で, 『ニュースウォッチ 9』や『News23』など夜の 1 時間に及ぶニュース番組では, それぞれ, 芸能人, スポーツ選手のインタビューや, 音楽

家の生演奏なども決して珍しいことではない。これもひとつのソフト化である。また，夕方のニュースのワイド化，ソフト化も顕著である。かつてはNHKの7時のニュースの前に30分枠で設定されていた民放のニュースは，1990年代半ばには6時からと前倒しされ，さらにそれぞれの地域で，現在では，グルメ情報，観光案内，ショッピングなど，従来はニュースとはみなされなかった生活情報で埋め尽くされた地域ニュースが，午後4時前後からスタートしている。こうしてワイドショーとニュース番組との境が定かでなくなっているのである。

(3) 解説の変遷

　新聞と比べ，放送は長い間解説・論評機能が不足しているといわれてきた。新聞の場合，たとえば一面で大きな出来事を伝えた場合，それに対する担当記者や編集委員の直接の解説があるほかに，政治・経済・国際・社会などそれぞれの面で関連記事や背景，有識者などの論評も入り，さらに新聞の顔である社説でその新聞の個性を反映した論評が加えられるという，立体的，重層的な解説，評論がなされていく。

　しかし，リニアに情報が流れる放送の場合，そのニュースの担当記者や外部有識者，解説委員による解説に止まることが大半である。

　振り返ると，1931年の満州事変の後に新設された『時事解説』（大阪中央放送局）や『時事講座』（東京放送局）で，現役軍人がマイクの前で時局解説を行った。また，1937年の廬溝橋事件の後，『ニュース解説』が新設されたり『時事講座』が増設されたりした。いずれも，ニュース枠の拡大と併せて，ラジオ放送は戦争遂行に協力する結果となった（日本放送協会，2001）。

　第2次世界大戦後，最初の解説放送は1945年9月22日，午後7時のニュースの後に流れた「復活した自由」であった。終戦後の情勢を反映したテーマを協会各部から選ばれたメンバーが執筆しアナウンサーが読んだ（日本放送協会，1965）。朝鮮戦争が1950年6月に勃発した後，NHKはそれまでの午後9時からの解説に加えて午後6時台に15分の『ニュース解説』を新設し，新聞経験者など外部解説委員を動員し，時局の解説に力を入れた。1951年には，新聞

の報道を後ろ盾にした民放との競争に備えるため，報道局の中に解説委員室が設置されるに至った（日本放送協会，2001）。

　テレビの時代に入って，1959 年 1 月，NHK は朝の 8 時に『今朝のニュースから』という解説番組を開始し，長谷川才次ら社外のジャーナリスト 3 人を起用した。映像がなくても堅い問題を視聴者に伝えることを模索した試みであった。以降，NHK でも民放でも，解説は，キャスター自身，あるいは解説委員，いずれが行うにせよ，キャスターニュースの中で欠かせない存在として定着してきた。

　たとえば，NHK では，現在，解説委員室には記者経験者を中心にそれぞれの専門をもつ解説委員 44 人が所属している。また，ニュース解説番組の『時論公論』や，時事問題に縛られず外部のさまざまな有識者が専門分野から社会を見る『視点・論点』など，ニュースのリニアな流れとは離れた単独の解説番組が設けられ，放送済みの内容も 2006 年以降インターネットで読むことができる。民放の場合，それぞれのキー局が解説委員を擁しているが，いわゆる独立した解説番組は皆無である。

　多角的な論点の提示と政治的に公平であるという編集準則のもとで，NHK を含めて放送の解説は，慎重さが特徴である。各論提示の上で解説者が自分の意見を述べることはあっても，少数意見を支持，代弁することは少ない。

　現在，いわゆる歯に衣を着せない意見は，ニュース番組というよりは，ワイドショー化した討論番組にみられるようだ。いわゆる解説番組が深掘りできない部分を，『サンデープロジェクト』（テレビ朝日，1989 ～ 2010）や，『朝まで生テレビ！』（テレビ朝日，1987 ～）などの討論番組がカバーしているともいえる。が，そこには討論というバトルを見る娯楽的要素も色濃いことに留意する必要がある。

4. ドキュメンタリー番組

(1) テレビ・ドキュメンタリーの発展

　1948 年に発表された「世界ドキュメンタリー映画同盟」（ユネスコ）による定

義では，ドキュメンタリーとは「事実の撮影または真実なかつ正当な再構成によって，説明されたリアリティのどんな側面をもセルロイド上に記録するというすべての方法を意味する」とある（今野勉，2004）。目的まで含めると，ドキュメンタリーとは，事実，現実に基づいて，真実を追究する映像と音声の記録であり，その真実の追究の仕方に作り手の主張が色濃くにじむ。さらに，テレビは時代を反映するものであり，テレビ・ドキュメンタリーは「今」に強くこだわる。「ニュースを木とするならば，ドキュメンタリーは森であり，ドキュメンタリー（の目的）はニュースの背後にある複雑な問題（中略）についてその背景を提供することにある」（松尾洋司，1991）。

　日本のテレビ・ドキュメンタリーは，映画のドキュメンタリーという先行経験を学びつつ，手探りで始まった。テレビ放送が始まってから4年目の1957年にNHK『日本の素顔』の第1回「新興宗教を見る」がそれである。ラジオで，さまざまな人びとの声や音を生かした音のルポルタージュである録音構成を経験した吉田直哉は，そのテレビ版を作ろうとした。弱く暗いバッテリーや15秒ごとにゼンマイを巻かなければならない16ミリフィルムカメラを使いながら，戸田城聖創価学会会長の演説を撮影しようとして予期した映像がとれず，「映像で表現できるものは意外に少ない」と実感する（吉田直哉，2003）。日本の素顔は，翌年1月に放送された8回目の「日本人と次郎長」が好評を得た。入れ墨，親分子分の契り，手打ち，賭場などのやくざ世界を描きながら，押し広げて日本人と日本社会を腑分けした。「仮説を立てて立証してゆく」とした吉田らの作るドキュメンタリーは，一つひとつが社会性の強いテーマを取り上げ，作り手の主張が強く盛り込まれた。当初12回の予定が306回続き，その系譜は『現代の映像』（NHK，1964～1971），『ある人生』（NHK，1964～1971）へとつながっていく。

　ドキュメンタリーは，時代を反映する。第2次大戦後の混乱，60年安保，アメリカ軍基地問題，ベトナム戦争，こうした時代を背景に，NHKと民放のドキュメンタリー制作者たちは，社会を凝視し作り手の主張を盛り込んだ優れた作品を紡いでいく。たとえば，1962年に始まった日本テレビの『ノンフィ

クション劇場』(1962 〜 1968) は，牛山純一を中心とした制作者たちによって
ヒューマン・ドキュメタリーを目指して始められた。視聴率の低迷からいった
ん打ち切られるが，老鷹匠がクマタカを狩りができるように慣らしていく様子
を追った第 2 回放送の「老人と鷹」が，カンヌ国際映画祭のテレビ部門でグラ
ンプリを得る。1 年後に再開された『ノンフィクション劇場』には映画監督も
参加し，大島渚が，兵士や軍属として徴用されながら，戦後日本政府の保障を
得られない韓国・朝鮮人の苦境をとりあげた「忘れられた皇軍」を作るなど高
い評価を得た。TBS の『カメラ・ルポルタージュ』(1962 〜 1969)，フジテレビ
の『ドキュメンタリー劇場』(1964 〜 1970)，東京 12 チャンネルの『テレビドキュ
メンタリー日本』(1964 〜 1967) などが 1960 年代前半にでそろい，1960 年代後
半に噴出した公害問題などでさまざまな秀作を生んだ。

　しかし，1962 年『東芝日曜劇場』(1956 〜 2002) で放送予定だったドラマ「ひ
とりっ子」(RKB 毎日放送) を，さらには 1963 年以降，ドラマ『判決』(NET)
シリーズのいくつもを放送中止に追い込んだ政治の介入が，1965 年にはドキュ
メンタリーの領域にも及んだ。『ノンフィクション劇場』の牛山らが南ベトナ
ムのベトコン掃討作戦を取材した「ベトナム海兵大隊戦記」である。3 部構成
の第 1 作で，"ベトコン" として捕らえられ殺された少年の生首を政府軍兵士
がカメラの前に放り出すシーンが放映され，戦争報道でどこまで残酷な場面
を報道できるのかを巡り，賛否両論が起きた。日本テレビは，「残酷さが強調
されて受け取られる恐れがある」として自主判断で，第 2 部，第 3 部の中止を
決めた。当時の橋本登美三郎官房長官が「自分は見ていないが茶の間に入るテ
レビとしていかがなものか」と日本テレビ社長に電話をした (毎日新聞 1965 年
5 月 18 日)。さらに，1967 年 10 月，『JNN ニュースコープ』の「ハノイ田英夫
の証言」では，アメリカによる北ベトナム無差別爆撃の状況が伝えられた。こ
れに対しても橋本登美三郎から TBS 社長への抗議があった。

　さらに，1968 年 3 月には，成田新空港の建設を巡り，空港建設に反対する
農民・学生と警官隊が衝突したとき，TBS の取材車が農民とプラカードを乗
せているのが検問で見つかる事件が起きた。自民党の抗議を受け，TBS は「不

偏不党の会社の方針に反した」と関係者を処分，これにドキュメンタリー制作者たちの配置転換や，田英夫のキャスター降板などが重なった。TBSは翌年，すべてのドキュメンタリーの廃止を決定した。1970年の大阪万博に象徴された経済の時代への転換は，社会派ドキュメンタリーを次第に片隅に追いやっていく。

　NHKは『70年代われらの世界』に続いて，報道局，教育局，芸能局を横断したNHKスペシャル班による『NHK特集』(1976～1989)を開始し，週1～2回だったものが1984年には週3回へと拡大される。スクープ性，挑戦的実験性，タイムリーであることを目指した『NHK特集』は，13年間に1,378本が作られた。1989年から『NHKスペシャル』に変わり，組織的にも「スペシャル番組センター」が制作に当たるようになった。1989年から『NHKスペシャル』に変わり，組織的にも「スペシャル番組センター」が制作に当たるようになった。組織力と技術力を生かし，『電子立国　日本の自叙伝』(1991)，『映像の世紀』(1995～1996)，『激流中国』(2007～2008)などの大型のシリーズ企画や，「ワーキングプア～働いても働いても豊かになれない」(2006)や「無縁社会」(2010)，「廃炉への道」(2014～)など，戦争や世界経済，社会，医療，教育，科学技術などの分野における諸問題を掘り下げる多くの話題作を放送してきた。

　一方で，民放は，キー局のプライムタイムからドキュメンタリーが減少するなかで，地方局が地域を視座に中央を照射するドキュメンタリーを作り続けてきた。1970年から続く『NNNドキュメント』(日本テレビ)，1998年から続く『テレメンタリー』が系列局の参加を仰ぎながら続けられている。また，地方系列局がグループを組んでドキュメンタリーを作り続けている例として，フジテレビ系列のテレビ西日本(福岡)を中心に九州8社による『ドキュメント九州』(2005～)やJNN系九州7局の『JNN九州沖縄ドキュメント　ムーブ』がある(2002～)。しかし，いずれも深夜の時間帯での放送で，正統派ドキュメンタリーが片隅に追いやられているという印象は免れない。

(2) ドキュメンタリーとやらせ

　ここで, "やらせ" 批判にさらされた「禁断の王国ムスタン」に触れておきたい。1993 年 2 月に朝日新聞が, 前年 9 月から 10 月にかけて 2 回に分けて放送された『NHK スペシャル』の「禁断の王国ムスタン」について,「主要部分やらせ・虚偽」と報じた。「自然の過酷さを強調するため, チーフディレクターが元気なスタッフに高山病の演技をさせたり, がれきが転げ落ちる "流砂" 現象をわざと起こしたりして制作した」。また「雨は 3 ヵ月間 1 滴も降っていない」,「少年僧の子馬が死んだ」などの語りは事実ではない, などの指摘をした。NHK は, 事実と異なる点や行き過ぎた表現があったことを認め会長が即日陳謝する。2 週間にわたる内部調査の結果, NHK はその調査報告で,「『乾燥した風景とムスタンの文化・風俗を守る人々の生活』という番組の基本テーマの描き方には誤りがなかった」とする一方で, 番組を面白くしたいと思うあまり過剰な演出を行い, 事実を誇張して表現したことを認め, 会長の減給やチーフディレクターの半年間停職などの措置を発表した。

　当時, 内部調査に当たった幹部の一人は, 作品が異文化に対する畏敬の念に欠ける, と表現し, また別の関係者は "秘境に初めてカメラが入る" ことで表現が誇張されやすくなる怖さを語っている。

　1992 年 7 月に朝日放送 (大阪) が制作しテレビ朝日系で放送された『素敵にドキュメント』の中で, 外国人に性を求める日本人女性や相手の外国人が取り上げられたが, 実はスタッフの知り合いの女性や外国人モデルによる演技であったことが判明, 番組は打ち切られた。また, 同年 11 月, 読売テレビ (大阪) が制作し近畿・広島向けに放送されたバラエティ番組『どーなるスコープ』では, スタジオに集まった 20 人の看護婦に質問をする試みだったが, 集まった女性は全て OL や女子大生で一人も看護婦がいなかったことが判明し, この番組も打ち切られた。こうした一連の "やらせ" の事例が続いた後だけに,「"NHK, お前もか"」(毎日新聞, 1993 年 2 月 4 日) など, ムスタン報道で NHK は厳しい批判にさらされた (日本放送協会, 2001)。が, 一方で, 事実の再現のための演出なども "やらせ" という言葉で拒否する活字ジャーナリズムに対し,

制作者たちからの反発もおきた。

　NHKと民間放送は，1992年，NHK民放放送番組向上協議会で映像表現についての見解を発表する。その中で，ドキュメンタリーに関しては多様なタイプの表現方法があることを認めたうえで，大きく「ニュースドキュメンタリー」(News Documentary) と「フィーチャードキュメンタリー」(Featured Documentary) の 2 つに分類し，ニュースドキュメンタリーは，事実を積み重ねて構成するものであり，原則として再現手法は許されないと一定の歯止めをかける一方で，フィーチャードキュメンタリーは，見る人の理解を深めるために，また，制作者のメッセージを的確に伝えるために，事実を再現することは表現方法としてあり得るものとして，事実の再現，加工を社会的常識の範囲内で行うことは認められるとした (戸村栄子・西野泰司，1999)。一方，1993年に改定されたNHKの「番組基準ハンドブック」は，「再現がどこまで許されるか，何が許されないかを決めるのは制作者自身の良心である」と述べている (日本放送協会，2001)。

5. 放送ジャーナリズムの課題

(1) 報道の娯楽化

　放送ジャーナリズムの今後を展望するうえでは考えなければならない課題が多い。第1は，報道の娯楽化の傾向である。先の「テレビニュースの系譜」でも触れたが，テレビ報道においては，ソフト・ニュースへの傾斜，ワイドショーの拡大，ドキュメンタリーやドラマの手法の氾濫といった傾向が顕著になっている。ソフト・ニュースとは娯楽志向の強いニュースである (蒲島郁夫ほか，2007)。蒲島らは，アメリカの政治コミュニケーション研究者Baumによるソフト・ニュースの定義を紹介している。それによればソフト・ニュースとは，① 公共政策の要素の欠如，② センセーショナルな伝え方，③ 人間的興味に訴えるテーマ，④ 犯罪や災害などドラマチックな題材を強調するといった，特徴をもつ。そのうえで，蒲島らは日本のワイドショーもソフト・ニュースの範

疇に入ると指摘している。

　Baum は，全てのニュース報道にこうしたソフト・ニュースの要素は多少なりとも含まれるとしながら，国内外，地方のニュースを問わず，伝統的な政治や公共といったテーマをまったくではないにせよ大きく排除しているのがソフト・ニュースであり，自分が懸念するものだという（Baum, M. A., 2003）。CBS のキャスターであったウォルター・クロンカイトがいったように，テレビニュースが30分で伝えられる情報は新聞の半ページにも満たない。さらに，その時点，時点でのまとめニュースが中心となる。こうしてソフト・ニュースが繰り返し伝えられる一方で，伝えられるべきニュースが脇に押しやられることがあるとすれば，それは放送ジャーナリズムにとっては深刻な問題である。

　他方，こうした傾向のもつ意味については，番組の「オフ・ジャンル化」という視点からも考えておく必要がある。放送番組には，放送法（第5条，第106条）が記すように「報道」「教養」「教育」「娯楽」といった基本的なジャンル分けが存在するが，近年，こうしたジャンルが事実上無意味になりつつある。すなわち，内容上そして演出上，特定のジャンルに分類することが難しい番組が増えているのである。たとえば，民放各局が毎日5〜8時台に放送している朝のニュース・情報番組は「報道番組」に分類できるだろうか。確かに前日から当日にかけての国内外の動きやニュースを伝えているから報道番組としての性格があることは間違いないが，他方で，時間量や項目数では，ニュースよりもはるかに多くの娯楽，芸能情報などを放送しているから娯楽番組としての性格が強い。他にも，平日午後に各局が放送する「ワイドショー」や，夕方の情報番組，週末に1週間の出来事をまとめて伝えるスタイルの番組，そしてゴールデンタイムに編成される「知的エンターテインメント番組」「報道バラエティ番組」など，簡単には報道，教養・教育，娯楽のどれかひとつに分類することが難しい番組が多い。そしてそれらの番組の多くが，ひな壇上のスタジオにタレント・芸能人などを座らせるスタイルやクイズ形式など，いわゆる「バラエティ番組」の演出フォーマットを採用していることも特徴的である。こうした番組の「オフ・ジャンル化」と呼ばれる現象は，1990年代から指摘されてき

たが（NHK 放送文化研究所，2003），近年より顕著になっていて「テレビ全体が
バラエティ化している」といわれるようにもなっている。

　こうした傾向は，一方において報道の娯楽化，ソフト・ニュースの増加と
しての側面をもつが，他方において，世の中の動向や時事的な問題を伝える
ジャーナリズム機能を果たす番組が拡大し，多様化していることを意味しても
いる。すなわち，狭義のニュース・報道番組やドキュメンタリー番組だけでな
く，生活情報番組やワイドショー，その他の娯楽的要素を含む多様な番組が
ジャーナリズム機能を果たすようになっているのである。

(2) メディア環境の変化と放送の社会的影響力の低下

　インターネットの台頭・普及を中心としたメディア環境の変化もまた，放
送ジャーナリズムにとって大きな課題を生み出している。インターネットは
1990 年代に登場したあと，21 世紀にかけて急速に普及が進み，日本における
普及率は 83% に達している（2015 年末現在）（総務省，2016）。インターネットの
利用端末もスマートフォンが主流を占めるようになり（日本でのスマホ普及率は
72%），また Twitter や Facebook に代表される SNS（ソーシャル・ネットワー
キング・サービス）も普及して，インターネットサービスの高度化・多様化が
進んでいる。そうしたなか，世の中の動向や時事問題を知るうえでもインター
ネットは重要なメディアとなっている。NHK 放送文化研究所が 2015 年に実
施した調査によれば，「世の中の出来事や動きを知るうえで」最も役に立つメ
ディアとしてインターネットをあげた人の割合は 17% で，新聞の 15% を上回っ
ており，テレビ（65%）に次いで高い割合となっている（木村義子・関根智江ほか，
2015）。年層別にみると，若年層においてはインターネットとテレビの割合は
かなり接近している（20 代＝ネット 39%，テレビ 50%，30 代＝ネット 37%，テレ
ビ 51%）。また，「最も欠かせないメディア」としてインターネットをあげた人
の割合は 2010 年の 14% から 2015 年には 23% へと増加し（テレビは 50%），10
〜 30 代の若年層ではインターネットがテレビを上回っている（たとえば 20 代
＝ネット 54%，テレビ 25%）。

　こうした結果は，テレビや新聞といった従来型マス・メディアの存在感や影響力が縮小してインターネットのメディアとしての重要性が増加していること，そして現代の情報空間，言論空間がますます多元化・多層化していることを示している（遠藤薫編，2014）。このような変化がジャーナリズムにもたらしている大きな影響を象徴する事象のひとつが，いわゆる「フェイクニュース」問題であろう。「フェイクニュース」は2016年秋の米大統領選挙を巡って大きくクローズアップされた。同選挙では，「ローマ法王がトランプ氏を支持した」「クリントン氏がイスラム過激派に武器を売った」といったトランプ候補寄りの偽情報が多く流れ，選挙の趨勢にも大きな影響を与えたとされる。その後も2017年5月のフランス大統領選や6月の英国総選挙などでも問題となった。見方を変えると，こうした現象は現代政治における世論の形成にインターネット（SNS）がきわめて大きな影響力をもっており，もはやテレビや新聞などのマス・メディア抜きに政治的判断をする人びとが相当数出現していることを示している。このようなメディア環境の変化のなかで，放送がなおもジャーナリズム機能を発揮し，政治的社会的意思形成過程を媒介するような役割・機能を果たし得るとすれば，それはどのような条件においてかということが重い課題として問われていると言える。

(3) 放送ジャーナリズムへの政治的介入

　国際NGO「国境なき記者団」が発表する「報道の自由度ランキング」において，日本は180の国・地域の中で2010年に11位となって以降，急激に順位を落として2016年，2017年と連続して先進諸国中で最低レベルの72位となった。背景として，2011年3月の福島原発事故報道における情報の不透明さや記者クラブ制度の閉鎖性などさまざまな問題が指摘されているが，近年，政府与党（第2次安倍政権，2012～）からさまざまな圧力や干渉が報道の現場に加えられ，そのことがテレビ，新聞のジャーナリズム活動を委縮させる効果を生じていることも無関係ではないだろう。

　ジャーナリズムに対する政治的介入については，放送に関わるだけでも数

多くの案件が生じている。たとえば，2014年11月，衆議院を解散した安倍首相はTBSのニュース番組『ニュース23』に生出演した際，街頭インタビューで自らの経済政策（アベノミクス）に対して批判的な声が多いことに「これはおかしい」などと，語気を強めて苦言を呈した。そして，その2日後，自民党はNHK，在京民放5局に対して，選挙報道における出演者，内容，発言時間，回数などの観点での「公平中立」を求める文書を送った。また，翌2015年4月には，自民党情報通信戦略調査会が，テレビ朝日とNHKの幹部を党本部に呼び出し放送内容についての事情聴取を行った。聴取の対象となったのは，テレビ朝日『報道ステーション』のコメンテーターが「官邸からバッシングを受けてきた」と発言した問題，NHK『クローズアップ現代』でやらせがあったとされる問題である。同調査会の会長は，「（政府には）テレビ局に対する停波（放送停止）の権限まである」などと発言した。

　さらに，2016年2月には高市総務相が，放送局が政治的な公平性を欠くと判断される放送を行い，行政指導等によっても改善されない場合には，放送法第4条違反を理由に電波法第76条に基づいて電波停止を命じる可能性があることに言及して大きな波紋を呼んだ。放送法第4条には「政治的に公平であること」「報道は事実をまげないですること」などの規定があるが，放送法には第4条に違反した場合の罰則規定はなく，これまでに第4条違反で免許停止になった例はない。憲法第21条が言論・表現の自由を保障していることもあり，放送法の同規定は放送局側が努力目標として目指すべき「倫理規定」であり，政治権力者が個々の放送番組の内容に介入することを正当化するものではないとするのが従来からの通説である（BPO, 2015）。こうしたことから高市発言に対しては，「何が政治的公平性かを政治権力が決めるのはおかしい」「放送事業者の表現活動が過度に委縮しかねず，権限濫用のリスクも大きい」といった批判が相次いだ（砂川浩慶, 2016）。

　以上のように，放送ジャーナリズムに対する政治権力の干渉や介入が近年において相次いでいる。そうしたなかで，放送の政治的公平性とは何か，放送の自律性はどのように担保されるべきかが放送ジャーナリズムの根幹に関わる課

題として鋭く問われている。

6. おわりに

　2010 年の放送法改正によって，「放送」の定義は，「公衆によって直接受信される無線通信の送信」から，「〜電気通信の送信」という形に変更された。変更点は「無線通信」から「電気通信」というひとつの言葉のみであるが，このことが放送ジャーナリズムにとってもつ意味は小さくない。放送が「無線通信の送信」から「電気通信の送信」へと拡大されたことでインターネットを利用した映像・動画配信など従来は「通信」とされてきた領域との境界が曖昧化し，「放送」の概念は限りなく広くなった（山田健太，2012）。本格的なインターネット時代，デジタル時代の到来の中で，従来の放送，新聞，通信などのメディア媒体別の領域区分が無意味化してきているのであり，それに合わせたメディア法体系・制度への組み換えが進んでいるのである。

　そうした中，放送とは何か，社会にとっての放送の存在意義とは何かが改めて問い直されている。新たな時代状況，メディア状況においても，「公共の福祉」や「健全な民主主義の発達」に資するという放送の目的（＝放送の公共性）はなお合理性をもち得るのか。放送概念の拡大は，放送ジャーナリズムの役割・機能に何らかの変更をもたらすのだろうか。そして放送ジャーナリズムを担う現場の取材者・制作者らに求められる「職能」にも今後，変更が迫られていくことになるのだろうか。放送ジャーナリズムは今，これまでにない変革期を迎えている。

引用文献

Baum, M.A., Soft *News Goes to War*, Princeton University Press, 2003.
BPO「NHK 総合テレビ『クローズアップ現代』"出家詐欺" 報道に関する意見書」2015.
Cain, J., *The BBC: 70 years of broadcasting*, BBC, 1992.
遠藤薫編『間メディア社会の〈ジャーナリズム〉』東京電機大学出版局，2014.

Hilliard R. L., Keith, M. C., *The Broadcast Century and Beyond*, Third Edition, Focal Press, 2001.

藤竹暁「テレビのリズムと現代人のリズム」NHK 総合放送文化研究所編『テレビ・ジャーナリズムの世界』日本放送出版協会，1982.

池田正之「漂流するアメリカのメディア所有規制」NHK 放送文化研究所『年報 49』日本放送出版協会，2005.

蒲島 郁夫・竹下俊郎・芹川洋一『メディアと政治』有斐閣，2007.

今野勉『テレビの嘘を見破る』新潮社，2004.

木村義子・関根智江・行木麻衣「テレビ視聴とメディア利用の現在─『日本人とテレビ・2015』調査から─」NHK 放送文化研究所『放送研究と調査』2015 年 8 月号，日本放送出版協会，2015.

松尾洋司『テレビ報道の時代』兼六館，1991.

簑葉信弘『BBC イギリス放送協会』東信堂，2002.

水越伸『メディアの生成─アメリカ・ラジオの動態史』同文館，1993.

NHK 放送文化研究所編著『テレビ視聴の 50 年』日本放送出版協会，2003.

日本放送協会編『日本放送史』日本放送出版協会，1965.

日本放送協会編『20 世紀放送史』日本放送出版協会，2001.

白石信子・原美和子・照井大輔「日本人とテレビ・2005」NHK 放送文化研究所『放送研究と調査』2005 年 8 月号，日本放送出版協会，2005.

スミス，A.，（仙名紀訳）『ザ・ニュースペーパー』新潮社，1988.（Smith, A., *The Newspaper: An International History*, Thames and Hudson Ltd., 1979.）

総務省『平成 28 年版 情報通信白書』2016.

砂川浩慶『安倍官邸とテレビ』集英社新書，2016.

田宮武・津金沢聡広『放送論概説』ミネルヴァ書房，1975.

筑紫哲也「テレビ・ジャーナリズム論の陥穽」芝山哲也編著『日本のジャーナリズムとは何か』ミネルヴァ書房，2004.

戸村栄子・西野泰司『テレビメディアの世界』駿河台出版社，1999.

上村修一・居駒千穂・中野佐知子「日本人とテレビ・2000」NHK 放送文化研究所『放送研究と調査』2000 年 8 月号，日本放送出版協会，2000.

吉田直哉『映像とは何だろうか』岩波書店，2003.

山田健太『言論の自由』ミネルヴァ書房，2012.

第Ⅵ章　テレビドラマ　その発展と変容

1. テレビドラマの誕生

「おい，貴美子，豆腐屋が通ってるぢゃないか！」これは，日本で初めて放送されたテレビドラマの，最初の台詞である。豆腐屋のラッパの音を聞いた兄の篤が，妹の貴美子に豆腐を買ってくるよう急かした言葉である。その後，兄妹の会話は以下のように続く。

（貴美子）ハッと気が付いて，大声で／「お豆腐屋さん，お豆腐屋さーん！」／ラッパ止む／二階から篤の声「おーい，貴美子」／「え？」と振り向く貴美子／篤の声「スキヤキなんだから，焼豆腐のほうがいいぜ！」／「ええ，わかってる。おせっかいな兄さんね」

この日本初のテレビドラマは，『夕餉前』という。1940 年 4 月に日本放送協会で制作され，放送された。本放送に先立つこと 13 年前のことであり，まだ実験放送時代の頃であった。当時の日本放送協会（NHK）は，テレビの本放送を始める前にさまざまな試作をしていて，テレビドラマの試作版第 1 号が，この『夕餉前』だった。東京・世田谷砧の技術研究所で撮影され，常設テレビ観覧所（愛宕山）と放送会館（内幸町）にて約 12 分間の作品として上映された。

番組の内容自体はやや平凡だった。婚期のせまった兄妹が，今晩のスキヤキを心待ちにしながら，肉を買いに行った母の帰りを待っている。冒頭のやりとりは，そのときのシーンである。そこに帰ってきた母は，二人の見合い写真を持ってきたために，家族の会話がこじれるというのが "落ち" である。夕食前の一刻（夕餉前）の，何気ない家族の光景である。

当時はまだ VTR がなかったため，生放送だった。撮りなおしができないという緊張感もあったが，篤が放送当日の新聞を読みあげるなど，テレビの同時性を活かした演出もされた。一方，当時のスタジオは強力な照明が必要で，演者たちの衣装から煙があがったという話や，放送後にやってきた逓信大臣がぜひ見たいというので，灼熱のなかをもう一度演じなおしたという裏話もあった（森田創，2016）。

とにかく，日本のテレビドラマは，こうして始まった。以後，テレビドラマは実験放送をへて，1953 年の本放送の開始以降，夥しい数が制作されていく。その全貌を把握することは，きわめて難しい。たとえば 1994 年に出版された『テレビドラマ全史』を見てみると，その物量に圧倒される（TOKYO NEWS MOOK，1994）。無論，今日までテレビドラマの数は増え続けている。

本章ではこれから「テレビドラマ史」をみていくが，紙幅に関係なく，そもそもすべてのドラマを見て論じることなど不可能である。しかも初期は生放送のため番組が残っていない場合も多い。ただ，そのなかでも必ず触れなければならないテレビドラマはある。本章では，視聴可能な番組を中心に，これまで書かれたテレビドラマ史を参考にしつつ（佐怒賀三夫，1978；鳥山拡，1986），代表的な番組を時代ごとに素描していくことにしたい。それでも「あの番組がない」といった個々人の感想はあるだろう。その歴史の間隙は，ぜひ各自で埋めていってほしい。本章では結果として，「家族」をめぐるテレビドラマを多く取りあげることになった。ここには『夕餉前』に端を発する，テレビドラマの本質があるのではないか，と思う。

2. 生放送から「前衛ドラマ」へ—— 1950 年代

(1) テレビドラマは機械との闘争から始まった

1953 年 2 月 1 日，NHK が本放送を開始し，本放送後初のテレビドラマ『山路の笛』を 2 月 4 日に放送した。1953 年 8 月 28 日には日本テレビ (NTV) が開局し，新たに「NTV 劇場」という単発ドラマシリーズを設け，第 1 回作品

『私は約束を守った』を 8 月 31 日に放送した。こうしてテレビドラマは NHK と日本テレビの 2 局時代を迎え，そこに KRT（のちの TBS）が 1955 年に開局して加わることによって花開いていくことになる。

　開局早々に制作されるテレビドラマはすべて生放送で行われていた。そのため，本番の放送では予定よりも早く終わってしまったり，場面転換のために役者たちが着替えをする姿が映りこんでしまうといった失敗が少なくなかった。けれども，こうした技術的な制約があったからこそ，草創期のテレビドラマは独自の演出を開拓していくことになる。

　その最大の成果が，1955 年 11 月 26 日に放送された 1 時間ドラマ，NHK『追跡』だった。『追跡』は，東京と大阪をまたにかけて暗躍する密輸グループを刑事たちが追う物語で，撮影場所に東京と大阪の 4 ヵ所を使い，それぞれの場所を中継しながら生放送で進行した。当時の NHK の総力を結集して制作され，草創期テレビドラマ技術の集大成と言うべき番組であった。

　1956 年，この番組の脚本家である内村直也は，テレビドラマについて次のように述べている。「日本のテレビドラマは，現状においては，完全に機械との闘争だと思います。人間の知恵が創り出したテレビジョンという恐るべき機械を，ぼくらはなんとかして一日も早く使いこなす段階に達しなければなりません」（『放送文化』1956 年 2 月号）。

　内村が言うように，草創期のテレビドラマはまさに「機械との闘争」だった。いかにテレビという新しい技術を飼い慣らすかに焦点が置かれ，内容や台詞というよりも，生放送のなかでどのような演出が可能か（たとえば場面転換やカメラ操作など）に注力していた。こうしたテレビ技術との格闘は『追跡』後も展開し，翌 1956 年に放送された NHK『どたんば』や，1957 年に放送された KRT『人命』などへと引き継がれていく。

　しかし，このような草創期テレビドラマにおける「技術の追求」は，VTR（ビデオ・テープ・レコーダー）の登場によって次第にドラマの「内容の追求」として表れるようになり，本格的なテレビドラマが誕生することになる。それが「社会派ドラマ」として後世にその名を残す，KRT『私は貝になりたい』であっ

た。

(2)『私は貝になりたい』(1958) の衝撃

　1958 年 10 月 31 日に放送された『私は貝になりたい』は，ほとんど神格化されたテレビドラマである。「この作品を期して，日本のテレビは学生から社会人になった」(『季刊 テレビ研究 第 2 巻』1959 年) とか，「テレビドラマがはじめて電気紙芝居から大人の鑑賞にたえられるドラマになった」(『YTV REPORT』1963 年 8 月号) などと評され，脚本，演出，演技，技術，その他あらゆる面で優れた出来ばえが認められ，独走で同年度の芸術祭賞を受賞した。今日に至るまで，日本のテレビドラマ史のなかで幾度となく語られてきた傑作である。

　物語は，高知で小さな理髪店を営む清水豊松 (フランキー堺) が戦時中に上官の命令で米軍の捕虜をやむなく刺殺したとして，終戦後，米軍 MP に連行され，軍事裁判にかけられた後，有罪判決が出て死刑となるまでの悲劇を描いたものである。

　米軍に連行されるまでの 33 分間が VTR，軍事裁判からラストまでの残り 1 時間が生放送で制作された。放送後は新聞の投書欄などで反響が相次ぎ，「長女と二人，初めから終りまで泣いてしまいました」とか「最後に静かに階段を力なくのぼってゆく彼は，当時の日本全部のやり切れない感情をよくあらわしていた」などと言われ (『調査情報』1958 年 11 月号)，『私は貝になりたくない』という中学生の投書も話題となった (『朝日新聞』1958 年 11 月 5 日夕刊)。

　これらの反響の大きさは，未解決としての戦争責任問題を浮き彫りにしただけでなく，テレビの技術面がある程度飽和し，テレビドラマが内容面を重視した「社会派ドラマ」へと脱皮しつつあることを示していた (岡本愛彦，1964)。

　『私は貝になりたい』の成功をきっかけにして，1950 年代末頃から社会派のテレビドラマが目立つようになっていく。1958 年には他にも，テレビ界と映画界の対決を描いた KRT『マンモスタワー』が制作され，1959 年は，刑事を通して日本の社会悪を描いた KRT『いろはにほへと』が芸術祭賞を受賞し，

橋本忍・岡本愛彦の制作陣は『私は貝になりたい』に続いて2年連続の受賞となった。同年，レジナルド・ローズ原作のディスカッションドラマNHK『ある町のある出来事』も話題になった。

1960年には，安保闘争をめぐる不合理と闘う2人の青年を描いたKTV『青春の深き淵より』，1961年には実際に起こった釜ヶ崎暴動をもとにしたABC『釜ヶ崎』，1962年には工業地帯でいきいきと生きる少年を描いたTBS『煙の王様』などが高い評価を得た。

(3) 前衛ドラマの登場―― NHK『日本の日蝕』(1959)

こうした意欲作のなかで異彩を放っていたのが，NHKの和田勉による演出作品だろう。「芸術祭男」との異名をもち，後にフジテレビ『笑っていいとも！』(1982 〜 2014) のレギュラーとなって，豪快なキャラクターから「ガハハおじさん」とも呼ばれた人物である。テレビ開局前，大学の卒業論文でテレビドラマをテーマに書き，本放送開始と同時にNHKに入局した和田は，1957年，龍安寺石庭をめぐる悲劇を描いたドラマ『石の庭』で注目を浴びる。

和田の初期代表作となったのが，NHK『日本の日蝕』(1959) である。前衛的な表現ゆえに，評論家とも大きな論争を巻きおこした番組である。物語は，終戦間近の1945年2月，雪深い東北の寒村近くで1人の脱走兵が出たことから始まる。憲兵隊から連絡を受けた駐在巡査・大貫忠太（伊藤雄之助）は，すぐに村人たちに脱走兵が出たことを伝え，注意を促した。村人たちは姿が見えぬ脱走兵に怯え，震え，怖気づいた。安部公房の脚本である。今日，改めてこの番組を見ても，脚本以上に演出の斬新さに目を見張るものがある。画面からはみ出すほどに恐怖に引き攣った村人たちの顔のアップ，雪を踏み分ける脱走兵の足元だけを映したシーンは，見る者を震撼させた。

当初より，和田はテレビドラマとは立ったり座ったりしながら見るものではなく，ひとつの作品として鑑賞するべきものであると主張し続けてきた（和田勉，2004）。テレビドラマとは，視聴者の日常生活に鋭く分け入り，その日常を破壊することに意味があるとしたのである。それゆえに和田は，以後，一貫

してクローズ・アップという手法でお茶の間の日常に挑戦し続けていくことになる。

1950年代末のテレビドラマは、『私は貝になりたい』を演出した岡本愛彦や『日本の日蝕』の和田勉など、「社会派ドラマ」や「前衛ドラマ」の演出家たちが必死にその可能性を模索した時代だった。それは、まだ見ぬテレビドラマという可能性を夢見た時代でもあったとも言えるだろう。けれども、こうした社会派あるいは前衛的なドラマは、しだいに影を潜めていくようになる。なぜなら、テレビドラマはお茶の間で家族そろって「楽しく」見るものだとする風潮が、次第に高まっていくことになったからである。

3.「ホームドラマ」の流行――1960 年代

(1) アメリカ家族劇からの発展

1950年代における「社会派ドラマ」「前衛ドラマ」の時代はしだいに終わり、1960年代に入ると、家族そろって見る、明るく楽しい「ホームドラマ」が隆盛していくようになる。これは、テレビ演出家たちがドラマの可能性を信じた〈実験の時代〉が終わりを迎え、番組内容も平均値が求められる〈安定の時代〉へとテレビドラマが移行したことを意味していた。大衆化するなかで視聴者に迎合せざるを得なくなったテレビドラマのひとつの帰結であった。

もともと日本の「ホームドラマ」の源流には、テレビ草創期におけるアメリカのテレビ映画の輸入があったことを忘れてはならない。日本で初めて外国製テレビ映画が放送されたのは、1956年4月にKRTが放送した『カウボーイGメン』である。同年にはこの他にも11本の外国製テレビ映画が放送され、たとえば『口笛を吹く男』(NHK)、『名犬リンチンチン』(日本テレビ)、『スーパーマン』(KRT) などが放送された。1957年には29本に増え (すべてアメリカ製)、たとえば『アイ・ラブ・ルーシー』(NHK)、『ヒッチコック劇場』(日本テレビ)、『名犬ラッシー』(KRT) などが放送された。その後も1958年に18本、1959年に52本、1960年に49本が日本で放送され、とくにアメリカ製テレビ映画は

1960 年代半ば頃までその勢いを保っていくことになる。⁽²⁾

　なかでも人気を博していたのが，アメリカ製のホームドラマであった。『パパは何でも知っている』(日本テレビ)，『うちのママは世界一』(フジテレビ)，『ビーバーちゃん』(日本テレビ)，『陽気なネルソン』(NHK) などに代表されるアメリカ製ホームドラマは日本でも根強い人気で，そこで描かれる家族は，決まって仲が良く，しっかりもののパパ，家庭を取り仕切るママ，すこしませた子どもたちによって構成されていた。

　このようなアメリカ民主主義に根ざした明るく楽しい中流家庭の生活は，新しい家庭のモデルとして日本に受容されていく。テレビ映画によって日本人は今まで知らなかったアメリカ人の生活の内側を見たのである。こうして，アメリカの理想化されたホーム像が，1960 年代，日本の連続ドラマやホームドラマとして引き継がれていくことになった。

(2) 日本製ホームドラマの誕生

　1960 年頃を境に，一家に 1 台のテレビ時代が到来し，次第に日本製のホームドラマが全盛を迎えることになる。その初期の代表的な番組，NHK『バス通り裏』(1958 ～ 1961) は，月曜から金曜の午後 7 時のニュース後 15 分間の帯ドラマとして放送され，物語は高校教師と美容院の一家の日常を淡々と描いたものであった。

　他にも，乙羽信子と千秋実が主演して話題を呼んだ日本テレビ『ママちょっと来て』(1959 ～ 1963) を皮切りに，KRT 日曜劇場『カミさんと私』(1959)，NET『水道完備ガス見込』(1960 ～ 1963)，フジテレビ『台風家族』(1960 ～ 1964)，TBS『咲子さんちょっと』(1961 ～ 1963) など，あげればきりがない程，日本製ホームドラマは 1960 年代前半を中心に流行した。これらのホームドラマに共通した特徴は，アメリカ製ホームドラマの形式を下敷きにしつつ，日常的な家族の風俗を平凡に描写していたことである。毎日，あるいは毎週，同じ顔ぶれがお茶の間のテレビに顔を見せる。これは放送各局が熾烈な視聴率競争に追い込まれ，視聴者の最大公約数を追求して生まれたひとつの形であった。

　日本製ホームドラマの基本的なパターンは2つある（仲村祥一ほか，1972）。ひとつ目は，家族に何らかの問題が起きても，毎回，物語の終盤には必ず安定へと向かう〈安定の神話〉。2つ目は，家庭が外部の社会から自立した，自己完結的な閉じられたものとして描かれる〈自足の神話〉である。日本製ホームドラマでは，この2つの神話をもとに描かれ，視聴者は自分と同じ生活水準の登場人物たちが繰り広げるドラマを追体験していくことになる。

　こうしたホームドラマの隆盛に対し，当然，前衛作家たちは不快感を示すことになる。たとえば当時，和田勉は，「実際のはなし，私は『ホームドラマ』ときくと，身のふるえを感じるのである」（『放送文化』1960年6月号）などと書き記している。しかし，日々大衆化していくテレビを前に視聴者が求めていたのは，前衛的なドラマではなく，みんなで明るく楽しめるドラマであった。ここに，前衛的なテレビドラマ作家たちの敗北があった。

(3) 連続テレビ小説・大河ドラマの誕生

　〈安定の神話〉と〈自足の神話〉に支えられた日本製ホームドラマは，1960年代，いくつかに派生していくことになる。

　ひとつ目が，NHK「連続テレビ小説」の誕生である。「『バス通り裏』がなかったら，『テレビ小説』は生まれて来なかった」（『放送文化』1962年7月号）と創設者の岩崎修が語るように，「連続テレビ小説」はそれまでの帯ドラマの実績があったからこそ，その形式を模索することができた。第1回の『娘と私』(1961) では，この帯ドラマの形式に，一人称の独白（ナレーション）を合わせることによって「テレビ小説」という新しい形を確立する。

　以後，『あしたの風』(1962)，『あかつき』(1963)，『うず潮』(1964)，『たまゆら』(1965)，『おはなはん』(1966) など，時代を重ねるにしたがって，オリジナルの脚本，女性の一代記もの，農村や地方からの上京物語，主人公に無名新人を起用する，といった今日に至る「連続テレビ小説」独自のスタイルを確立していくこととなる（『放送文化』1977年5月号）。とくに『おはなはん』は平均視聴率が40%を超え，夫の死後もたくましく生き抜いた明治期の女性・浅尾はな（樫

山文枝）の一生が，多くの視聴者の感動をさそった。

　2つ目は，大型時代劇「大河ドラマ」の誕生である。大河ドラマは，高い娯楽性と質量的に充実したものを視聴者が求めるようになったことを受け，1963年に誕生した。1月から12月という暦年編成で，豪華キャストを出演させたことから「札束番組」と当初揶揄されながらも，第1回『花の生涯』(1963) を皮切りに，『赤穂浪士』(1964)，『太閤記』(1965)，『源義経』(1966) と続いていく。こうした大型時代劇は，すでに確定した歴史的事件を題材にして，"わかった"結末を前提にドラマを構成していくという意味において，ホームドラマの〈安定の神話〉を引き継ぐものであった（『YTV REPORT』1967年2月号）。

　こうして日本のテレビドラマは1960年代に入り，みんなでそろって見るホームドラマが，お茶の間を席巻していくこととなったのである。

4.「ホームドラマ」神話の解体—— 1970年代〜 80年代半ば

(1) 不安定なホームドラマへ——向田邦子の登場

　〈安定の神話〉と〈自足の神話〉に支えられた日本製ホームドラマであったが，1960年代半ば頃から，しだいにそこから逸脱した変則的な連続ドラマが制作されるようになっていく。たとえば，TBS『七人の孫』(1964 〜 1965)，TBS『ただいま11人』(1964 〜 1967) を皮切りに「大家族化もの」が流行し，ABC『月火水木金金金』(1969) では父親の不在，TBS『肝っ玉かあさん』(1968 〜 1972) では夫の不在といった「家族の不在」がテーマになりはじめ，家族空間として描かれる自営業の職種も『肝っ玉かあさん』のソバ屋から，TBS『時間ですよ』(1970) のフロ屋まで「特殊化」した。

　こうした流れを受けた1970年代のテレビドラマは，「脱ホームドラマ」の時代であったと言えるだろう。安定的な物語を供給していた1960年代のテレビドラマに対し，1970年代のテレビドラマはどこか不安定である。

　1970年代のテレビドラマを考えるうえで重要なのが，脚本家・向田邦子の存在だろう。TBS『七人の孫』の脚本家として森繁久弥に才能を見出された向

田は，1970年代から80年代にかけて，温かくもどこか不安定な家族像を描いていく。1970年代の向田の代表作は，まぎれもなくTBS『寺内貫太郎一家』(1974) である。東京・浅草にほど近い谷中を舞台に，石材問屋を営む一家の風景を描きだした。一見，向田が描く寺内家は温かく，家族が卓袱台を囲んで食事をとるシーンもたびたび登場するため，見た目には従来のホームドラマに近い。

　けれども，そもそも貫太郎 (小林亜星) が営むのが墓石屋であるという設定や，片足の悪い長女・静江 (梶芽衣子)，あるいは陰湿な行動に出て笑いを誘う祖母・きん (悠木千帆) といった登場人物たちは，それまでのホームドラマのタブーを打ち破るものでもあった。

　長年，向田脚本の演出を手がけた久世光彦も，ホームドラマの変質に気が付きはじめていた。「本当を言うと判っているのです。ホームドラマには，もう行きどころがないのです。明日は間違いなく宿無しなのです。『寺内貫太郎一家』はその巨体を，袋小路目ざして突っ走らせているのです」(『調査情報』1974年3月号)。久世自身，『貫太郎』でもまだホームドラマの神話を打ち砕くことができていないことに悶々としていたのだろう。こうしたなかで，とうとうホームドラマの「解体」に決定打が放たれることになる。それが1977年に放送されたTBS『岸辺のアルバム』だった。

(2) 家族の崩壊—— TBS『岸辺のアルバム』(1977)

　TBS『岸辺のアルバム』(1977) は，実際の出来事に基づいている。1974年，台風による集中豪雨で多摩川の堤防が決壊し，東京都狛江市では19戸が流出した。ドラマも同じ，東京都狛江市の4人家族の物語である。商社に勤める44歳の父・田島謙作 (杉浦直樹)，洋裁の内職をする38歳の妻・則子 (八千草薫)，大学1年の長女・律子 (中田喜子)，高校3年の長男・繁 (国広富之) は，一見，どこにでもいる平凡な4人家族である。

　しかし，この家族は互いに秘密を隠し持ち，そのことが徐々に「家族の崩壊」へと進んでいく。このドラマの最も印象的なシーンの一つは，家族の秘密

を知った長男・繁が，平穏を装う家庭に決定的なヒビを入れるシーンである（第12話）。

　　繁「お父さん，気が狂ってるのかも知れないけど，頭のなかがいっぱいでど
　　うしようもないんだ。」／則子「なにがいっぱいなの」／謙作「なにがいっ
　　ぱいなんだ」／繁「みんなのインチキだよ」

　家族の「インチキ」に嫌気がさした長男・繁は，この台詞の後，父が商社で東南アジアから女性を輸入していること，母が浮気をしていること，姉がアメリカ人に堕胎させられたことを次々と全員の前で告白していく。そして繁は「これが本当の俺んちさ！」と叫びながら，父と殴り合いをするのである。
　この『岸辺のアルバム』の脚本を手がけたのは，山田太一である。山田が描く家族は，和気藹々とした温かいものではなく，それぞれに秘密をかかえた冷えたものだった。この現代家族の舞台となったのは，東京の郊外である。TBS『それぞれの秋』(1973)，『岸辺のアルバム』(1977)，『沿線地図』(1979)といった1970年代の山田作品の舞台は，すべて京王線沿線や東急東横線，田園都市線といった東京の郊外が設定されている。ここには向田的な下町のぬくもりはない。長男・繁が耐えられなかったのは，そうした偽りのタテマエに生きる郊外の現代家族であった。そして最終話，多摩川の氾濫によって田島家のマイホームは無惨に決壊する。
　1970年代に『岸辺のアルバム』が放送されるに至って，ホームドラマは決定的な変化を迎えることになった。かつて1960年代に安定と自足に支えられていた明るく楽しいホームドラマは，1970年代，文字どおり「ホーム」のなかに「ドラマ」が起こりはじめるようになったのである。

(3) ポスト・ホームドラマへ

　『岸辺のアルバム』の最終話，濁流に飲まれて散ったマイホームの屋根にのぼって，家族4人は一緒にどこか遠くを見つめていた。果たして，田島家が見

つめていた「先」とは何だったのか。1980年代のテレビドラマはこの問いへの回答から始まるように思う。

　この問いを解く一つのカギが，フジテレビ『北の国から』(1981-1982)であろう。物語は，黒板五郎（田中邦衛）が妻・令子（いしだあゆみ）の不倫をきっかけに，東京から郷里の北海道・富良野へと帰るところから始まる。そこは富良野の中心地から20キロ離れた「麓郷」と呼ばれる地区で，豪雪地帯である。五郎は自分の住んでいたこの場所に，息子の純（吉岡秀隆）と螢（中嶋朋子）を連れ，人里離れた山奥で父子3人の自給自足の生活を始めるのだ。

　このドラマの重要な特徴は，「家族の解体」から物語がはじまっていることである。令子の不倫によってバラバラとなった黒板家は，父子3人で富良野にゼロから新しい「家族」を築いていく。『岸辺のアルバム』の最終話，田島家が見ていた先とは，あるいは黒板家の新しい生活だったのかもしれない。1980年代の『北の国から』は，家族の崩壊後に始まるホームドラマという意味で，「ポスト・ホームドラマ」の幕開けを予感させた。

　一方，1980年代のテレビドラマでは，また別の「家族」が描かれはじめてもいた。その代表的なドラマが，TBS『金曜日の妻たちへ』(1983)である。物語は，家族ぐるみで付き合う3家族，中原家（古谷一行，いしだあゆみ），田村家（泉谷しげる，佐藤友美），村越家（竜雷太，小川知子）によって展開される。この3家族を中心に新興ニュータウンで起こる不倫劇が，当時，「キンツマしちゃう（不倫する）」という流行語も生んだ。この『金妻』の登場によって，テレビドラマのなかの家族は閉じたものではなくなり，これまでの地域社会とも違う，新しい横のつながりをみせていくことになる。

　こうして『岸辺のアルバム』で崩れた理想的な核家族は，1980年代，『北の国から』での新しい核家族として再生し，『金曜日の妻たちへ』で横方向に複層的につながる核家族へと変化していくことになったのである。もはやテレビドラマのなかの家族は単純なものではなくなり，〈安定の神話〉と〈自足の神話〉は完全に崩壊した。

5. 「トレンディ・ドラマ」の熱狂と衰退──1980年代後半〜2000年代

(1) 「月9」の誕生

　『金曜日の妻たちへ』の脚本をつとめたのが，鎌田敏夫であった。1980 年代後半，鎌田が続いて TBS『男女 7 人夏物語』(1986) を書いたのは，テレビドラマ史にとって重要な意味をもっている。なぜならこのドラマが，1990 年代の「トレンディ・ドラマ」ブームの先駆けとなったからである。物語は，30 歳前後の独身男女 7 人の群像劇で，そこで描かれるのは「家族」という濃密なつながりではなく，「独身の男女」というきわめて淡泊なものだった。彼らは恋愛をして結婚するという流れを拒絶し，独身時代の軽い恋愛を謳歌しようとする。当時，「非婚時代」が流行語となるなかで，こうした等身大の男女の群像劇は話題を呼んだ。

　このドラマの成功を機に，若い視聴者たちに訴える「トレンディ・ドラマ」が急速に流行する。とくに月曜夜 9 時にフジテレビで放送されるドラマは「月9」と呼ばれ，ブームの火付け役となった。1990 年代のテレビドラマは「月 9」全盛の時代であると言っていい。山田太一の家族崩壊劇から鎌田敏夫の集団恋愛劇へと至る流れは，こうして 1990 年代にフジテレビのトレンディ・ドラマへと変質するのである。

　月 9 の物語の王道は，大都会・東京で消費社会を謳歌する男女を描くものだった。まるでファッション誌から飛びでたかのような主人公たちは，決まってカタカナの職業を名乗り（たとえばデザイナーなど），ファッショナブルな装いをして，話題のカフェやバーに行く。彼らは，ある日突然，道ばたで偶然に出会い，複数の男女の明るい恋愛模様を繰り広げる。テレビドラマのなかで男と女は着飾り，恋を歌う主題歌も大ヒットして物語をあおった。

　月 9 は『君の瞳をタイホする！』(1988) から始まり，『君の瞳に恋してる！』(1989)，『愛しあってるかい！』(1989)，『世界で一番君が好き！』(1990) など，初期はタイトルの最後に必ず感嘆符が付いているのが特徴である。ここで描かれるのは恋愛，結婚，仕事という 3 大テーマで，東京でのロケが多用され，お

しゃれで楽しいラブコメディが繰り広げられた。偶然，彼らは出会い，男女の青春を謳歌する。かつて浅尾はな（『おはなはん』）が守り続けた「家族」や，黒板五郎（『北の国から』）が復権を目指した「家族」などそこになく，1990年代は単に偶然居合わせた人びとによる「恋愛劇」があるだけとなった。

(2) 『東京ラブストーリー』（1991）の純愛物語

　月9初期の到達点は，言うまでもなく，『東京ラブストーリー』(1991) だろう。「恋愛の神様」とも言われた柴門ふみの漫画を原作にしたこのドラマは，1990年代のトレンディ・ドラマを「純愛もの」へと変えていく。物語はきわめてシンプルで，スポーツ用具会社に中途入社した永尾完治（織田裕二）と，同僚の赤名リカ（鈴木保奈美），そこに完治の高校時代の同級生，関口さとみ（有森也実）と三上健一（江口洋介）が介入して繰り広げる多角関係がテーマである。とくに赤名リカからカンチ（永尾完治）への一途な恋が話題となった。

　1990年代，赤名リカによって日本人女性の恋愛観が変わったと言っても過言ではない。帰国子女であるリカは，思ったことをすぐに口に出してしまう女性である。「うちに遊びにおいでよ」と軽く言ってしまえる，しかもまったく嫌味なく言ってしまえる希有な女性である。『東京ラブストーリー』の視聴者は，こうした自由奔放なリカの振る舞いに共感し，自分の言動と比較した。当時，女性週刊誌では「赤名リカみたいな恋がしたい」と特集が組まれるほど，1990年代の視聴者はヒロインの恋愛に同化した（『女性セブン』1991年3月7日号）。

　これまでの「家族」という強固な枠組みは壊れ，トレンディ・ドラマのなかでは徹底的に消費都市の軽い恋愛劇がつむがれていく。

(3) トレンディ・ドラマの変容——2000年代へ

　1990年代のトレンディ・ドラマは，その後もフジテレビ『101回目のプロポーズ』(1991) をはじめ，とりわけ木村拓哉主演作，フジテレビ『ロングバケーション』(1996)，フジテレビ『ラブジェネレーション』(1997)，TBS『ビューティフルライフ』(2000) といった純愛ものが，王道の物語として受容されていく。

　ただし，1990年代のテレビドラマが徐々に純愛ものから変質をはじめていっ
たのも事実である。たとえば『東京ラブストーリー』で赤名リカを演じた鈴木
保奈美は，3年後，フジテレビ『この世の果て』(1994)で赤名リカとは全く異
なる女性を演じてみせた。他にも，いじめや自殺問題を扱った日本テレビ『人
間・失格〜たとえばぼくが死んだら』(1994)，純愛もののタブーを扱ったTBS
『ずっとあなたが好きだった』(1992)やTBS『高校教師』(1993)，未成年のタブー
に切り込んだ日本テレビ『家なき子』(1994)，あるいはミステリーへの展開と
してフジテレビ『眠れる森』(1998)，フジテレビ『氷の世界』(1999)などが続々
と放送された。

　とくに野島伸司が脚本をつとめた『高校教師』は，男性教師と女子学生によ
る禁断の愛を描いただけでなく，教師による強姦，近親相姦など，当時のトレ
ンディ・ドラマがまったく扱わなかった「恋愛」のテーマに鋭く分け入り，社
会問題化した。こうして1990年代半ばより，トレンディ・ドラマは徐々に変
質し，単なる恋愛劇を越えて，異質な恋愛劇を含んだ脱トレンディ・ドラマへ
と変貌していくことになったのである。

　2000年代以降のテレビドラマは，このような脱トレンディ・ドラマの風潮
のなかで展開していくことになる。TBS『池袋ウエストゲートパーク』(2000)
やTBS『木更津キャッツアイ』(2002)の宮藤官九郎を筆頭に，フジテレビ『や
まとなでしこ』(2000)や日本テレビ『ハケンの品格』(2007)の中園ミホ，日
本テレビ『すいか』(2003)の木皿泉，NHK『ちゅらさん』(2001)の岡田惠
和，日本テレビ『女王の教室』(2005)や『家政婦のミタ』(2011)の遊川和彦な
ど，2000年代以降のドラマの脚本家たちは，トレンディ・ドラマの反動として，
それを絶妙に異化しながら新しい物語を供給していく。

　また，堤幸彦の演出を中心としたTBS『ケイゾク』(1999)以降のテレビドラ
マ，テレビ朝日『トリック』(2000)やTBS『SPEC』(2010)など，凹凸の男女
コンビが繰り広げるサスペンスものも脱トレンディ・ドラマの一形態として捉
えることができるだろう。他方で，こうした脱トレンディ・ドラマの風潮のな
かで，東京発ではなく，地方発の名作ドラマが現れたことも特徴である。たと

えば，NHK 広島放送局『火の魚』(2009) や北海道テレビ『ミエルヒ』(2009) など，制作条件が恵まれない地方発のテレビドラマが各テレビ祭の賞を総なめにした。

　2000 年代以降のテレビドラマはまだ歴史が浅く，時代の特徴を明確に打ち出しづらい。インターネットの普及によって視聴者のニーズも多様化し，テレビドラマのヒット予測もますます難しくなっている。さらに 2010 年代以降は，インターネット発のドラマも制作されるようになった。こうしたドラマをめぐる多方面への動きは，歴史の検証を待つ必要があるだろう。

6. テレビドラマのこれから——2010 年代

　ここまで日本のテレビドラマ史をみてきた。機械と格闘しながら前衛的な表現への挑戦をした 1950 年代，ホームドラマが隆盛した 1960 年代，ホームドラマの家族像が解体した 1970 年代，ポスト・ホームドラマからトレンディ・ドラマへと移行した 1980 年代から 1990 年代。誕生以来，先の時代の表現を打ち消しながら，テレビドラマは独自の発展を続けてきたことがわかる。では，トレンディ・ドラマの枠組みが崩壊し，2000 年代から 2010 年代へと続くなかで，テレビドラマはどこへ向かっているのか。歴史の検証を待ちたいと述べつつも，最後に 2010 年代のテレビドラマの特徴を述べて本章を閉じようと思う。

　2010 年代のテレビドラマとしてあげなければならないのが，坂元裕二脚本による作品群だろう。1990 年代から 2010 年代へと至る変化を，坂元は自身の脚本のなかで明確に示しているからである。事実，『東京ラブストーリー』(1991) の脚本家として注目を浴び，トレンディ・ドラマからそのキャリアをスタートさせた坂元は，四半世紀後，フジテレビ『いつかこの恋を思い出してきっと泣いてしまう』(2016) でまったく異なるヒロイン像・杉原音（有村架純）を描いて見せた。自由奔放なリカとは対照的に，音は重労働，パワハラ，介護，孤独といった超高齢化社会を迎える東京の現実と闘っている。坂元は自身が築きあげた従来の月 9 のヒロイン像を，四半世紀後に，自らの手で 180 度変えたのである（松山秀明，2017）。

　ただ，以下に注目していきたいのは，一方で，坂元が2000年代から2010年代にかけて「家族」をテーマにした作品を多く手がけている事実である。たとえば，近隣住民との関係をサスペンスとして描いたフジテレビ『あなたの隣に誰かいる』(2003)を皮切りに，虐待を受けた女児を連れ去る母を描いた日本テレビ『Mother』(2010)，殺人の被害者家族と加害者家族の交錯を描いたフジテレビ『それでも，生きてゆく』(2011)，力強く生き抜くシングルマザーを描いた日本テレビ『Woman』(2013)，離婚生活をコミカルに描いたフジテレビ『最高の離婚』(2013)などである。

　なかでも印象に残っているのが，『Mother』である。母親から虐待を受ける道木怜南(芦田愛菜)を誘拐し，「つぐみ」と名乗らせて自らが母親になろうとする杉原奈緒(松雪泰子)の行動は，家族が血縁を越えた枠組みで成り立つことを示した。奈緒自身も捨て子であったという物語の伏線は，育ての母と生みの母との交わりにより，本当の母(母性)とは何なのかを見るものに訴え，物語は母娘をめぐる多重奏へと展開する。

　このような「家族」の歪んだ血縁をめぐる物語は，「夫婦」へも向けられていく。『最高の離婚』では，濱崎光生(瑛太)が妻・結夏(尾野真千子)の愚痴を言いながら，結婚について語る。「結婚生活なんてね，毎日茶番。一生，茶番。辛い。あ〜辛い」。「結婚は3Dです。打算，妥協，惰性。そんなもんです」(第1話)。一方，夫・上原諒(綾野剛)が浮気をしていることを知りつつも，そのまま見逃し続ける灯里(真木よう子)。この二組の夫婦は，前者が離婚届を出しつつもダラダラと共同生活を続けているのに対し，後者が婚姻届そのものを出していなかったことが判明する。婚姻届と離婚届といった「紙の契約」によって，男女がつながりを持つ/持たないを決める結婚という制度に，両夫婦はアンチテーゼを投げかける。これはTBS『カルテット』(2017)で「夫婦って，別れられる家族なんだと思います」と言い放つ巻真紀(松たか子)の考えとも共通する。

　坂元は「ドラマというのは対立する考えを持った二人の人間が会話をすることだと思っている」とし，「書きたいのは，『相容れない人間たちが何を話すか』

ということに尽きるんです」と述べている（『ユリイカ』2012 年 5 月号）。こうした 2010 年代の坂元作品の会話劇に接したとき，テレビドラマ史をたどってきたわれわれは，初期（とくに実験放送時代）のテレビドラマとの近接を感じさえする。狭いスタジオ空間でいかなる表現ができるかを模索していた初期のテレビドラマの様態は，一周まわって再び，ミクロな会話劇として復権している。『夕餉前』の篤と貴美子の他愛ないやりとりから始まった日本のテレビドラマの発展の歴史は，「家族」というミニマムな単位をいかに表現するかををめぐって模索し続けてきた歴史でもあったのではないか。ここにこそ，テレビという「日常のメディア」の本質があるのだろう。

　もちろん，テレビドラマは膨大で，テーマは「家族」に限らず，「学園もの」「推理もの」「サスペンスもの」など多彩である。さらに，本章のように脚本家の思想だけで歴史が語られるものでもないし，ましてや高視聴率の番組だけを並べて歴史が語られるものでもない。今後，テレビ番組のアーカイブが開放され，埋もれていたテレビドラマが発掘されたとき，テレビドラマの歴史はさらなる魅力を放つはずだ。

注

　(1) 本放送以前（実験放送時代）のテレビドラマについては，和田矩衛（1976 ～ 1978）に詳しい。
　(2) 外国製テレビ映画の盛衰については，乾直明（1990）に詳しい。

引用文献

乾直明『外国テレビフィルム盛衰史』晶文社，1990.
松山秀明「テレビドラマ『月 9』に見る，東京の四半世紀」『東京人』2017 年 3 月号，2017.
森田創『紀元 2600 年のテレビドラマ』講談社，2016.
仲村祥一・津金沢聡広・井上俊・内田明宏・井上宏『テレビ番組論─見る体験の社会心理史』読売テレビ放送，1972.
岡本愛彦『テレビドラマのすべて』宝文館出版，1964.
佐怒賀三夫『テレビドラマ史─人と映像』日本放送出版協会，1978.

TOKYO NEWS MOOK『テレビドラマ全史 1953-1994』東京ニュース通信社,
　1994.

鳥山拡『日本テレビドラマ史』映人社, 1986.

和田矩衛「テレビドラマ発達史 1-26」『月刊民放』1976年5月号〜1978年2月号,
　1976-1978.

和田勉『テレビ自叙伝―さらばわが愛』岩波書店, 2004.

第Ⅶ章　娯楽番組について考える
──バラエティとジャンルの混交

1. 娯楽番組を考える前提

　娯楽番組は，これまで研究対象としてはきわめて不幸な歴史をたどってきた。視聴者に快い時間を与える目的をもった番組群は，音声と映像，すなわち直接的に感覚を刺激するという「放送」の機能にもっともふさわしいものとして，その歴史の始まりとともに生み出されたが，先行するメディアにこうした機能がなかったがゆえに，戸惑いと糾弾の対象とされてしまったのだ。

　大宅壮一らによる「一億総白痴化」の警鐘は，ラジオやテレビに備わる，必ずしも「理性的」とはいえないこうした側面を軽視（あるいは軽蔑）していた研究者たちに，これらの番組を「真面目に扱うに値しない」ことのお墨付きを与えることになってしまった。しかし大宅の実際の言動や，初期の画期的なテレビ論である清水幾太郎の「テレビジョン時代」(1958) などをみると，彼らはむしろこの新しいメディアの感覚的な機能に注目していることがわかる。[1]

　いずれにしても娯楽番組は，放送史の中で長い間「語られざる対象」として放置されてきた。しかしこの「視界の外」にあった番組群が，実際は編成上大きなシェアを占めてきたことは避けがたい現実であり，しかもむしろこれらこそが，テレビというメディア全体を覆う変化，さらにはテレビが中心を担う20世紀のメディア環境の構造的変化を牽引してきたという側面は見逃すことはできない。テレビ放送が 1953 年に始まってから瞬く間に定着し，マス・メディアの覇権を握り，そしてデジタルメディアの普及とともに衰退に転じる歴史自体が，このメディアの「娯楽（エンターテインメント）」性への着目なくして論じることはできないのだ。

　本書の初版 (2009) の段階では，まだその点に深く切り込んだ文献も少なく，

論じる方法も固まっていなかった。しかし状況は変わった。あれから10年経ち，若い世代はもはやテレビ芸人のお喋りにそっぽを向き，ユーチューバーの一芸を持てはやしている。だが，テレビ自体が「過去のメディア」になりつつある今だからこそ，ミネルヴァの梟よろしく，むしろその歴史・変化のメカニズムは見えやすくなってきたといえよう。本章ではその50年の盛衰を「バラエティ」という形式概念を手掛かりに概観する。

2.　娯楽番組とは何を指すのか──そのジャンル論的輪郭

　まずは「娯楽」すなわちエンターテインメントの語源とその意味の変遷をたどることにしよう。もともとエンターテインメント（entertainment）という言葉は，中世ラテン語 "intertenere（維持，充足する = to hold inside）" に由来する。15世紀にフランス語経由で，英語圏でも使われるようになったが，その後この意味に使役的な用法が付加され「惹きつける = to attract」→「楽しませる = to amuse」と徐々に変化していったとされる。こうした歴史を踏まえるならば，「エンターテインメント」という言葉は，マス・メディアの基本機能とされるメッセージの伝達といった合理的な情報処理とは対極のイメージを与えるだろう。つまり，きわめて感覚的，身体的に受容されるものを，この言葉は指し示している。

　そうした観点からエンターテインメントに属するとされることがらをあげてみよう。まずは映画，音楽，演劇，演芸といったパフォーミング・アーツがそれに当たる。これらに共通するものは「上演」という表現行為である。この行為する「場」の介在が，他のアート（たとえば，絵画や造形作品など）との境界線を際立たせている。しかしエンターテインメントという概念は，自ら行為する"楽しみ"──たとえば，ゲームやカラオケ，ギャンブルやテーマパークで遊ぶことなどの意味も含む場合がある。これらと，先にあげたパフォーミング・アーツとの違いは「送り手─受け手」の関係性にある。前者には演者（「送り手」）の表現を受動的に鑑賞する「受け手」が想定されるが，後者の「送り手」は，主

体的に"楽しむ"プレイヤーに「場」,「機会」を提供する裏方的な位置をとる。

では放送においては,何がこの「エンターテインメント」の概念に対応するかを考えてみよう。先の考察から,送り手,受け手のいずれかによる積極的な関与とそれを支える「場」が創造する"楽しい"感覚がこの概念に結びついていることがわかる。このことを踏まえると,ジャンル的には報道,ドキュメンタリー,教養以外の多くのジャンル――たとえば,パフォーミング・アーツやゲームを題材とした番組でなくとも,たとえばドラマやスポーツといった「感覚」に直接訴える「場」を軸に構成・制作された番組は,すべて「エンターテインメント」の観点から分析することができるということになる。

しかし不思議なことに,テレビ番組のジャンルとして「エンターテインメント」という言葉を使うと,それとは少し違ったニュアンスで受け取られる。「エンターテインメント」番組とは,テレビの世界の外で生まれた「パフォーミング・アーツ(その多くは演芸や芸能)」を紹介する,つまり「エンターテインメント」を取り上げる番組という意味になる。

では"テレビが生み出した娯楽"はどうなのだろう――本章では特にこのことに注目してみたい。もともとの語義に戻るなら,オーディオビジュアルなテレビの表現はその全般において,かなり本質的に「エンターテインメント」的な機能を有している。特にその中でも,もっぱら「娯楽」を供することを意図して指向した番組形態がある――それは「バラエティ」の名で呼ばれつづけてきた。

「バラエティ」という名称の由来も,もとはテレビの外にあった。それは寄席演芸の興行の一スタイルを指し,一般名詞としての語義どおり「さまざまの異なったものの寄せ集め」を意味していた。それがテレビ番組のジャンル名に援用された契機はなんだったのか――ひとつは,初期のテレビ編成を支えていた「中継」先のひとつが寄席演芸であったこと,もうひとつは,その興行スタイルを模して制作された,「歌と踊りと寸劇の取り合わせ(=ボードビル)」のスタジオ版を「バラエティ・ショー」と呼んだことにはじまる。[2]

このような2つのテレビ・バラエティのルーツと,今日われわれが認識し

受容している「バラエティ」番組の数々の形態との間には，大きなイメージ
ギャップがある。たとえば NHK の友宗らは，2000 年 11 月，関東地区で放送
された 137 本の番組を素材に，今日的な「バラエティ」番組の特徴を分析して
いるが（友宗由美子・原由美子・重森万紀，2001），そこで整理された 5 つの特性，
「タレントの個性の利用」「トークがもたらす笑い」「構造の複雑さ」「出演する
素人の多彩さ」「乗り降り自由な構成」は，2010 年代の今日においても概ね共
通する。しかしテレビ放送初期（草創期）のバラエティには，その萌芽はみら
れるとしても，番組群を横断して確認することができるほどの一般性はない。

　このことからわれわれはひとつの仮説を導くことができる。それは「バラエ
ティ」というジャンルはテレビの歴史とともにその輪郭を大きく変化させてき
たというものである。

　そもそもテレビは高度にジャンル化したメディアとして発達してきた——そ
のことについては，今日も大筋において変わりはない。かつて草創期において
は，情報内容と伝達形式がタイトに結びつくことによって番組のスタイルが作
り上げられ，そのことによって視聴者がその情報を受け取る態度が指示されて
きた——このスタイルの集積がはっきりと目にみえるジャンル区分を成してき
たのである。しかしテレビ史のある時点から内容面はともかく形式面ではその
峻別が不可能な番組が増えてきた。その曖昧さの中心に「バラエティ」はある。

　つまり，草創期のバラエティと今日のバラエティの間には，テレビ全体の中
に占めるこのジャンルの位置——「エンターテインメント」の一ジャンルとし
ての「テレビ・バラエティ」から，ジャンル自体の秩序原理を動かす「メタ・
ジャンル」（他のジャンルとは別の次元にあるジャンル）への変化があるとみる
ことができる。今日，多くのテレビの番組は，やや極端ないい方をするならば，
どんな内容にでも適用可能な「汎用フォーマット（形式）」に「内容」を流し込
んで出来上がっているとさえいえる。こうした産業的にモジュール化した「形
式」あるいは「様式」のことを，われわれは今「バラエティ」と呼んでいるのだ。

　こうした変化は，当然ながらジャンルの枠組みを——さらに，ジャンルに
よって形づくられてきたテレビと視聴者との関係性自体を軟化させることにな

る。フランソワ・ジョストはこのことを「契約から約束への変化」として表現するが（ジョスト，F.，2007），「約束」ということばがもつ曖昧さが表すように，それはジャンル概念自体が商品の品揃え（「バリエーション」）のレベルにまで劣化してしまったことを示している。

　この「バラエティ」の位置づけの変容の中に，われわれは今日の「テレビ離れ」の意味を問うことができよう。「バラエティ」がこのままテレビ表現の形式化を推し進めてしまうとするならば，その感覚的な認知機能と理性との関係，あるいはこのメディアの社会構成的機能の有効性を揺さぶることになってしまうだろう。そしてそれは，デジタル社会の核心たる「メディアと集合的記憶の関係の変化」というラディカルな問いに広がっていくのである（水島久光，2013）。

3．娯楽番組の形成過程を追う——ジャンルの混交とその輪郭の崩壊

　その手始めとして，まずテレビ草創期のバラエティ・ショーが，どのような段階を経て，今日の「形式」「様式」としての「バラエティ」に行きついたのか——特に他のジャンルとの関係において，変遷をたどっていくことにしよう。

　あらかじめ2つ，断っておかねばならない点がある。まず本章でたどる歴史は，日本の地上波テレビ放送において制作された番組にとりあえず限定する。もちろんテレビ文化はある程度はグローバルな普遍性をもって論じることはできる。特に報道の分野においては，国境を超えてひとつの傾向として語ることが可能なトピックも少なくない。しかし娯楽に関していえば，そうした中でも，その国の閉じられた日常性との結びつきの中で，形づくられていく側面が強いといえよう。言い換えれば娯楽とは，社会的な文脈に還元され難いむき出しの「私性」に根ざした表現が可能な範疇であり，ゆえに，そこにはしばしば社会性，集団性との微妙な関係が浮かび上がる——ここにも，この分野を扱う上で避けることができない重要な論点がある。娯楽番組とはある意味，テレビという社会システムの上で可能になった，パブリックとプライベートの調停形式なのだ。

　さらに本来「娯楽番組」を主題とする本章で，「バラエティ」にその対象を絞るということについて——たとえば，テレビ・エンターテインメントの問題ではあるが，直接「バラエティ」との接点をもたないような現象もある。具体的には今日のドキュメンタリーとドラマとの境界の危うさ（「ドキュ・ドラマ」といったスタイルの番組が生み出されているということ）などがそれである。しかしよく見れば，こうしたジャンルの輪郭の変化の背景にも，タレントの人称性（キャラ性）やストーリーラインの断片化など，「バラエティ」の中で生み出されたファクターが機能していることがわかる——かくのごとく今日の「バラエティ」はテレビの中心に位置しているのだ。

(1) 草創期のバラエティ・ショーから生まれた空間感覚

　はじめは「演芸・芸能」の「上演」形式に過ぎなかった「バラエティ」だったが，独特の空間的メカニズムと融合することによって，そこから"テレビらしい"表現が生み出され，さらに公開放送の新しい展開にも結びついていくようになる——その「空間論的挑戦」を，まずは追ってみよう。

　その扉を日本において開いたパイオニアが井原高忠（日本テレビ）である。井原は，草創期のバラエティの傑作といわれる『光子の窓』，『シャボン玉ホリデー』などのプロデューサーとして知られているが，これらの番組を通じて，スタジオを中心としたバラエティ制作の基本的な構成パターンが形成されていった。その様子は井原自身の回顧録（井原高忠，1983）や，当時の現場を体験した小林信彦のエッセイ（小林信彦，2002）に詳細に記録されているが，その原理は，刻々変化するスタジオをカメラによって素材化し，それをスピーディにかつシークエンシャルに再構成していくというものであった。これによって受け手には，モニター画面に視覚が固定されているにもかかわらず，時間や空間が任意に接続する「現実にはない世界を観る驚き」が与えられるようになった。

> ★事例1）『光子の窓』[(3)] のオープニングシーン
> 　「草笛光子が窓を開ける冒頭のシーン。窓際の彼女にカメラが寄ってアップでとらえる。次の瞬間カメラが引くと草笛がいつの間にか広いホリゾントに立っているのが視聴者には不思議に見えた。アップの間に，スタッフが小道具の窓を取り払っただけのことだが，こうしたテレビならではの技巧が番組の売り物であった」（NHK放送文化研究所，2002：163）

　やや時代は下るが，井原に続いて新しい「バラエティ」の創造に寄与した者といえば，TBSの居作昌果（いづくりよしみ）をあげることができるだろう。1960年代後半〜70年代に一世を風靡した伝説的番組『8時だョ！全員集合』が居作の代表作である。何よりもこの番組が革命的であったのは，いわゆる「生中継」であるにもかかわらず，舞台上の「ボードビル」をそのまま家庭に届けるのではなく，「公会堂」という上演空間をテレビのためにわざわざ設計した点にある——ここにおいてテレビとその素材である演芸の関係は逆転する。その結果，観客席とお茶の間の間には連続性・一体性が創造され，出演者の「呼びかけ」に対して受け手が応えるインタラクティブ空間が出現したのである。

> ★事例2）『8時だョ！全員集合』[(4)] と2種類の「受け手」
> 　「会場にいる目の前の客を笑わせられなくて，テレビを見ている人たちを笑わせられるはずがない，と思ったからである。公会堂に入れる客数は，大きな所でも，1,500人から2,000人がせいぜいである。たかが1,500人程度の客を笑わせられなくて，テレビの前の2,000万も3,000万もの視聴者が，笑ってくれるはずがない。会場の観客を笑いの渦に巻き込むことができれば，その笑い声が，画面を通じて，視聴者の中に浸み通って行くに違いない」（居作昌果，2001：46）

　会場の中の観客と視聴者という2つの受け手が発生することによって，しかも舞台上の出演者と観客が啓蒙的な関係ではなく「笑い」で空間を共有することによって，ここでは新たな視聴者との関係が生まれた。「全員集合！」の声とともに出演者が観客席から舞台に駆け上がり，いかりや長介の「さあ，行っ

てみようか」の号令とともに始まり，さらには加藤茶の「歯を磨けよ！」で終わるこの時空間では，一方向の伝達的な情報の流れを超越した「観る」「聞く」〜「反応」することによって“世界が広がる”身体的な感覚が芽生える。その結果，「送り手」と「受け手」間には，空間感覚の共有をベースとした情報受容の枠組みが出来上がる。こうした枠組みがジャンル混交の基盤となっていくのである。

(2) ジャンル混交の始まり──「トーク」と「クイズ」

　今日，われわれが「バラエティ」と呼んでいる番組の中で，特に昨今，重要な機能を果たしている要素が「トーク」と「クイズ」である。元来は「バラエティ」とは別の，独立したジャンルをなしていたこれらだが，かなり早い段階で草創期のバラエティ・ショーと混交し，今日の「バラエティ」に向かう道筋を作り出していく。

　「トーク」と「クイズ」のコンテンツとしての原型は活字メディアの時代に遡る（「トーク」は「対談記事」として）。しかしラジオの登場とともに，それらはまるで「放送」の存在意義を支えるかのように，独自のスタイルを築いていく。なぜなら「クイズ」も「トーク」もその本質はコミュニケーションにあり，それゆえに「送り手」「受け手」間の空間共有の媒介を担うことができたからだ。「クイズ」は“問いと答え”のインタラクションに視聴者の参加を重ね，「トーク」はホストが仲介者を体現することで空間の接続を果たしたのである。

　「トーク」番組の方が，早期に「バラエティ」と重なりをもつ──たとえば，NHKのバラエティの古典『夢であいましょう』には早くもその傾向を確認することができる。それはともすれば単純な「情報の伝達」に陥ってしまうゲストの語りの退屈さを避けるために，制作者が「バラエティ」的な感覚刺激を求めた結果であった。こうして本来，報道や教養番組の一形態としての「対談」や「インタビュー」は，1960年代には，バラエティ的形式を取り入れた情報番組，すなわちワイドショーの中心的機能を果たし始める。

★事例3)『モーニングショー』,『11PM』[5]などのスタート
　「草創期のバラエティ」同様に,これらもアメリカの人気番組をモデルにしているが,随所に当時の日本の生活感覚が織り込まれている(浅田孝彦, 1987 参照)。

　一方「クイズ」は,しばらく(1980年代前半まで)独立したジャンルとして,「バラエティ」とは別にテレビ・エンターテインメントを担い続けてきた。そもそもテレビに(まずはラジオに)「クイズ」が取り入れられたのは,それが「知識」「教養」をテーマにしていたからである。小川博司は,テレビと「クイズ」の出会いの必然性を「カルチュラル・リテラシー(=国民として知っておくべき文化に関わる知識)」の側面から説明する(石田佐恵子・小川博司, 2003, 序章)。「クイズ」がもつ「知識」,「教養」を「楽しむ」ことを媒介にして流通させる手法は,「ワイドショー」における「トーク」の狙い――単なる「伝達」ではなく,そこにコミュニケーションを介在させることによって受容しやすくさせることと重なりをもっている。

　しかし「クイズ」は「ワイドショー」よりも一層"形式面において",受け手を感覚的刺激に駆り立てる力をもっていた。1960年代には,解答者はそれまでの「知識人」から視聴者参加形態に変わり,相手と戦い勝利する競争的欲望と高度経済成長に支えられた物欲を煽ることによって,やがてゴールデンタイムを席巻していく。

★事例4　『アップダウンクイズ』[6]とクイズの黄金時代
　「純クイズ番組」の典型として君臨したこの番組には,今日のバラエティと混交したクイズ「形式」につながる基本要素のいくつか(スピードを争う:早押し,評価の象徴性:トップ賞はハワイ旅行など)を確認することができる(石田・小川, 2003, 第1章)。

　しかし1970年代のクイズ番組の爛熟は,多様な演出手法を開発する一方で,出題テーマの細分化を促し人気を分散させていく(このことが,その後の「情報バラエティ」との接続の伏線となる)。1980年代になると,それまでクイズを支

えてきた欲望は変質し，高度成長を支えてきた「成功報酬」，「国際化」のシンボルとしてのクイズは衰退してしまう。バラエティの演出の一技法として「クイズ」が取り込まれるようになるのはこの時期である。

(3)「情報バラエティ」と「タレント」の誕生

　一方「草創期のバラエティ」の中心的構成素であった「演芸・芸能」の位置は徐々に後退していく。

　もともと感覚的な悦びを与えるという意味では，パフォーミング・アーツはバラエティに通じる効用をもつ表現行為である。しかしそれらは作品としての完結性がその生命線であるだけに，「切り刻まれる」ことを嫌う。したがって当初はひとつの作品をまるまる放送する番組や中継がその主たる「枠」であった。だが，徐々に短い時間の中で異なる要素をスピーディに接続し展開するテレビ・バラエティ独特の構成が確立されてくると，扱われるものは「歌」や「踊り」などの軽音楽，軽演劇（演芸）的なものに限定されるようになっていく。

　そこに「クイズ」や「トーク」が組み入れられていくと，さらに大きな変化が起こる――アートは語られるべき対象となる――すなわちアート“を”放送するのではなく，アート“について”語ることにより，番組素材としてのアートの断片化・情報化が許容されるようになったのだ。

★事例5)『夢であいましょう』[(7)]とアートの情報化
　『夢であいましょう』1963年12月7日放送の「落語国紳士録」には，「歌」と「踊り」を軸にした構成でありながら，「落語」を情報として「トーク」を展開する，「草創期のバラエティ」とその後生まれる「情報バラエティ」の中間的形態が表れている。

　この流れによってアートだけでなく，さまざまな要素が「トーク」「クイズ」の題材として取り上げられる可能性が開かれ，「バラエティ」という形式的枠組みの中に，幅広いジャンルコンテンツが取り込まれる「情報バラエティ」化

の流れにつながっていく。その結果「バラエティ」は，そのもともとのスタイルが意味するところの「多様な要素の取り合わせ」から飛躍し，特定の情報分野に特化した“スペシャルなバラエティ”という語義矛盾的な存在も容認しうる，純然たる「形式」概念に変化していった。

　そうなると，もともと「バラエティ」の中心を担ってきた「演芸・芸能」の機能はその「上演」にではなく，それに関わる「パーソナリティ」に転移する——いわゆるタレントの誕生である。小林信彦は，この存在を日本のバラエティ史の中で特筆すべきことがらとして描いている（小林，2002）。草創期に続く 1960 ～ 70 年代のテレビの黄金期を支えたのは，まさしく「永六輔」「青島幸男」「前田武彦」らの放送作家兼マルチタレント，「坂本九」に代表されるアイドルタレント，「柳家金語楼」に連なる芸人出身のテレビタレントたちだった。

　タレントとは「芸」に関するプロフェッショナルな経歴をもちながら，それをあえて出さず，視聴者と共有可能な日常的なコミュニケーション活動を前景化させる「半身構造」をもった存在である（石田英敬・小松史生子，2002）。すなわち「歌わない歌手」「演技しない俳優」「芸をみせない芸人」たち——テレビがテレビのために生み出した，テレビの中の住人とでもいうべき「パーソナリティ」である。

　タレントの誕生とその勢力の拡大は，「バラエティ」の核心が「芸」から「コミュニケーション」に移行していった表れであるといえる。以降，「娯楽」のもっとも重要なベネフィットである「笑い」は，タレントの人称性によって担われることになる。すなわち「笑い」自体も，「送り手」から「受け手」に送り届けられるものではなく，「あなた—私」的な日常会話の中に織り込まれ，タレントはその空間接続の仲介役を担うようになったのだ。

(4)「総バラエティ」化と，「エンターテインメント」の変質

　1970 年代には，こうしたタレントが司会役を務めることによって，「バラエティ」が中心となるジャンルの混交はさらに推し進められていき，教養番組，ニュース・報道番組といった，いわゆる理性的な「真面目な」ジャンルにまで

その領域を拡大していく。

　そのひとつの流れが，NHK が起点となった教養番組との接合である。『日本史探訪』や『ウルトラアイ』[(8)]などは，特に「科学」や「歴史」といった，それまでは真面目でとっつきにくいと思われていた分野を，特に「トーク」を中心にした演出で，親しみやすく「楽しい」対象に変えていった。

　こうした分野と「バラエティ」との混交は，当然ながら教養の内容を変質させていく。それは「科学」や「歴史」を「生活」や「趣味」の領域に接近させ，「驚き」「楽しさ」といった直接的な感覚や「実益」といった「わかりやすさ」をもたらすものが，優先的に取り上げられていく傾向を生み出していった。こうした流れがいわゆる「情報バラエティ」のスタイルを作り上げ，安定した視聴率を稼いでいく。しかしこの変化は，やがて「情報」とその価値の転倒を招き，「やらせ」や「捏造」などの大きな問題を呼び込むことになる。

　この価値の転倒は「ジャンルの混交」のさらなる展開——報道分野へも進んでいく中で広がっていく。それは，ついにドキュメンタリーをもその形式の中に取り込み（教養番組においてその「教養」の意味が変質したように）「ドキュメント＝記録」すべき “現実” の意味を変えてしまう。すなわち “現実” は，テレビというメディアにとって，こちら側（受け手）に伝達すべき「外部」ではなく，スタジオを中心として新たに構成されたテレビ的時空間（「内部」）の再生産のために供給される映像素材の地位に反転する。ドキュメンタリータッチで制作される「リアリティ TV」や，現実をプロデュースすることを題材とした番組群に，こうした特徴をはっきりみることができる。

★事例 6)『天才・たけしの元気が出るテレビ』[(9)]とテレビの「自作自演」
　北田暁大はこの番組に「テレビ自身が《あらゆるテレビ番組はヤラセ（演出的）である》という残酷な真理を告白し」(155 頁) さらにそれをシニカルに嗤うスタイルの確立をみる (北田暁大，2005)。彼はこの「テレビの世界に閉じたアイロニー」を「純粋テレビ」と名づける。出演者が観客・視聴者とともに VTR を見て「笑う」という今日の「バラエティ」の一般的空間形態は，ここから広がっていった。

　もうひとつ忘れてはいけないのが，「ワイドショー」の広がりとニュース番組の接合である。「トーク」と「バラエティ」の融合形態である「ワイドショー」は，すでに述べたように 1960 年代に生まれた。しかし同じように"新鮮な情報"を扱っているにもかかわらず，このジャンルは，取り扱う情報分野の違いによって厳格に「報道」とは一線を引かれていた。

　しかし，1970 年代にこの"厳格な一線"は徐々に揺らぎ始める——その起点は，またもや NHK にあった。1973 年，NHK は，内幸町から渋谷への放送センターの移設を完了させ，それに伴うスタジオの巨大化や，ENG（Electronic News Gathering）等の新技術の実用化などを背景に新しい番組づくりに着手しはじめる——1974 年 4 月に始まった『ニュースセンター 9 時』（〜 1988 年 3 月）はその代表例である。このキャスター主導のニュース・ショー番組の先駆けは，それまで透明な媒介者に過ぎなかったキャスターの人称化を際立たせ（磯村尚徳は，その第 1 号である），スタジオの空間的存在感を視聴者の目に焼き付けた。

　しかしこうした形式を視聴者が容易に受け入れたのは，それがすでに慣れ親しんできた「ワイドショー」の形式と重なりあったからである。したがって，ここからさらに『ニュースステーション』に受け継がれるニュースの「情報バラエティ」化は，単なるニュースというカテゴリーの変質としてではなく，ニュースとバラエティの一形式である「ワイドショー」との相互浸透の結果であると考えるべきである。

★事例 7）『ニュースステーション』とニュースの「ワイド」化[(10)]
　この番組によって夜のニュースのワイド化は進み，ニュースを読まないメインキャスターとコメンテーターとの「トーク」，ブーメランテーブルを中心とした視聴者との共有空間，エンターテインメントとしての「スポーツニュース」の前景化など，それまでのストレートニュース形式の崩壊が徹底して進む。

　こうした混交は，テレビ番組がもはや取り扱う内容の境を意識せずに，受け手（視聴者）がその生活空間との重なりを自然に受容しうる，言い換えれば同

じ空間にいる没入感や安心感を喚起する形式を主題化させたことを示している（「純粋テレビ」のシニカルさは，その裏返しの表出でもある）。すなわち形式性を全面化した「バラエティ」が，ドキュメンタリーや報道番組を含めテレビ編成を席巻した今日の状況は，かつての「バラエティ」という言葉がもっていた「エンターテインメント」としての価値自体を変質させたのだ。確かにそれは，そのもともとの語義が指し示すような，感覚的な情報処理に支えられるものであるという意味において変わりはないが，一層言語化しにくい——たとえば“楽しい”という言葉にすら集約しづらいような——より触覚的な「刺激」に近い，単純な身体感覚のレベルに拡張されているとさえいえる。

　そのことは『24時間テレビ』（日本テレビ，1978〜）などに顕著な，バラエティ形式と「感動」との容易な接続や，他の「エンターテインメント」ジャンルである，ドラマの「キャラクター・コメディ」化，スポーツの「見世物」化が（これらのジャンルがバラエティ的なフォーマットに回収されずとも），今日さらにエスカレートしていく状況とも通底している。「楽しさ」が「感動」に容易に接続することは，「笑い」が「涙」に，そしてその興奮が簡単に「怒り」や「嫌悪」に等値され，入れ換えうる状況であるといえよう。

4.　娯楽番組の変化と「世界」の変容
——「総バラエティ化」と「メディア選別」

　こうした「ジャンルの混交」が推し進める“理性の後退”ともいうべき傾向は1980年代にピークを迎える。そしてそれはすべてのジャンルの壁を取り払いバラエティの形式の下にテレビ番組の均質化を推し進めていく。

　番組のコミュニケーションを支える「トーク」と「クイズ」は，それからしばらく「バラエティ」の中心的演出として機能しつづけるが，2000年頃には，再びこれらは独立したジャンルの番組として生産されるようになる。しかし（あとで改めて触れるが）それはかつての各々のジャンル的価値が見直されたからではない（黄菊英・長谷正人・太田省一，2014）。いつの間にか視聴者は消え，

「タレント」が「トーク」や「クイズ」場を支配するようになった結果である。[11]

　これにメディア全般のデジタル化の流れが重なり，20世紀は終わる。そして21世紀は，インターネットの時代として明けた。それから10数年。気づけば今日（2010年代後半），安定した人気を保っている「バラエティ」番組の多くが，1990〜2000年代前半に生まれた「長寿番組」であり[12]，それはそのままパーソナリティ，すなわち視聴者の高齢化を表している。「若者のテレビ離れ」が常套句化するわけである。

　デジタル制作されたコンテンツは編成から自律して多様に流通しうるものへ変化し，番組は単なるプロモーション枠に堕していく傾向が顕著になっている。「総バラエティ化」が，むしろ視聴者の「メディア選別」志向を刺激した格好だ。しかし「テレビ時代」の確立に向かっていた流れが，なぜそれに逆行する「テレビ自壊」のメカニズムを育んでしまったのか。そのパラドックスを，以下にあげる2つの重要な文献を読み解きながら考えていくことにしたい。

（1）「総バラエティ化」を読み解く——U. エーコ「失われた透明性」

　これまでみてきたように，1980年代以降のテレビを特徴づける「総バラエティ」化は，表象空間と視聴者の生活空間の重なり，一体化に支えられてきた。とするならば，前者における「感情」のダイレクトな表出と理性の後退は，「テレビ」視聴行動に閉じない，社会全体を覆う現象として捉えるべきなのである。

　メディア（とりわけマス・メディア）は，そもそもグローバル化とともに拡張する「現実」を捉える装置として構想されてきた。しかしそれを実現するには，“現実を切り取る”という技術的工程を介在させなくてはならなくなる。この技術は，一人の人間が認識可能な時空間の再編を行うとともに，現実社会自体が，その再編のメカニズムに適応しやすいように自らを変質させていくという「個人と社会」の相互作用を生み出していった。

　「記号論者」，「小説家」として知られるイタリアの思想家ウンベルト・エーコは，こうしたテレビの機能に強い関心を示し，1962年に登場して間もないテレビを主題とした論文「偶然と筋」（エーコ，U., 1967 = 2002）を書く。この論

文でエーコは，どちらかといえばこのメディア表現を，前衛的かつ自由な可能
性に結びつくものとして好意的に評している。しかしこの態度は20年後（1983）
に書かれた「失われた透明性」（エーコ，1985 = 2008）によって自ら否定される。
エーコは1970年代のイタリアにおいて，ヨーロッパの中でいち早く進んだ放
送の民営化の中で，テレビと現実世界の関係性が大きく変化したことを体験
したのだ——その変化する前の状況を「パレオTV」，その後の状況を「ネオ
TV」と彼は名づけた。

　パレオTVは，送り手が離れた受け手に情報を「伝達する」モデルにした
がっており，それに対してネオTVの特徴は「外部世界について語ること」の
減少として捉えられる。ネオTVは，テレビと人びととの関係性自体を語り，
情報内容や対象はその関係性に奉仕する限りにおいて機能する。ここでエーコ
が指摘した変化は，北田暁大の「純粋テレビ」の論点と通底している。この自
作自演的メカニズムはまさしくグローバルに展開していたのだ。

　こうした状況は，スタジオを中心に構成されるバラエティ的フォーマットが
テレビ的世界観として築き上げられるにしたがって広がっていった。ここまで
みてきたジャンルの混交も，スタジオ機能の充実と巨大化という技術的ファク
ターが支えになっていることはすでに指摘したとおりである。そしてさらにそ
のフォーマットはスタジオを飛び出し，テレビに映される必要がある現実世界
全般を覆うように広がった。エーコはそのことをチャールズ皇太子成婚のテレ
ビ中継を事例にあげて説明する——言い換えれば，「世界」はバラエティ的に
構成されるようになっていったのである。

(2)「メディア選別」を読み解く——B. スティグレール『象徴の貧困』

　現代フランスの哲学者B. スティグレールは，2004年に著した『象徴の貧困』
の中で，エーコが指摘したような，このわれわれの「世界」の認識論的転回に
ついて，さらに技術哲学的に説明することを試みる。そしてそれは後期資本主
義の基盤をなす，社会システムの「コントロール」という使命が作り出した「世
界観」であることを指摘する。「そこでは，たとえばオーディオビジュアル（音

声・映像）やデジタルといった感覚 aithésis に関わる技術をコントロールすることが問題なのであり，そしてその技術のコントロールを通じて，魂とそれが住まう身体の意識と無意識の時間をコントロールしようとしているのだ」（スティグレール，B., 2004 ＝ 2006：23）。

　こうしたコントロールによってわれわれの感覚や行動は均一化に向かう——この「均一化」がグローバル市場の原理と呼応しあうのだ。それはわれわれの認識や記憶，さらにはそれを支える「個」と「集団」の関係性（共同性）といった人間の「知」を支える基本的な時空間認識が，マーケティングの対象として収奪される様相として——たとえば，ライフ・タイム・バリュー（経済的に計算される個人の生の時間の価値，言い換えれば，その時間の内在的な価値の唯一性や個性を奪うこと）などというコンセプトに表れている。

　しかし，もともと人間の「知」が技術によって補綴されてきた歴史を踏まえて，現在の「貧困」な状況を告発する彼の哲学は，その補綴そのものを批判するのではない。それが「技術」と「社会システム」の結託によって「無意識」のうちに進行したことを，問題にしているのだ。スティグレールは，そのあたりをフロイトの「欲動」（「不安」のような前欲望的な心の動き）という概念を用い，現在の社会をこの「欲動」という“抽象的一般的存在”が支配する資本主義システムとして説明している。

　スティグレールの論理展開は，バラエティという形式がスタジオを飛び出して，われわれの「世界認識」を支えるメカニズムとして一般化していった様相を説明する原理として，かなり説得力をもつものであろうと思われる。「笑い」や「感動」，「怒り」を介した共同性を受容しないと，その先のコミュニケーションが成立しないという価値の一元化は，「娯楽番組」と視聴者の関係を飛び越えて，いまやネットの——たとえばユーチューバーなどを支持する若者文化の規範として広まっている。バラエティが生み出した形式の支配や行動パターンの一元化は，われわれの認識や感性それ自体のモジュール化→データ化→「モノ」化を推し進めているようにもみえる。

　今日，ほとんどの番組において確認することができる時空間構成のモジュー

ル的表現（出演者を収める「ひな壇」と多彩な「画面分割」が特に目を引く）や，入れ換え自由なコーナーによる番組構成は，スタジオ空間を現実の資本主義空間とヴァーチャルに一体化させることによって，番組を消費可能な商品として扱う志向性を極めていった結果である。ここまで行けば「テレビ」が捨てられるまでもう一息である。すなわち「総バラエティ化」に端を発した「エンターテインメント」の変質の「第2ラウンド」は，グローバル経済の心性に根ざして，テレビを飛び出し，新たなメディア環境に主戦場を求めたというわけだ。

　この『象徴の貧困』状況は，メディアに向き合うわれわれの生身の人間の感覚を，取引の素材として扱う。若者たちが自らを「キャラ化」「複数化」させ，選別と排除のマーケットに身を投じる姿は，まさにアイデンティティクライシスの常態化を表しているといえよう（榎本博明，2014）（土井隆義，2009）。スティグレールの我が国での紹介者の一人である西兼志は，この様子をメディア表象が「顔」に切り詰められる様相として捉え，『象徴の貧困』に『監視社会』論を重ねて分析する（西，2016）。

　しかし，そこで取引の素材とされているものが，もともとわれわれ人間の生身の感覚であることの意味は，再考する必要があるだろう――いまこそ「エンターテインメント」とは人間にどのような役割を果たしてきたのかという原点の問いに帰るべきなのだ。かつてミヒャエル・バフチンは「笑い」を硬直した社会構造を解放に導く契機として位置づけた（バフチン，M. M., 1965=1973）。これら感情表現は，人間にとって本質的な心の動きの写しであり，人間社会の連帯の基底をなすものでもある。新たな公共性を問う議論は，こうした現象を扱う実践的な取り組みから生まれる可能性もあるのだ。今，メディア表現が，「形式」化を極めているということは，ポジティブな方向への転換の可能性もはらんだ，アンビバレントな認識に踏みとどまる地点でもあることを示している。いずれにしてもここで「娯楽」としっかり向き合っておかなければ，われわれの（理性と感性の連合態としての）「生」は大変なことになるのは確かである。

注

(1) 『一億総白痴化論』(1957) が本当は何をいわんとしていたかについては北村充史が詳しい (北村充史, 2007)。また清水の上記論文は, テレビ 50 年を記念して『思想』2003 年 12 号「特集;テレビジョン再考」(岩波書店) に吉見俊哉の解題を付して再掲出されている。

(2) 初期アメリカでは, あくまで劇場を舞台とした公開放送を重んじた CBS と, 巨大スタジオをベースにオリジナルのスタイルを生み出した NBC によって, 2 つの番組制作のスタイルが同時並行的に生み出されたようである (有馬哲夫, 1997, 本章の第 3 節参照)

(3) 『光子の窓』;日本テレビ (1958 年 5 月〜 1960 年 12 月) 日曜 18:30-19:00 草笛光子ほか／日本初の音楽バラエティ番組。この番組から多くの放送作家, ディレクターが育った。

(4) 『8 時だョ!全員集合』;TBS (1969 年 10 月〜 1985 年 9 月) 土曜 20:00-20:54 ザ・ドリフターズ, キャンディーズほか／最盛期には視聴率 40 〜 50%をコンスタントにあげた, 代表的公開バラエティ。

(5) 『モーニングショー』;NET 〜テレビ朝日 (1964 年 4 月〜 1994 年 4 月) 平日08:30-09:30, 木島則夫 (初代) ／アメリカのニュース番組『TODAY』がモデル。その後『小川宏ショー』;(フジ) など民放各局にこのスタイルは広がる。『11PM』;日本テレビ (1965 年 11 月〜 1990 年 3 月) 平日 23 時台 大橋巨泉 (日テレ制作), 藤本義一 (読売制作) 他／米国夜の情報番組をヒントに企画された深夜ワイドショー。「お色気番組」として人気となった。

(6) 『アップダウンクイズ』;NET → TBS 系列 (1963 年 10 月〜 1985 年 10 月) 日曜 19:00-19:30, 小池清ほか／ 10 問正解後, ゴンドラにタラップがつけられ, 首にレイが掛けられる演出が象徴的だった。

(7) 『夢であいましょう』;NHK(1961 年 4 月〜 1966 年 4 月) 土曜 22 時台, 中嶋弘子・黒柳徹子・坂本九ほか／ NHK のバラエティ番組の原点。テーマを定め, 歌とコントとトークで構成する形式を確立した。

(8) 『日本史探訪』;NHK (1970 年 4 月〜 1976 年 4 月) 水曜 (後に土曜) 22 時台の30 分間／その後『歴史への招待』などを経て, 『その時, 歴史は動いた』に続いていく。『ウルトラアイ』;NHK (1978 年 5 月〜 1986 年 3 月) 月曜 19:30-20:00, 山川静夫ほか／これもその後『ためしてガッテン』に継承される。

(9) 『天才・たけしの元気が出るテレビ』;日本テレビ (1985 年 4 月〜 1996 年 1 月)日曜 20:00-20:54, ビートたけし・松方弘樹・高田純次ほか／「元気が出る商事」(社長:ビートたけし) がさまざまな企画を立案, 運営し, その報告を行う。

(10) 『ニュースステーション』;テレビ朝日 (1985 年 10 月〜 2004 年 3 月) 平日22:00-23:17 (開始時), 久米宏・小宮悦子 (85-98), 渡辺真理 (98-04)

(11)「トーク」では『アメトーク！』テレビ朝日（2003 年 4 月〜木曜 23：15-24：15，「雨上がり決死隊」の 2 人が司会を務め，○○芸人の括りでエピソードトークを行う）や『ダウンタウンDX』読売テレビ（1993 年 10 月〜木曜 22：00-23：00，「ダウンタウン」の 2 人が司会を務め，芸能人の日常をランキング形式で紹介）などが典型。「クイズ」は『クイズ！ヘキサゴンⅡ』フジ（2005 年 10 月〜2011 年 9 月）を皮切りに『Q さま !!』テレビ朝日（2004 年 10 月〜），『ネプリーグ』（2005 年 10 月〜）などタレントの「頭脳」の優劣を競う番組が席巻。かつては情報系のバラエティだったものが「トーク」「クイズ」に集約されるようになったケースも多い。

(12)『めちゃ²イケてるッ！』フジ（1996 年〜），『ザ！鉄腕！DASH!!』日テレ（1998 年〜），『踊る！さんま御殿!!』（1997 年〜）等々枚挙にいとまがない。

引用文献

浅田孝彦『ワイドショーの原点』新泉社，1987.

有馬哲夫『テレビの夢から覚めるまで―アメリカ 1950 年代テレビ文化社会史』1997，国文社.

居作昌果『8 時だヨ！全員集合伝説』双葉文庫，2001.

石田佐恵子・小川博司編『クイズ文化の社会学』世界思想社，2003.

石田英敬・小松史生子「テレビドラマと記号支配」石田英敬・小森陽一編『シリーズ言語態 5 社会の言語態』東京大学出版会，2002.

井原高忠『元祖テレビ屋大奮戦！』文藝春秋，1983.

エーコ，U.（篠原資明・和田忠彦訳）『開かれた作品』青土社，2002.（Eco, U., *OPERA APERTA*, Bompiani, 1967.）

エーコ，U.（西兼志訳）「失われた透明性」水島久光・西兼志『窓あるいは鏡―ネオ TV 的日常生活批判　附　ウンベルト・エーコ「失われた透明性」』慶應義塾大学出版会，2008.（Eco, U., "TV：La transparence perdue", *La Guerre du faux*, Grasset, 1985.）

NHK 放送文化研究所『放送の 20 世紀―ラジオからテレビ，そして多メディアへ』日本放送出版協会，2002.

北田暁大『『嗤う』日本のナショナリズム』日本放送出版協会，2005.

北村充史『テレビは日本人をバカにしたか―大宅壮一と「一億総白痴化」の時代』平凡社新書，2007.

小林信彦『テレビの黄金時代』文藝春秋，2002.

清水幾太郎「テレビジョン時代」『思想』2003 年 12 号，岩波書店，2003.

ジョスト，F.（西兼志抄訳）「ジャンルの約束」『新記号論叢書セミオトポス 4　テレビジョン解体』慶應義塾大学出版会，2007.（Jost, F., *Le genre télévisuel*,

Réseaux n°. 81, 1997.)

スティグレール, B.（ガブリエル・メランベルジェほか訳）『象徴の貧困 1 ハイパー
　インダストリアル時代』新評論, 2006.（Steigler, B., *De La Misère symbolique 1.
　L'époque hyperindustrielle*, Galelée, 2004.）

友宗由美子・原由美子・重森万紀「日常感覚に寄り添うバラエティ番組—番組内
　容分析による一考察」『放送研究と調査』2001 年 3 月, NHK 放送文化研究所.
　2001.

西兼志『〈顔〉のメディア論——メディアの相貌』法政大学出版局, 2016.

土井隆義『キャラ化する／される子どもたち—排除型社会における新たな人間像』
　岩波ブックレット, 2009.

榎本博明『バラエティ番組化する人々—あなたのキャラは「自分らしい」のか？』
　廣済堂新書, 2014.

バフチン, M.,（川端香男里訳）『フランソワ・ラブレーの作品と中世ルネッサン
　スの民衆文化』せりか書房, 1973.（Бахтин, M. M., *Творчество Франсуа Рабле и
　народная культура средневековья и*, Художественная литература, Москва, 1965.）

黄菊英・長谷正人・太田省一『クイズ化するテレビ』青弓社, 2014.

水島久光「テレビと集合的記憶のメカニズム—メディアと『過去』の位置づけに
　関する学際的探究の試み」『東海大学紀要文学部』第 99 輯, 2013 年 9 月.

第Ⅷ章　公共放送の役割

1.　はじめに

　日本では放送が開始されたのは 1925 年，公共放送である「社団法人東京放送局」によるラジオ放送であった。翌 26 年には「大阪放送局」「名古屋放送局」と合併して「社団法人日本放送協会」が設立される。それ以降，戦前・戦中においては，日本放送協会による独占状態が続いた。そして戦後の 1951 年に中部日本放送と新日本放送が初の民間放送として開局すると，全国に相次いで民放局が開局，NHK と並んで民放も在京キー局や準キー局などを中心とした全国的なネットワークを形成していった。こうして戦後日本の放送界は，公共放送 NHK と民間放送（民放）による二元的体制として発展してきた。

　NHK と民放は，その財源および運営形態が異なっている。すなわち，公共放送 NHK が受信料を主たる財源とし，東京に本部を置く全国組織であるのに対して，民放は主に広告収入によって経営され，地域（都道府県）に基盤を置く放送事業者である。この NHK と民放による二元体制の意義は，財源と運営形態の異なる放送事業者が相互に特徴を発揮しながら競争することによって，健全な放送産業・放送文化の発展が可能になるとして説明されてきた。では，この二元的体制を構成する一方の柱である公共放送 NHK とはどのような放送事業者なのだろうか。また，そもそも公共放送とはどのような特徴があり，その存在理由・意義は何だろうか。

　本章では，まず公共放送とは何かについて，その定義や理念を確認したうえで，諸外国に公共放送が多様な形で存在することをみていく。そして，日本の公共放送 NHK の組織としての特徴やその放送事業が果たしてきた社会的役割・機能などについて検討し，最後に，近年のメディア環境や社会構造の変化

などの中で，NHK のみならず世界の多くの公共放送が共通に直面している視聴者離れや存在感・影響力の低下などの諸課題についても考える。

2. 公共放送の目的と理念

(1) 公共放送とは何か──英 BBC を例に

　世界の多くの国には公共放送が存在している。しかし，ひと口に公共放送といっても，その組織や運営，財源の形態などは，各国の歴史や文化，政治制度，社会的背景などに応じて多様である。そのため，公共放送とは何かについての明確な定義は存在しない。

　しかし，一般的には，次の 2 つの点が公共放送を定義するうえでの最大公約的な要件とされている（マクウェール，D., 2005 = 2010）。第 1 は，公共的な財源（受信料，補助金など）によって運営されていることである。世界の多くの公共放送は公共的財源によって賄われており，この点において広告収入によって運営される商業放送（民間放送）とは区別される。第 2 は，編集と運営の独立性がかなりの程度で保障された放送組織体であることである。すなわち公共放送は，国家による放送内容の検閲などのコントロールから相対的な自律性を保持しており，国家権力のプロパガンダ機関として機能することのある国営放送とは区別される。また，利潤追求を目的とする民間企業である商業放送と異なり，公共放送の存在理由や基本的理念は通常，ユニバーサルアクセス（あまねく全国へのサービス），情報の多様性，マイノリティの利益保護，国民的文化・アイデンティティの維持といった公共的な観点から説明される。

　こうした点において最も正統的かつ代表的な公共放送といえるのがイギリスの BBC である。BBC は，世界で最も歴史が古く，また最大規模の公共放送である。BBC は，1922 年に発足した民間企業のイギリス放送会社（British Broadcasting Company）を前身とし，1927 年に公共放送事業者である BBC（British Broadcasting Corporation）と改組された。初代会長のジョン・リースは「公共放送の父」ともいわれ，BBC の放送事業が国家のためでも商業的利益の

ためでもなく国民（Public）のために行われるべきであるという信念をもっていた。電波という貴重な国民的資源を用いて行われる以上，放送は営利から離れて文化的・道徳的使命を担って国民を教育し啓蒙するような公共サービスであるべきだというのが彼の基本思想であった（蓑葉信弘，2002）。

　BBC の財源は，日本の受信料に類似した受信許可料（TV License Fee）で，年額は 145.50 ポンド（約 2 万 3,000 円，2017 年 3 月現在）である。予算規模は約 48 億ポンド（約 7,500 億円），職員数は約 2 万人（2016 年度）で，総合編成チャンネル，子ども向けチャンネル，ニュース専門チャンネルなどの国内向けテレビ・ラジオ放送や海外向けの国際放送など多様な放送を展開する巨大な公共放送事業体である。BBC の目的や権限，任務などは 10 ～ 15 年ごとに更新されるイギリス国王による特許状によって定められている。たとえば，2007 年から 2016 年までの第 8 次特許状では，BBC の存在理由・公共的目的として以下の 6 項目があげられている（第 6 条）。

1. 市民意識および市民社会の涵養
2. 教育および学習の促進
3. 創造性と文化的卓越性の促進
4. 全国，各地域，地方・コミュニティの放送への反映
5. 英国と世界との相互交流
6. 新しいコミュニケーション技術・サービスの提供

　これらの項目が示すように BBC は，テレビ・ラジオの全国放送，地域放送によって，報道，教育から娯楽にいたる多様なジャンルの情報・サービスを国民に提供し，そのことを通じて健全な民主主義の発展や社会統合の実現に寄与するという「啓蒙主義的」な理念に基礎づけられている。そして，このような「啓蒙主義的」「家父長的」な理念は，BBC のみならず BBC の影響を受けながら誕生し発展してきた世界各国の多くの公共放送においても多かれ少なかれ共通して見られるものである。

　一方で，報道機関としての BBC と政治権力との間にはつねに緊張関係が存在してきた。そもそも BBC に対する政府の権限はかなり強い。財源である受信許可料の金額は政府が決定する。また，BBC の目的，権限，任務などを定める特許状が更新される際には，政府，Ofcom（放送通信庁）などの規制監督機関，視聴者などが BBC のあり方について幅広い議論を行う。さらに，緊急時には政府は国王の名において BBC を接収する権限まで持ち，政府は告知事項を BBC に放送することを命じることもできる（奥田良胤，2009）。しかし BBC は，初代リース会長以来，「政治と資本から独立し，視聴者の求めにのみ応える」ということを報道の大原則に掲げ，事実に基づく客観報道を旨としてきた。そうした BBC との政治権力との間の緊張関係は，特にイギリスが参加する戦争など国益が直接的に関わる報道を巡ってしばしば先鋭化することが少なくなかった（柴山哲也，2011）。

　たとえば，イギリスとアルゼンチンが武力衝突した「フォークランド紛争」(1982) において，BBC はイギリス軍のことを「わが軍」ではなく「イギリス軍」と呼び，「イギリス政府当局の発表を信じるならば……」などの表現を用いたことが大きな話題となった。政府からは反逆罪にあたるという批判まで生じたが，BBC 側は「BBC が真実を伝えるという評価は守らなければならない」として客観報道の姿勢を維持した。また，2003 年のイラク戦争においては，イラクが大量破壊兵器を即座に実戦配備できる状態にあるとする政府の報告書は開戦を正当化するためのねつ造であるとした報道が，トニー・ブレア首相を激怒させた。政府と BBC との間の激しい応酬の末，グレッグ・ダイク BBC 会長の辞任にまで発展したこの一件（ギリガン事件）は，最終的には BBC の報道が大筋においては正しかったことが明らかとなり，BBC のジャーナリズム精神に対する国内外からの信頼を高めることに繋がった。

　以上のように，BBC は，① 受信許可料という公共的な財源によって運営され，② 編集と運営の独立性がかなりの程度で保証されている，という点で正統的な公共放送である。BBC はまた，世界の他の国々における公共放送にとってもモデルとして，大きな影響を与えてきた。

(2) 世界の公共放送の多様性

　イギリス以外の国においても，報道から教養，娯楽に至る幅広い分野の放送を展開しながら大きな社会的影響力と存在感を保持してきた公共放送は存在する。たとえば，イギリス連邦のカナダ，オーストラリアには，それぞれ CBC，ABC という BBC に類似した公共放送がある。また，フランスの FTV，イタリアの RAI のほか，北欧諸国にも規模の大きな公共放送（スウェーデン SVT，デンマーク DR など）がある。アジアでは日本の NHK や韓国の KBS も，ともに BBC の大きな影響を受けてきた公共放送である。

　しかし先述のように，世界の公共放送の財源，組織，運営形態は多様であり，分権的で脱中心的な組織運営を行っている公共放送や，受信料制度以外の財源で賄われている公共放送などさまざまな公共放送が存在する。

　ドイツには連邦を構成する州ごと（16 州のうちの 10 州）に公共放送（放送協会）がある。これはナチスによって放送が濫用された過去の経験を踏まえ，第 2 次大戦後，放送が中央の連邦政府ではなく州の権限となったことに由来する。そして，各州の放送協会，全国向けラジオ放送機関が加盟する連合組織として「ドイツ放送連盟・第 1 ドイツテレビ」（ARD）が存在し，ARD は受信料の配分や加盟放送協会共通で放送する番組の制作調整（割り当て）などを行っている。また，ドイツには ARD のほかに，テレビの全国放送だけを行う公共放送「第 2 ドイツテレビ」（ZDF）もある。ドイツの公共放送の主たる財源は受信料であったが，2013 年には放送受信端末の有無にかかわらず，すべての世帯・事業所に支払い義務がある「放送負担金」という新制度が導入された。また，広告放送も 1 日平均 20 分まで認められており，ARD，ZDF ともに割合こそ少ないが広告収入も財源に充てている（NHK 放送文化研究所編，2017）。

　オランダにおいても，全国放送を行う公共放送 NPO（オランダ公共放送）と，13 の州公共放送の併存体制が採られている。ただし，NPO が保有する 3 つのチャンネルで放送される番組の多くは，民間の「放送団体」によって制作される。放送団体とは「政治信条，宗教観，ライフスタイルなどを放送に反映させることを目的に組織された非営利の番組制作団体」で現在は 8 団体ある（NHK

放送文化研究所編, 2017)。会員数に応じて放送時間と政府からの交付金が配分される仕組みになっている。なお, オランダでは受信料制度が2000年に廃止され, 現在はNPO, 州公共放送ともに主たる財源は政府交付金である。

アメリカの公共放送もユニークである。アメリカの放送業界では, 戦前から長く「3大ネットワーク (= NBC, CBS, ABC)」を中心とした商業放送が主導権を握ってきたが, 1967年公共放送法に基づき, 後発の組織として公共放送が作られた (テレビ= PBS, ラジオ= NPR)。このうちPBSは, ワシントン近郊にある本部と全米350余りのメンバー局が構成する緩やかなネットワークである。PBS本部は番組を制作することなく, メンバー局や外部プロダクションが制作した番組をネットワークに配信する機能を担う。メンバー局を運営しているのは, 各地域のNPOや大学, 州政府などである。PBSの視聴率は, 商業ネットワークと比較すると低く, 存在感も大きくないものの, ドキュメンタリーなど教養番組, 教育番組を中心に番組の品質への評価は高い。アメリカにも受信料制度はなく, PBSの財源は, 連邦政府や地方政府からの交付金 (助成金) に加え, 個人, 企業などからの寄付金, 拠出金など多岐に渡っている。

3. 日本の公共放送 (NHK)

(1) 沿革, 制度

日本の公共放送, 日本放送協会 (NHK) が現在の形になったのは, 第2次世界大戦後のことである。戦前に作られた「社団法人日本放送協会」(1926年〜) は, 当初から受信料収入を財源とする公共放送であった。しかし, 政府 (逓信省) は放送を無線電信法における「私設無線電話」の一形態として扱い監督規制や放送内容の事前検閲を行ったため, 国営放送, 政府のプロパガンダ機関としての性格が強いものであった (日本放送協会編, 2001)。

戦後, 連合国軍総司令部 (GHQ) は, メディアの民主化およびメディアを通じた社会の民主化を推進した。そして, 1950年に放送法が制定され,「社団法人日本放送協会」は「特殊法人」となった。NHKは, 公共的な放送事業体で

あるが，国の出資を受けて作られた公団や政府から分離独立した公社などとは異なる組織として性格づけられた。GHQ は他方で，日本の放送業界を公共放送 NHK の独占的体制とすることを避けるため，民放の設立を推進していった。この時以来，日本の放送体制は，公共放送 NHK と民放の二元的体制となった。

　NHK の目的および業務，組織，財源などのあり方は，放送法（第3章）で詳細に規定されている。放送法第 15 条は，NHK の目的について「公共の福祉のために，あまねく日本全国において受信できるように豊かで，かつ，良い放送番組による国内基幹放送（国内放送である基幹放送をいう。以下同じ。）を行うとともに，放送及びその受信の進歩発達に必要な業務を行い，あわせて国際放送及び協会国際衛星放送を行うことを目的とする。」としている。つまり，NHK には必須業務として，① 地上，衛星による国内基幹放送，② 邦人・外国人向けの国際放送，③ 放送に関する調査研究の3種類の業務がある。また，このうちの国内基幹放送は，「あまねく」，すなわち日本全国どこにおいても受信できるようにするというユニバーサルアクセスの保障が義務付けられている（民放は努力義務）。

(2) 受信料

　NHK は受信料を基本財源とし，広告放送は禁止されている。財源の 95% 以上は受信料で賄われており，その他は国際放送などのための政府からの交付金，番組やテキスト販売などによる副次収入である。2015 年度決算によると，事業収入は 6,868 億円で，そのうち 6,825 億円が受信料収入であった。放送法では，「協会の放送を受信することのできる受信設備を設置した者は，協会とその放送の受信についての契約をしなければならない。」としており（第 64 条），視聴者に NHK との受信契約を締結する義務を課している。受信料の性格については，「NHK の維持運営のため，法律によって NHK に徴収権の認められた，『受信料』という名の特殊な負担金」とする説明（臨時放送関係法制調査会・昭和 39 年答申）が一般的で，税金（目的税）などとは性質が異なっている。また NHK の受信料には，衛星放送契約のような付加料金の設定もあることから，部分的

には受益者負担的な要素も加味されているとする見方もある。ただし，受信料はNHKを見る時間に比例して金額が変わるわけではないし，見る・見ないにかかわらず徴収されることからいわゆる「サービス対価」としての性質はない。

　受信料の徴収はNHK自らが行っている。税金のように国が徴収して公共放送に交付する方法を採らないのは，国による放送への介入を回避するためである。他方で，NHKは年度ごとに収支予算，事業計画および資金計画を総務大臣に提出し，国会での承認を受ける必要がある。受信料額は国会が収支予算を承認することによって定められる（放送法70条）。このようにNHKの予算等を国会が承認する仕組みには，受信料を財源とする公共放送の運営に対して，株式会社における株主総会のように，視聴者（国民）の代表で構成される国会がチェックするという意味がある。

（3）組　織

　NHKの経営に関わる組織としては，会長，副会長，理事などの役員から構成される理事会（執行部）と，議決・監督機関としての経営委員会がある。12人の委員で構成される経営委員会は国会承認を得て内閣総理大臣が任命する。経営委員会の任務は，会長の選任，（会長によって選任される）副会長以下理事の選任の同意，予算，事業計画など重要案件の議決である。

　NHKの放送業務は，東京の放送センターを本部とし，全国54放送局（本部含む，うち14局は支局）で構成される全国的な組織によって行われている（NHK, 2016）。地域放送局については，北海道から九州のエリアごとに8つのブロックに分けられて拠点局が置かれ，拠点局による地域ブロック単位の放送が行われるとともに，その傘下にある各道府県庁所在地の放送局による県域放送も行われている。NHKはまた，海外にも独自の取材ネットワークをもっている。バンコク（アジア総局），北京（中国総局），ロンドン（ヨーロッパ総局），ニューヨーク（アメリカ総局）のほか，ワシントン，パリ，モスクワ，など各国の主要都市に，合わせて22の海外支局がある。

　一方，本部には，放送に直接関わる部局として放送総局が置かれ，このなか

に番組の編成を行う編成局，ドラマや音楽番組，教育番組，ドキュメンタリーなどを制作する制作局，ニュース，報道番組を担当する報道局などがある。放送総局以外には，視聴者向けの各種サービスや広報，受信料徴収を行う営業局，放送に関する各種の調査・研究を行う放送文化研究所，放送に関連する技術開発を行う放送技術研究所などがある。以上のような各部局，放送局，支局などで働く NHK の職員数は約 1 万人で，これは英 BBC や独 ARD の半分程度，仏 FTV や伊 RAI などとほぼ同程度の規模である。

（4）放送番組の特徴

　NHK は 1953 年にテレビ放送を開始，1959 年からは教育テレビ（現 E テレ）を，1969 年からは FM 全局放送を，1989 年からは衛星本放送を開始し，それぞれ到達エリアの拡大やデジタル化なども進めてきた。2017 年現在，国内放送では，総合と E テレの地上 2 チャンネル，BS1，BS プレミアムの衛星 2 チャンネル，そしてラジオ第 1，第 2，FM のラジオ放送を行っている。また，1935 年にラジオで開始した国際放送では，1995 年からテレビ国際放送を開始，ニュース，情報番組を中心とした英語放送の「NHK ワールド TV」，主に海外在住の邦人向けの日本語放送である「NHK ワールドプレミアム」，そして 18 言語で世界に向けて各種番組を放送する「NHK ワールド・ラジオ日本」の 3 種類の放送を行っている。

　NHK に対する視聴者の信頼度は相対的に高い。たとえば公益財団法人新聞通信調査会が行っている「メディアに関する全国世論調査（2016）」によると，メディア別の情報信頼度を点数式で評価した結果をみると，「NHK テレビ」は 69.8 で，「新聞」の 68.6 と並んで高く，「民放」59.1，「インターネット」53.5，「雑誌」44.7 などを大きく上回っている[1]。こうした結果は，主として報道機関としての NHK への信頼度の高さによると考えられる。NHK は災害対策基本法で防災業務計画の作成と実施を義務付けられた指定公共機関であり，国民の生命・財産に関わる情報を適正・迅速に伝達することを求められている。また，平時においても，基幹チャンネルとして 24 時間放送を行っている総合テレビ

では，報道番組（ニュース，情報番組）が放送時間全体の半分近くの割合で編成されている。

　NHK のニュース番組の代表的なものとしては，『おはよう日本』『ニュース 7』『ニュースウオッチ 9』があげられる。『ニュース 7』（総合・夜 7 時〜）は，民放を含め日本で最も視聴率が高いテレビニュース番組である。また『ニュースウオッチ 9』は，1974 年に放送開始した『ニュースセンター 9 時（NC9）』（総合・夜 9 時〜）をルーツとする番組で，伝統的にストレートニュース中心の『ニュース 7』に対して，ニュースキャスターによる進行のもとで多角的にニュースを扱う「ニュースショー型」の番組であり，民放各局の夜のメインニュース番組と競合関係にある。NHK はまた，報道から教養の分野にまたがる番組ジャンルであるドキュメンタリー番組も数多く放送している。その代表的な番組が『NHK スペシャル』である。『NHK スペシャル』（1989 〜）は，『日本の素顔』（1957 〜）以来続いてきた正統派ドキュメンタリーの流れを汲む番組で，前身の『NHK 特集』（1976 〜 1989）の後継番組である。この番組は，組織力や技術力を活かして，政治，経済，社会から歴史，文化，自然など幅広い分野を扱っている。

　他方で，NHK は教育，娯楽のジャンルにおいても多彩な番組を放送してきた。長寿番組として広く知られた番組としては，『NHK のど自慢』（1953 〜），『みんなのうた』（1961 〜），『名曲アルバム』（1976 〜），『ラジオ体操』（1928 〜），『連続テレビ小説』（1961 〜），『大河ドラマ』（1963 〜），『おかあさんといっしょ』（1959 〜），『日曜美術館』（1976 〜），『きょうの料理』（1957 〜），『芸術劇場』（1959 〜），『NHK 紅白歌合戦』（1951 〜），『ゆく年くる年』（1953 〜）などがあげられる。

(5) 公共放送の番組における「国民化」機能

　これらの番組を通じて NHK は，社会や文化についての知識や教養，音楽・美術・文学など芸術分野の裾野を広げ，その水準を維持・向上することに一定の役割を果たしてきたと言える（佐藤卓己，2008）。他方において NHK は，その放送を通じて，日本の近代国民国家としての社会的・文化的アイデンティ

ティの形成にも深く関わってきたと考えられる。一例をあげるならば，『連続
テレビ小説』は，視聴者に「国民化」を促す社会装置として機能してきた側
面があることが多くの論者によって指摘されている（鶴見俊介，1984；戸邉秀明，
2013）。1961 年に放送スタートして以来，「国民的ドラマ」として定着してきた
『連続テレビ小説』は，殆どの作品が「女性（ヒロイン）の一代記」の体裁を取っ
ている。そして彼女たちの半生は，日本の戦争からの復興や戦後の高度経済成
長といった「日本の近代化」のプロセスと重ね合わせられる。そこでは，視聴
者がヒロインの半生と戦中から戦後にかけての自身の体験を重ねながらストー
リーを見守っていくという「共感の構造」が生まれ，同時に日本の近現代史に
関する「社会的記憶」が紡ぎ出されていく。このようにして『連続テレビ小説』
は，国旗や国歌などの国家的なシンボルに訴えることなく「国民的な物語」を
編成する力を発揮する社会装置として機能してきたと見ることができる。

　『紅白歌合戦』もまた，同様の機能を果たしてきたと考えられる。1951 年に
ラジオの正月番組としてスタートした『紅白歌合戦』は，1953 年からは大晦
日の夜のテレビ生放送番組となり，それ以降日本人にとって「年中行事」のよ
うな「国民的番組」に成長した。1963 年（第 14 回）には 81.4% という驚異的な
視聴率（関東地区・世帯）を記録，これは現在に至るまで日本のテレビ放送史上
最高の視聴率である。近年でこそ視聴率は 40% 前後になっているものの，こ
の番組は，その年に「国民的に」流行した歌をまとめて見聞きすることのでき
る機会であり，視聴者はそれを通じて一年を振り返りながら「国民共同体」
「故郷」としての日本を「想像」し，「再確認」していくことになる（太田省一，
2013）。その意味で『紅白歌合戦』も，「国民化」を促す強力な機能をもつ番組
であるといえる。

　公共放送の番組がこのような「国民化」機能をもつことは日本に限らない。
たとえば英 BBC が毎年夏（7 月半ば〜9 月半ば）に開催する音楽イベント「BBC
プロムス」は，世界最大の音楽祭として知られる。「BBC プロムス」は，1890
年代末に始まり，1927 年以降 BBC が運営を担当する国民的音楽イベントであ
り，1930 年に設立された BBC 交響楽団が中心的な楽団として演奏を行ってい

る。8週間に及ぶ「BBCプロムス」の最終夜の「ラスト・ナイト・コンサート」では，「威風堂々」（エルガー）や「ルール・ブリタニア」のようなイギリス人の"心のよりどころ"といわれる愛国主義的な数々の楽曲が観客と一体となって演奏される。そしてその模様は英国連邦をはじめ各国に放送され，幅広い人びとに視聴される。この「BBCプロムス」は，公共放送がその番組を通じて自国の社会文化的なアイデンティティを維持・強化するイデオロギー装置としての役割・機能を果たしている代表例ということができる。

4. NHK と政治

(1) 国会，政権与党との関係性

　先に見たようにNHKの予算計画は国会での審議・承認を必要とし，最高意思決定機関である経営委員会委員は国会承認を経て内閣総理大臣が任命することになっている。こうした仕組みは，NHKの事業や組織運営は国民の絶えざるチェックを受ける必要があるという考え方を反映したものであるが，同時にこの仕組みは，ときの政権与党や首相などの政治権力の意向に左右され，影響を受けやすいNHK独特の体質を作り出してきた（クラウス，E., 2000=2006）。

　事実，NHKの歴史においては，政治との関係が問題となった事例は枚挙にいとまがない。1981年の「ロッキード・三木発言カット事件」もそのひとつである。ロッキード事件は，周知のとおり，田中角栄首相（当時）が米ロッキード社から5億円の賄賂を受け取り同社の航空機売り込みに便宜を図ったとして受託収賄の罪に問われた事件である。1981年2月4日，NHKの看板ニュース番組である『NC9』ではこのロッキード事件から5年のタイミングで，裁判経過やその後の政界の状況を取り上げる企画を放送する予定であった。しかし，この企画は当時の島桂次報道局長が直前になって放送の全面中止を業務命令し，現場の抵抗のなか，最終的に金権政治を批判した三木元首相のインタビュー部分をカットする形で放送された。この事件の背景には，NHKの労働組合である日放労の影響力に危機感を募らせた自民党議員グループの存在と，そうした

政治家の力を巧みに利用しようとする NHK 内のグループとの間の癒着関係があったとされる（松田浩，2014）。

　また，2001 年 1 月 30 日に NHK が教育テレビで放送した『ETV2001 問われる戦時性暴力』をめぐる事件も，NHK と政治権力との距離が問われるとともに厳しい社会的批判の対象となった（奥田，2009）。この番組は，戦時中の従軍慰安婦問題の責任を問う市民団体による市民法廷の模様を紹介するものであったが，NHK 幹部の命令でその内容が放送直前に大きく改変された。改変では，被害者の女性たちの証言部分や，加害者にあたる元日本兵の証言などが大幅にカットされたうえ，同市民法廷に批判的な有識者の長時間のコメントが直前に加えられたとされる。番組の取材に協力した市民団体「戦争と女性への暴力」日本ネットワーク（バウネット・ジャパン）が，当初説明された趣旨とは異なる番組が制作されたことによって「期待権」が侵害されたとして損害賠償を求めて提訴した。

　東京高裁は 2007 年 1 月 29 日，NHK と番組制作会社 2 社に計 200 万円の損害賠償を命じる判決を出した。判決では，番組の大幅改変を指示した NHK 幹部は国会を担当しており，放送当時は NHK 予算・事業計画案が国会で審議される時期にあたっていたこともあって，予算案の事前説明のために接触した自民党の 2 人の大物政治家（安倍晋三，中川昭一）の発言を重く受け止め，その意図を忖度した結果，大幅な番組改変が行われたと認定した。そして，番組改変は「憲法で保障された編集の権限を濫用」したものであり，番組に対するバウネット・ジャパン側の「期待権」を侵害し，「説明義務」違反があったとした。

　しかし，その後この裁判は最高裁にまで持ち込まれた。そして 2008 年 6 月 12 日，最高裁は 2 審の高裁判決を棄却し，原告の請求を退ける逆転判決を言い渡した。判決では，放送局には番組の編集権があり，被取材者側の「期待権」は法的保護の対象とはならないとした。なお，同判決では NHK 幹部が政治家の発言を忖度した結果，番組改変が行われたのかどうかについては触れておらず，この点に関する高裁判決が訂正されたわけではない。政治家による放送への介入があったかどうかは結局のところ不明のままとなったが，この事件

はNHKが政治権力の意向を必要以上に意識したり、忖度したりする傾向があることを視聴者に印象づける結果となり、同時期に相次いだNHK職員によるさまざまな問題や「不祥事」と相俟って、受信料支払い拒否の動きを拡大させることになった。

(2) 問われる自律性

　NHKと政治との距離を問われる事案や、不正な経理処理など職員の「不祥事」が続いたことから、NHKはガバナンスの強化や組織の透明性を高めるための取り組みに力を入れてきた。2008年の放送法改正では、経営委員会には「役員の職務の執行の監督」が義務づけられるとともに、受信契約者から直接意見を聴取する機会を定期的に設けること、会長は3ヵ月に一度以上委員会に出席して職務執行状況を報告すること、委員長は議事録を速やかに公開すること、などが決められた。また、組織の透明性を高める取り組みのひとつとして、2005年度からは「視聴者への約束」の公表とその評価を始めた。これは受信料にふさわしい番組の充実、受信料の公平負担の徹底、不正を根絶し、透明性と説明責任を重視する事業運営、経費節減による効果的・効率的な事業運営などを掲げ、外部有識者がこれらの約束がどの程度実行されたかを評価するというもので、ヨーロッパの幾つかの公共放送局においても取り入れられているものである。「約束」とその評価は、2009年からは「視聴者視点によるNHK評価委員会」に衣替えして3年間継続されるなど、視聴者の理解や信頼を得るための取り組みはさまざまな形で続いている。

　しかし他方、NHKと政治権力との関係性をめぐる問題は、その後も相次いでいる。特に2012年の第2次安倍政権発足以降、NHKの報道機関としての自律性が問われ、厳しい批判の対象となることが増えている。それを象徴する事例といえるのが、2014年に会長に就任した籾井勝人氏の言動をめぐる一連の騒動である。籾井氏は会長会見（1月25日）において、「（従軍慰安婦問題について）戦争国なら、同じような制度は、どこにでもあった」「（特定秘密保護法は）国会を通ってしまったのだからカッカしても仕方がない」「（国際放送における領土

問題の扱いについて）政府が右といっているのに左というわけにはいかない」といった問題発言を連発した。これらの発言は，NHK の報道が基本的には政府（安倍政権）の立場に沿ったものであるべきだという認識に立っており，権力監視が重要な役割であるはずの報道機関のトップの発言としてはきわめて不適切であった。以降，視聴者・市民団体から会長や経営委員の罷免・解任要求の運動や，NHK 退職者を中心に会長罷免を求める署名活動などが相次いで展開されていった。籾井会長就任の背景には，政権側が会長任命権を持つ経営委員会の委員として，首相と政治的・思想的にきわめて立場が近い百田尚樹氏（作家）や長谷川三千子氏（埼玉大名誉教授）など 4 人を送り込んだ人事があった。こうした経緯は，経営人事を通じた安倍政権による NHK 支配であり，権力からの放送の自主自立を旨とする放送法の精神からの逸脱であるとして大きな社会的批判の対象となった。(2)

　籾井会長体制の NHK では，報道が政権寄りなのではないかという疑念を招くような事例が相次いだ。たとえば，2014 年 1 月 30 日のラジオ番組『ラジオあさいちばん』で出演予定であった東洋大学教授の中北徹氏が突如出演を拒否した。(3)中北氏は番組で「経済学の視点からリスクをゼロにできるのは原発を止めること」などとコメントする予定だったが，NHK 側から「東京都知事選の最中は，原発問題は絶対にやめてほしい」と求めたという。中北氏の原稿は，都知事選で特定の候補者や立場を擁護するものではなく，中北氏は「NHK 側の対応が誠実でなく，問題意識が感じられない。コメントの趣旨を変えることはできない」として約 20 年間出演してきた番組を降板した。

　また，2016 年 4 月に発生した熊本地震の報道においては，籾井会長が NHK 内の会議で「原発については，住民の不安をいたずらにかき立てないよう，公式発表をベースに伝えることを続けてほしい」と指示していたことが明らかになった。これは地震後に余震が頻発するなかで，被災地に近い原発の安全性について懸念する住民や専門家への取材に基づく情報を報道せず，あくまでも政府や行政の見解・方針を報道せよという指示である。権力の監視を重要な役割とする報道機関のトップの指示としてはあり得ないものであり，NHK の

156

報道が国民から「知る権利」を奪い，戦時中の「大本営発表」のようなものに堕しているのではないかという批判は免れない。経営人事や年度予算をめぐって国会と密接な関係をもつ現行制度を前提とする限り，NHK の報道機関としての自主自律性が維持されているかについて，外部からの批判的かつ継続的なチェックを受ける必要があると言える。

5. 公共放送の課題と将来像

(1) メディア環境の変化と視聴者の公共放送離れ

近年，公共放送は，20 世紀末から 21 世紀にかけての社会や文化の構造的変化の波に晒され，その事業環境が大きく変化するとともにさまざまな課題に直面している。そして，それらの多くは日本の公共放送 NHK のみならず，世界各国の公共放送にとって共通の課題となっている。

第 1 はメディア環境の変化である。すなわち，多チャンネル化やデジタル化，そしてインターネットの急激な普及といったメディア環境の変化，それに伴う人びとの情報行動の変化は，公共放送のあり方にも大きな影響を及ぼしている。世界の放送業界で 1980 〜 90 年代以降進んできた多チャンネル化は，地上波の存在感・影響力を相対的に低下させるとともに，チャンネル間の競争を激化させてきた。さらに，インターネットの普及やネットサービスの高度化は，人びとの視聴行動・情報行動を急激に変化させてきた。そうした結果，世界の多くの公共放送は視聴者離れに悩まされるようになっている。たとえば，英 BBC の主力チャンネルである BBC1 の視聴シェアは，1981 年には 39% であったが，20 年後の 2001 年には 26.9% に低下，そして 2016 年には 22% となっている。(4) 同様に，教養番組や教育番組を中心に編成する BBC2 のシェアも，1981 年には 12% あったが，2016 年には 5.9% と近年はひと桁台が続いている。

NHK も状況は同様である。NHK を代表する人気番組，長寿番組の視聴率は 1960 〜 80 年代をピークにその後は持続的低下を続けてきた。たとえば 1963 年に 81.4%（関東地区・世帯）という高視聴率を記録した『紅白歌合戦』の視聴

率は，2000年代以降は50%（第2部）を下回るようになり，近年は40%前後が続いている。また『連続テレビ小説』では，1983年の『おしん』が日本のテレビドラマ史上最高の52.6%（期間平均）を記録したが，近年では期間平均視聴率が20%を割り込むことも珍しくなくなっている。また，若者層のNHK離れも深刻である。日本では地上波民放の視聴率も長期低落傾向が見られたため，NHKと民放の各チャンネルは視聴率で拮抗している。しかし，NHKの視聴者層を年層別にみるとNHKの視聴者が高年層に大きく偏っている。たとえば，夜のメインニュースである『NHKニュース7』の2016年11月における個人視聴率は，全体では10.4%であるが，若年層（10〜30代）では男女ともに1〜2%に留まっている。逆に50代（男8%，女10%），60代（男16%，女18%），70歳以上（男29%，女25%）と，中高年層では高くなっている（星暁子ほか，2017）。こうした傾向は，NHKの主要番組に共通する傾向である。

　第2に，以上のようなメディア環境の変化とその結果としての視聴者離れは，公共放送の存在意義についても議論や疑問を生じさせている。公共放送を含む地上放送については，電波という有限希少な資源を利用するがゆえに，また社会的影響力が大きいがゆえに，「公共財」としての性格（＝「放送の公共性」）を持つと位置づけられてきた。日本を含む多くの諸国の放送法や放送関連法規において，放送メディアが所有規制や内容規制（総合編成，ローカリズム，政治的公平性など）の対象となっているのは，放送にこのような「公共性」があると考えられてきたからに他ならない。しかし「電波の希少性」「社会的影響力」という「放送の公共性」の2つの根拠は，多チャンネル化の進展や，インターネット上での放送類似型サービス（テレビ番組を含む動画配信サービス等）の普及，情報メディアとしてのインターネットの社会的影響力の増大等によって，形骸化・無意味化しつつある。また，放送を含むメディアの世界におけるグローバル化の進展は，近代国民国家を社会的・文化的前提として構成されていた「放送の公共性」の制度的基盤を掘り崩し始めてもいる。

　そうした結果，公共放送を支えてきたイデオロギー的基盤も揺らいでいる。公共放送は，歴史的に「国民的アイデンティティ」や，共同体への「帰属意

識」，「伝統文化への共感」などを維持・強化する機能を担ってきたが（Katz, E., 1996），そうした諸機能は「近代的国民国家（＝ネーションステート）」と「近代的市民」を前提として成り立っていた。従来の公共放送が相対的に大きな社会的存在感や影響力を保持し得たのは，公共放送が編成・放送する番組（「国民的番組」）を，多くの視聴者が同時に視聴することを通じて人びとに「共有体験」をもたらすことが可能だったからである。しかし，メディア環境の変化やグローバル化の進展は，公共放送が人びとの社会生活に必要な基本的情報を共有したり，民主的意思形成を媒介したりするうえで有効かつ不可欠な社会的制度＝装置であるという国民的コンセンサスを無効化しつつある（Tambini, D., 2004；Scannell, P. & Cardif, D., 1991）。

(2)「公共放送」から「公共メディア」へ

　2015 年 1 月，NHK は「経営計画（2015 〜 2017）」を発表，この中で「公共放送から，放送と通信の融合時代にふさわしい"公共メディア"への進化」を目指すと打ち出した。ここには，公共放送がもはや放送事業者だけでなく，インターネットをもサービスインフラ（伝送路）として活用しながら，その社会的役割・使命を遂行していくために，新たな公共的なメディア事業者として再定義・再構築する必要があるという問題意識がある。

　このような，「公共放送（Public Service Broadcaster）」から「公共メディア（Public Service Media：PSM）」へ，という命題は，日本の NHK に留まらず世界の多くの公共放送をめぐる議論の中心的なテーマとなっている（Nissen, C., 2006；米倉律，2008）。たとえば，英 BBC はすでに 2006 年の段階において，「BBC はもはや，自らをテレビやラジオの事業者と理解するべきではない」とし，BBC の番組や各種サービスを「あらゆる媒体，あらゆる機器を用いて提供することを目指すべきである」と宣言していた（BBC, 2006）。ヨーロッパを中心とする 56 か国 73 の放送事業者が加盟する EBU（欧州放送連合）が 2014 年に発表した報告書「ネットワーク社会との接続—信頼の継続的な構築と社会への利益還元」も同様の問題意識を共有している（EBU, 2014）。この報告書に

おいて EBU は，メディア環境の変化に伴う人びとの視聴行動の変化やグローバル化や新自由主義の台頭に伴う経済－経営環境の変化などを踏まえながら，「視聴者をさらに理解すべきである」「多様化した視聴者が PSM により一層関与するように対応すべきである」「若者に対して存在意義を高めるべきである」といった 10 の提言を出している。この報告書において注目されるのは，ヨーロッパ諸国におけるさまざまな社会変動・文化的変動の中でも最も大きな変化をネットワーク社会の台頭と捉え，その結果として政治制度，社会構造の断片化，弱体化が進行しているという視点である。そして，EBU によれば PSM は，そうした変化の中でも共通の価値や認識を媒介し，社会的紐帯や文化的アイデンティティを維持・回復する能力を持つ数少ないシステムであるとされる。先に見た NHK の「経営計画」にも同様の認識が見られる。NHK は「国際化や社会のつながりの希薄化が進む時代だからこそ……NHK が『情報の社会的基盤』の役割を果たしていくことが，ますます重要になっていく」と自らの役割を規定する。

　このようにして，新たなメディア環境において，公共放送がインターネットをもインフラとして利用しながら，今後も自らの存在感や影響力を保持しながら社会的な役割・機能を果たし続けていくことは可能なのだろうか。可能だとしてその条件は何だろうか。現在欧米を中心に展開されている「公共メディア」をめぐる諸議論の中では，必ずしもそれらの点が明確になっているとは言い難い。しかし，従来の公共放送の組織や制度，財源，そして「放送番組」を中心とするサービスのあり方を，そのままの形でインターネット環境，モバイルメディア環境の中に移行させるわけにはいかないことは明らかであろう（フヤネン，T., 2015）。公共放送を，双方向性や参加性，脱中心性を特徴とする新しいメディア環境の中でどのように構想し，再定義・再構築していくのか。それは放送業界に留まらず，より開かれた形で広く社会的に議論されるべき問いである。

注

　(1) 新聞通信調査会「第 9 回メディアに関する全国世論調査（2016 年）」

http://www.chosakai.gr.jp/notification/index.html（2017 年 6 月アクセス）
(2) 籾井会長は 2017 年に退任，後任には元三菱商事副社長の上田良一氏が就任し
　　た。上田新会長は就任会見で「公共放送の自主・自立」を強調するなど前体制
　　からの軌道修正を示唆した。
(3)『東京新聞』2014 年 1 月 30 日朝刊「NHK，脱原発論に難色『都知事選中はや
　　めて』」
(4) 英 BARB（Broadcasters Audience Research Board）の資料（Annual % Shares
　　of Viewing–individuals 1981-2016）による。
　　http://www.barb.co.uk/trendspotting/data/annual-share-of-viewing/（2017 年 6
　　月アクセス）
(5) ビデオリサーチ「視聴率データ 過去の視聴率データ」
　　http://www.videor.co.jp/data/ratedata/b_index.htm（2017 年 6 月アクセス）

引用文献

BBC, *Creative Future -BBC addresses creative challenges of on-demand*, http://
　　www.bbc.co.uk/pressoffice/pressreleases/stories/2006/04_april/25/creative.
　　shtm, 2006.
EBU, Vision 2020: Connecting to a Neworked Society,
　　http://ebu-vision2020.tumblr.com/ , 2014.
星暁子・林田将来・有江幸司（2017）「テレビ・ラジオ視聴の現況〜 2016 年 11 月
　　全国個人視聴率調査から〜」『放送研究と調査』2017 年 3 月，NHK 放送文化研
　　究所.
フヤネン，T.,「デジタル化と今後の公共放送」大石裕ほか編著『メディアの公共
　　性 転換期における公共放送』慶應義塾大学出版会，2016.
Katz, E. And Deliver Us from Segmentation, *ANNALS*, AAPSS, 546, July 1996.
クラウス，E.（村松岐夫監訳）『NHK vs 日本政治』東洋経済新報社，2006.（Krauss,
　　E., *Broadcasting Politics in Japan NHK and Television News*, Cornell Univ
　　Press, 2000.）.
マクウェル，D.,（大石裕監訳）『マス・コミュニケーション研究』慶應義塾大学出
　　版会，2010.
　　（MacQuail, D., *McQuail's Mass Communication Theory, fifth edition*, Sage,
　　2005）.
松田浩『NHK 新版—危機に立つ公共放送』岩波書店，2014.
蓑葉信弘『BBC イギリス放送協会—パブリック・サービス放送の伝統』東信堂，
　　2002.
NHK 放送文化研究所編『NHK データブック 世界の放送 2017』NHK 出版，2017.

日本放送協会編『20 世紀放送史』NHK 出版，2001.

NHK 編『NHK 年鑑 2016』NHK 出版，2016.

Nissen, C., Public Service Media in the Information Society. Report prepared for the Council of Europe's Group of Specialists on Public Service Broadcasting in the Information Society MCS-PSB, Strasbourg, Germany: Council of Europe, 2006.

奥田良胤「公共放送の役割」島崎哲彦・池田正之・米倉律編『放送論』学文社，2009.

太田省一『紅白歌合戦と日本人』筑摩書房，2013.

Tambini, D.,The Passing of paternalism: public service television and increasing channel choice, D.Tambini & J.Cowling（eds.）, *from Public Service Broadcasting to Public Service Communica tions*, ippr, 2004.

佐藤卓己『テレビ的教養――一億総博知化への系譜』NTT 出版，2008.

Scannell, P. & Cardif, D., *A Social History of British Broadcasting, Volume One 1922-1939: Serving the Nation,* Cambridge, UK: BFI, 1991.

柴山哲也「BBC 戦争報道の苦悩」原麻里子・柴山哲也編『公共放送 BBC の研究』ミネルヴァ書房，2011.

戸邉秀明「NHK『連続テレビ小説』が創り出す歴史意識――『国民的ドラマ』という装置への批判的覚書」『歴史評論』2013 年 1 月号.

鶴見俊介『戦後日本の大衆文化史』岩波書店，1984.

米倉律「展開する『公共放送』像―欧米における『公共サービスメディア』論の動向を中心に」『放送メディア研究』第 5 号，2008.

第Ⅸ章　地域メディアとしての放送

1. 地上波ローカル局の社会的機能

　地域メディアとは「一定の地域社会をカバレッジとするコミュニケーション・メディア」(竹内郁郎, 1989) である。メディアの到達地域を意味するカバレッジの広さとコミュニケーション・メディアの種類を考慮すると, 地域メディアはかなり多様なものとなる。まず, カバレッジの広さについては, 自治会, 町内会単位のようにごく狭い区域から, 市町村単位, 県域全体までその範囲は広狭さまざまである。そして, その範囲をテリトリーとするコミュニケーション・メディアが地域メディアとなる。たとえば, 自治会報は自治会単位の, 自治体広報紙やタウン誌は市町村単位の, 地方紙やテレビのローカル局は県域単位のコミュニケーション・メディアであり, 地域メディアである (竹内, 1989)。

　コミュニケーション・メディアにおける地域メディアの位置づけは表Ⅸ-1のように考えることができる。田村紀雄は, コミュニケーションはパーソナル・コミュニケーション, 中間範域のコミュニケーション, マス・コミュニケーションの3つで構成されると示唆した。この中で地域メディアは, 地域の機関や小企業であり, 特定の人びとをメッセージの受け手とするチャンネルのひとつとして位置づけられる。その地域メディアのカバレッジは, マス・コミュニケーションとして機能しているものより小さな社会的空間であり, その社会的空間は, 隣睦集団, 近隣社会または居住区, コミュニティ, 都市などに区分できる (田村紀雄, 1989)。そのため, 地域メディアは, マス・コミュニケーションの送り手であるマス・メディアに比べて多様であり, 具体的には, 活字メディアの地方紙, 自治体広報紙, タウン誌, ミニコミ, 自治会報, 映像・音声

表Ⅸ-1　コミュニケーションの構成

	送り手	チャンネル	受け手	例示
パーソナル・コミュニケーション	個人	主として直接	個人または小グループ	会話, 電話, サークル活動, 手紙, メール
中間範域のコミュニケーション	地域機関や小企業	地域メディア組織メディア	特定の人びと	ミニコミ, CATV, 団体機関紙, ひろば, メールマガジン, メーリングリスト
マス・コミュニケーション	マス・メディア産業	大日刊紙, 在来型 TV	不特定多数	マスコミのほとんど

出所) 田村紀雄 (1989) より, 筆者加筆

メディアのテレビのローカル局, CATV, さらに, 音声メディアのラジオのローカル局, コミュニティ (FM) 放送などがあげられる。

　地域メディアの社会的レベルでの機能, すなわち社会的機能を検討するにあたって, まず, コミュニケーションの社会的機能について整理する。ラスウェル (Lasswell, H. D.) は, コミュニケーションの社会的機能として, ① 環境の監視, ② 環境に反応する場合の社会の構成要素間の相互作用, ③ 社会的遺産の伝達の3点を指摘している (ラスウェル, H. D., 1949=1954)。① 環境の監視とは, 社会や社会の構成員に関する出来事や問題を監視するというジャーナリズム, あるいはニュースの伝達の機能である。② 環境に反応する場合の社会の構成要素間の相互作用は, 対環境行動をとる際の調整の機能であり, 社会の構成員や下位組織が環境について相互作用する討論の機能である。③ 社会的遺産の伝達は, 文化, 価値, 規範などの社会的遺産を世代間あるいは集団間で伝達する機能で, 文化伝達の機能, あるいは教育機関である (清原慶子, 1989)。

　次に, マス・メディアの送り手が考えるメディアの機能について, マクウェール (McQuail, D.) は次のようにまとめている (マクウェール, D., 1983=1985)。

Ⅰ　情報の提供

　(1) 一般の関心を呼びやすい事柄と, それが受け手に対してもつ関連性についての情報を収集する。

164

(2) そのような情報を選択，処理，伝達する。

(3) 一般の人びとを教育する。

Ⅱ　解　釈

(1) 論説を提供する。

(2)「背景」についての情報や解説を与える。

(3) 権力保持者に対する批判者ないし監視者として行動する。

(4) 世論を表明したり反映する。

(5) さまざまな見解を表明するための演壇ないし公開討論の場を提供する。

Ⅲ　文化の表現と連続性

(1) 国家，地方，地域のレベルで支配的な文化と価値を表現し，反映する。

(2) 社会の内部で特定の下位集団がもっている文化や価値を公にする。

Ⅳ　娯　楽

(1) 娯楽や気晴らしなどによって受け手を楽しませる。

Ⅴ　動　員

(1) 依頼主である「主唱者」のために広告や宣伝を行なう。

(2) ある主義主張のために積極的なキャンペーンを行なう。

(3) 受け手のメディア利用を増大させ，かつ組織化する。

コミュニケーションの社会的機能と送り手が考えるメディアの機能は，中間範域のコミュニケーション，すなわち地域メディアの社会的機能にもあてはめることができる。マクウェールはマス・メディアの機能としてⅠ. 情報の提供，Ⅱ. 解釈，Ⅲ. 文化の表現と連続性，Ⅳ. 娯楽，Ⅴ. 動員の5点を指摘したが，メッセージの送り手と受け手の規模は違うものの，これらは地上波ローカル局においても機能する。ここでマス・メディアである在京キー局と地上波ローカル局を比較してみる。まず，Ⅰ. 情報の違いがある。在京キー局に期待される情報は，一般の人びとの関心を呼び，広域にわたる情報である。他方，地域メディアに期待される情報は，特定の地域社会に限定した地域関連情報である。地域関連情報とは，居住する地域社会内部に発生した重要な出来事を監視

し，地域住民に提供するだけでなく，全体社会あるいは他の地域社会について
の情報を自分たちの地域社会の立場から捉えなおし，外とのつながりをもった
ものも含まれる（竹内，1989）。次に，Ⅱ．解釈の（3）権力保持者に対する批判
者ないし監視者として行動することの難しさがある。地域メディアは地元の政
治家，企業などと密接に関わっており，地元の権力者と地域メディアは対峙す
る関係，あるいは批判的に監視する関係にはなりにくい状況がある。これはラ
スウェルの指摘する①環境の監視にもあてはまる。地域社会や住民に関する
諸問題を監視する環境の監視機能は，地域メディアの活動の場である地域社会
の政治的，社会的，文化的諸条件に規定されるといえる（竹内，1989）。

　地上波ローカル局の社会的機能は，地域関連情報の提供，解釈，地域の文化
の表現と伝達，娯楽，動員であり，地域のジャーナリズムとしての役割も担う
ものである。地域メディアに期待されるもうひとつの機能は，地域社会がまと
まりをもった社会的単位として存続・発展していくことへの寄与，すなわちコ
ミュニティ形成の機能である（竹内，1989）。地上波ローカル局のカバレッジは
県域全体であり，地域メディアにおいてカバーする社会的単位としては大きい。
ローカル局で制作する番組やニュースで取り上げられるのは県庁所在地発のも
のが多く，県に対する愛着や誇りを育てることは可能であっても，各コミュニ
ティに関連する情報を提供して，その形成に寄与することは難しい。

2．地上波ローカル局の現況

　日本の地上波テレビ放送は，公共放送である特殊法人日本放送協会（NHK）
と，基幹放送事業者である民間放送（民放）に大別される。NHK は全国単一の
組織体であり，放送局は全国に 54 局ある。NHK は放送法第 15 条によって「協
会は，公共の福祉のために，あまねく日本全国において受信できるように豊か
で，かつ，良い放送番組による国内基幹放送を行うとともに，放送及びその受
信の進歩発達に必要な業務を行い，あわせて国際放送及び協会国際衛星放送を
行うことを目的とする」ことが規定されており，全国に放送を享受せしめる義

務を負っている。

他方，民間放送には地上波全国放送を行う単一の組織体はない。これは表現の自由や言論の多様性を担保するために，放送法（第91条等）によって「マス・メディア集中排除原則」が規定されていることによる。この原則によって，「イ．基幹放送事業者，ロ．イに掲げる者に対して支配関係を有する者，ハ．イ又はロに掲げる者がある者に対して支配関係を有する場合におけるその者」（放送法第93条）は当該業務を行うことができないことから，民放の全国放送のシステムはネットワークによって成り立っている。民放では在京5局をキー局としたネットワークを形成しており，ローカル局の多くはこれらのネットワークに加入している。ひとつのローカル局がいずれかのキー局の系列局になることが多いが，ローカル局が少ない地域では少数ではあるが複数の番組ネットワークに加入するクロスネット局も存在する。ネットワークに加入していない局は独立局と呼ばれ，テレビ神奈川，千葉テレビ，東京メトロポリタンテレビなど，関東広域圏，中京広域圏，近畿広域圏内のUHF局13局である。

在京キー局とその系列下のローカル局で成るネットワークは，2つの機能をもつ。ひとつは番組供給の機能である。ローカル局が系列のキー局から番組を購入し放送することで在京キー局の番組は全国で放送され，それによって全国放送が成り立っている（第Ⅲ章参照）。もうひとつはニュースの全国的取材体制の機能である。ローカル局は地域のニュースを収集することで，全国の取材体制を維持するニュースネットワークの機能を果たしている。在京キー局はローカル局のニュースを集約して報道ニュース番組を編成しているのである。

各ローカル局では自社で地域ニュースや番組を制作して放送しているが，放送される番組の多くは在京キー局が供給した番組である。民放局127社（2013年4月現在）のうち，全放送時間に占める自社制作番組の比率が1割未満の局は全体の半数以上（70社）を占め，このうち7％未満の局は33社を数える。さらに全放送時間に占める自社制作番組の比率が1〜3割未満の45社を加えると，民放局全体の約9割となり，自社番組制作率がいかに低いかを窺い知ることができる（電通総研，2014）。自社制作番組放送以外の時間には，ネットワーク系

列のキー局から配信された番組や，購入した番組を放送していることになる。ローカル局はその番組を送出することによって，キー局からの電波料やネットワーク料が収益となるため，高い費用を投じて番組を制作し自社番組制作率を上げるより，キー局からの番組や購入した番組を放送するほうがはるかに安価に済む。稲田植輝は，電波料・間接経費・その他の比率について，キー局において電波料は80％を超え，ローカル局では90％を超えていることから，ローカル局の電波料の比率がきわめて高いことを指摘している（稲田，1998）。このような背景には，ローカル局には番組を制作する費用や人材が不足しているという事情もある。

3.　地上波ローカル局の行方

　このようにローカル局は在京キー局の系列局となることで，番組供給を受けるだけでなく，ネットワーク料という収入を得て経営を行ってきた。これは在京キー局の経営が安定していることで保障されるものである。在京キー局の営業収益は番組スポンサー（広告主）による広告収入によるところが大きい。地上波民放のネットワークは全国放送システムを保持する音声・映像メディアであり，広告主にとってこのシステムを利用した全国広告の効果は大きかった。しかし，衛星（BS，CS）放送の普及や，地上波のデジタル化，インターネットによる番組配信などによって放送の多様化が進み，全国放送システムは地上波民放のネットワークが唯一のものではなくなった。衛星放送やインターネットの普及は全国広告の手段の多様化を意味しており，広告主は必ずしもこれまでのように民放の全国放送システムに頼らなくても，全国へ広告が出稿できるようになった。スポンサーの広告費が衛星放送やインターネットへも分散されるようになると，当然キー局の広告収入は減少し，それはローカル局へのネットワーク料の減少を意味する。

　さらに，地上波テレビ局はこれまでのアナログ方式からデジタル方式へ転換をするにあたり，局内の機材から送受信施設の建て替えまで，その設備投資が

必要とされた。民放各社のデジタル投資額は合計で 1 兆 440 億円, 東阪名広域局を除くローカル局 (112 社) 平均投資額は 1 局当たり約 50 億円となっている (日本民間放送連盟, 2007)。ローカル局の平均的売上高は 50 億円程度, 経常利益は 3 〜 4 億円程度であることから, デジタル化への設備投資はローカル局の経営を圧迫するものとなった (鈴木健二, 2004)。

　ローカル局はデジタル化への投資に加え, 衛星放送やインターネットの普及に伴う広告のパイをめぐる争奪戦の激化から, 経営の基盤となるネットワーク料や広告収入においても厳しい状況に立たされている。このようなローカル局の現状を受けて, 2007 年 12 月に改正放送法が成立し,「マス・メディア集中排除原則」が大幅に緩和された。規制緩和により, キー局を核とし, ローカル局などが傘下に入る「認定放送持株会社制度」への移行が可能となり, これによってキー局はローカル局を子会社化することが可能になった。そもそも全国放送システムによって全国津々浦々に画一的な中央の番組が放送されることで, 地域固有の文化や地域性が希薄化したといわれているが, ローカル局がキー局の支配下におかれることでますますその傾向が強くなる可能性がある。さらに, ローカル局同士が合併したり, 第三者が複数のローカル局を保有したりすることになると, 経営の合理化の下, 現在ローカル局で制作されている地域独自の番組の放送が維持されなくなることも考えられる。ローカル局はコンテンツの面でも経営の面でも厳しい状況に立たされている。

4. CATV の歴史と社会的機能

　空中波の電波は直進しかしないので, 山かげだととらえられない。そこで, ひとつの町や村が共同で山頂などにマスターアンテナを立て, 空中波をとらえ, 有線で各戸に映像を伝送したことから, 難視聴を解消することを目的とした CATV が出現した。このシステムを当初は, Community Antenna Television, 略して CATV と称した。それが都市型 CATV の台頭で, Cable Television といわれるようになった (山本武利, 1989)。

　日本における CATV の先駆けは，1954 年頃から南紀白浜，有馬，伊豆長岡など著名温泉地に設置された共同受信施設である。1953 年のテレビ放送開始当初，テレビはまだ普及しておらず，人びとが容易に視聴できるものではなかった。そこで温泉旅館が集客を目的に，配線を受ける旅館だけが費用を出し合って共同受信施設を設置したのが最初である。CATV の第 1 号は，1955 年 4 月，群馬県伊香保温泉において NHK が実験的に行ったのが最初だといわれている。

　その後も NHK は放送法に規定された電波の全国普及という目的にしたがって，辺地難視聴解消を目的とする共聴施設として CATV の設置を助成した。当時の CATV は，地形上の難視聴を共同受信アンテナで解消する同時再送信を目的とする共同視聴施設であった。これを難視聴型 CATV と呼ぶ。1960 年代後半には都市部においても高層ビルや新幹線などによる電波の受信障害が発生し，東京新宿地区を皮切りに，全国主要都市で難視聴解消のための CATV が誕生することとなった。

　難視聴型 CATV は，地上テレビが視聴できない辺地における同時再送信を行うことで，テレビ放送の補完的メディアの役割を果たした。また，当時急速に広まっていったテレビ普及を促進する役割も担っていた（川島安博，2008）。コミュニケーション過程における CATV の機能は，再送信によって人びとのテレビ視聴が実現するため，マス・コミュニケーションが提供する疑似環境の確保，あるいは疑似環境の拡大（島崎哲彦，1997）であり，現在の CATV もその機能を果たしている。

　CATV がテレビの補完的メディアから独自のメディアとしてその地位を確立してきたのは，自主放送を開始してからである。自主放送とは，テレビの同時再送信以外の番組放送を指し，自社で制作する番組（自主制作番組）を含む。テレビの同時再送信に加え，独自の自主放送を行う CATV をモア・チャンネル型 CATV と呼んでいる。

　自主制作番組を始めた最初の CATV は，1963 年に設置された岐阜県郡上八幡テレビ共同視聴施設であった。郡上八幡テレビは，地域住民の生活と結びつ

き，地域の産業振興や文化向上，地域の社会教育活動を進めていくうえで地域テレビは有効である，という考えのもと設置され，官公署や組合・団体からのお知らせやローカルニュース，娯楽番組，郷土史や趣味教養番組などを制作，放送した（川島，2008）。郡上八幡テレビの設置目的は，地域メディアの機能，すなわち，地域関連情報の提供，解釈，地域の文化の表現と伝達，娯楽，動員を担うものであり，郡上八幡テレビは地域メディアの役割を果たすものであったといえる。

　自主放送，特に自主制作番組（自主制作番組を放送するチャンネルのことをコミュニティ・チャンネルと呼ぶ）の開始によって，CATV は地域メディアとして注目されるようになった。モア・チャンネル型 CATV の社会的機能は，地域関連情報の提供と，地域関連情報によって地域性を基盤とした共同性の醸成を促すというコミュニティ形成に寄与する機能である（清原，1989）。このように，モア・チャンネル型 CATV は地域の情報や住民の身近な情報を提供し，それを住民が視聴することで，住民相互のコミュニケーションの活性化が期待されることから，地域コミュニティ型 CATV とも呼ばれている（島崎，1997）。

　1980 年代末になると，都市型 CATV が登場する。都市型 CATV は，① 加入端子数 10,000 以上，② 自主放送 5 チャンネル以上，③ 中継増幅器に双方向機能を有するものという 3 つの要件を満たす CATV のことである。最初の都市型 CATV は 1987 年に開局した東京都青梅市の多摩ケーブルネットワーク（株）である。その後，都市型 CATV は次々と都市部に開局し，地方のモア・チャンネル型 CATV も都市型 CATV へと発展していくことになる（島崎，1997）。都市型 CATV は再送信に加え，放送衛星，通信衛星を取り込んだニュース，映画など専門チャンネルから成る多くのチャンネルの視聴が可能で，多チャンネルと専門チャンネルが特徴である。さらに，この頃から双方向の機能を活用した実験的なサービスも始まった。

　都市型 CATV は多チャンネル，専門チャンネルを特徴とするゆえに，映画を見たい人は映画専門チャンネル，ニュースを知りたい人はニュース専門チャンネルというように，加入者の志向するチャンネルが 24 時間視聴できる。多

チャンネルの中には自主制作番組を放送するコミュニティ・チャンネルも含まれるが，都市型CATVは都市部をサービスエリアとするため，地域の独自性に乏しく，加えて加入者の地域情報に対する要求が希薄であることなどから，自主制作番組への取り組みに消極的なCATV事業者もあり，都市型CATVの一部では，地域関連情報の提供の機能とコミュニティ形成に寄与する機能はあまり重視されなくなった。

　CATVは，①1市町村に1局という営業地域規制，②地域内の出資者が資本金の過半をもつという資本規制，③電話等の通信事業の兼営規制という郵政省の行政指導による規制の下，開局してきた（美ノ谷和成，1998）。しかし，1993年以降の規制緩和は，CATV事業を大きく転換することとなる。これまでCATVは放送メディアとして発展してきた。都市型CATVでは双方向機能を利用したサービスも登場したが，それはCATVの放送メディアとしての役割を揺るがすものではなかった。しかし規制緩和によってCATVは通信事業へと本格的に参入することとなり，CATV回線を利用したインターネットサービス，すなわちケーブル・インターネット事業やCATV電話（IP電話）事業をスタートした。初めてケーブル・インターネット事業を開始したのは，1996年，武蔵野三鷹ケーブルテレビ（株）である。その後，インターネット接続サービスを行うCATV事業者は増加し，社屋などでパソコン教室を開催したり，CATV加入後のインターネット接続に関するアフターケアを充実させたりするなどして，インターネットによるCATVへの加入促進を図ってきた。1997年には，（株）タイタス・コミュニケーションズ（柏市）と杉並ケーブルテレビ（株）でCATV電話のサービスが始まり，CATVの通信事業への参入が本格化した。この頃から，社会的にもCATVは放送と通信を事業内容とするメディアとして認識されるようになった。

　1990年代末になると，CATVは放送のデジタル化の影響を大きく受けることとなる。1998年にはデジタルケーブルテレビである鹿児島有線テレビジョン（株）が開局し，CATVでもデジタル化に本格的に取り組むようになった。デジタル化はCATVに多チャンネル化とHDTV（High Definition Television：

高精細度テレビジョン）化，通信インフラ化といった高度化をもたらした。このことはCATV事業者間での広域連携を容易にし，新たな事業運営の展開を可能にした（川島，2008）。CATVの放送（映像配信サービス），インターネット接続サービス，電話サービスの3つの事業はトリプルプレイと呼ばれ，このような事業展開をするCATVを都市型CATVと区別して，フルサービス型CATVと呼ぶ。CATVの放送サービスに期待される機能に加えて，通信インフラとしての機能が付加されることでCATVのサービスは多様化し，それに伴い加入者のCATV利用は一元的なものではなくなった。CATV事業者によっては，テレビに加入しないで，インターネットのみの加入もできる。これはCATVから放送の機能を切り離すこととなる。すなわち，CATVの地域関連情報の提供やコミュニティ形成の機能はテレビに期待される機能である。テレビに加入しないCATV利用者が増えることは，CATVの果たす機能が画一的なものでなく，利用形態に応じて多様化することを意味する。

　「2010年代のケーブルテレビのあり方に関する研究会」による報告書（総務省情報通信政策局，2007）の中で，CATVのメディア特性について次のようにまとめている。CATVは，① インフラからコンテンツまで提供する総合情報通信メディア，② 大容量と双方向の情報伝送を可能とするネットワーク，③ 地域のニーズに基づき発生してきた地域性を有するメディア，④「公共的役割」を果たしうるメディアである。④ の「公共的役割」とは，地方公共団体と連携して電子自治体や，行政の防災情報などの提供，地域を起点にした多様なメディアサービスの提供，コミュニティを形成する際の場所や意見交換手段の提供などである。

　難視聴解消のための放送メディアとして登場したCATVは，現在では地域社会を基盤とする総合情報通信メディアとして，ユビキタスネット社会を担うICT（Information and Communication Technology）としての活用を期待されており，移動通信サービス，図書館や学校など施設間のネットワークサービス，在宅医療支援，検針サービスなどさまざまな事業を展開している。

表Ⅸ-2　CATVの歴史的展開

CATVの歴史	サービスの推移	政策的意義
1953年　テレビ放送開始	誕生	難視聴解消
1955　群馬県伊香保で初のケーブルテレビ誕生	自主放送	
1963　岐阜県郡上八幡テレビ共同視聴施設で初の自主放送開始	大規模化	高度情報化
1972　有線テレビジョン放送法制定	多チャンネル	景気対策
1984　衛星放送 (BS) 開始	フルサービス化	
1986　電気通信事業との兼業 (LCV)	デジタル化	放送デジタル化
1987　都市型ケーブルテレビ開局 (多摩ケーブルネットワーク (株))	ユビキタス化 (無線の活用)	ブロードバンド整備
1989　JC-SAT打ち上げ, スペース・ケーブルネット開始	地デジへの移行にかかる対応	①社会課題解決
1990　民間衛星放送 (JSB) 開始	更なる高度化	②ユビキタスネット社会実現
1992　CS委託放送事業開始		③国際貢献・競争力強化
1993　CATV事業の地元事業者要件の発止とサービス区域制限の緩和		
1995　MSO事業者の登場		
1996　CSデジタル放送開始, ケーブルインターネット開始 (武蔵野三鷹ケーブルテレビ (株))		
1997　CATV電話開始 ((株) タイタス・コミュニケーションズ (柏市). 杉並ケーブルテレビ (株))		
1998　初のデジタルケーブルテレビ (鹿児島有線テレビジョン (株))		
2000　BSデジタル放送開始		
2001　電気通信役務利用放送法制定		
2002　110度CS放送開始		
2003　IPマルチキャスト放送開始 (BBケーブル (株)), 地上デジタル放送開始		
2005　ケーブルテレビ開始50周年		
2006　初のモバイルサービス開始 (J:COM グループ)		
2007　初の地上波放送のIP同時再送信開始 ((株) アイキャスト)		
2011　地上アナログ放送 (東北3県を除く)・BSアナログ放送終了		
2012　東北3県でアナログ放送終了		
2014　4K試験放送開始		
2015　デジアナ変換サービスの終了		
2015　4K実用放送開始		

出所) 総務省 (2007), 総務省 (2017c).

5. CATV の現状

CATV は，その規模別，業務内容別に「有線テレビジョン放送法」と「有線電気通信法」に規制され，この法律では CATV は「許可施設」「届出施設」「小規模施設」の 3 つに分類されてきた。しかし，「放送法等の一部を改正する法律」の施行（2011 年 6 月 30 日）によって，これまで放送メディアに関わってきた「有線テレビジョン放送法」「有線ラジオ放送法」「有線ラジオ放送業務の運用の規正に関する法律」「電気通信役務利用放送法」は廃止され，「放送法」と統合された。これにともない，辺地共聴施設等の小規模な共聴施設により行われる地上テレビジョン放送等の再放送は，「小規模施設特定有線一般放送」へ規定され，その業務に関する事務・権限は 2016 年 4 月 1 日から国（総務大臣）から都道府県（知事）へ移譲されることとなった。「小規模施設特定有線一般放送」とは，① 総務省令で定める規模（500 端子，ただし 50 端子以下は放送法の適用外）以下の有線放送施設，② 基幹放送の同時再放送（区域内）のみ，③ 無料放送，④ 施設の設置場所および業務区域が一の都道府県の区域内というすべての要件を満たす有線一般放送と規定されている（総務省，2017a）。

また，「義務再放送制度」によって，受信障害区域がある場合，指定区域内における指定再放送事業者（市町村等の全部又は大部分を業務区域とする登録一般放送事業者であって有線電気通信設備を用いてテレビジョン放送を行う者）は，その受信障害区域における地上デジタル放送の再放送が義務づけられた（総務省，2017b）。

本章における CATV の現状については，総務省のデータを基とすることから，総務省にならい，調査時点が 2011 年 6 月 29 日以前のものは，廃止前の各旧法に基づき集計したものとなる。

2015 年度末における，自主放送を行うための有線電気通信設備は 815 設備（613 事業者），再放送のみを行うための有線電気通信設備は 53,170 設備（39,395 事業者）である。自主放送を行う CATV 事業者と施設数は近年減少傾向にあるが，その加入世帯は図IX-1 に示すとおり年々増加しており，2016 年 9 月現

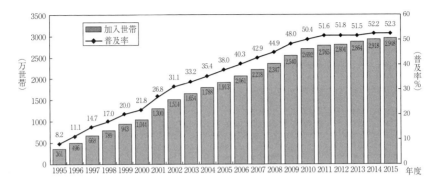

図Ⅸ-1　CATV（自主放送を行う許可施設）の加入世帯数・普及率の推移

出所）総務省（2012）「ケーブルテレビの現状」，総務省（2007）「ケーブルテレビを取り巻く現状」および，総務省情報通信政策局地域放送課（2006）「ケーブルテレビの現状について」総務省（2017c）「ケーブルテレビの現状」のデータより筆者作成

在，自主放送を行う CATV の加入世帯数は約 2,959 万世帯，世帯普及率は約52.0％となり，過半数を占める（総務省，2017c）。

　2016 年 3 月現在，自主放送を行う CATV 事業者数は 510 で，運営主体別にみると，「営利法人」が 74（14.5％），「第 3 セクター」が 222（43.5％），「地方公共団体」が 188（36.9％），「公益法人」が 3（0.6％），「その他」が 23（4.5％）となり，「営利法人」や「第 3 セクター」という株式会社等による運営が約 6割を占める。また，運営主体別の加入者の割合は，「第 3 セクター」が 59.8％，「営利法人」が 37.1％，「地方公共団体」が 2.6％，「公益法人」が 0.4％，「その他」が 0.2％となり，約 97％は「営利法人」と「第 3 セクター」など株式会社等に加入している（総務省，2017c）。実際は，加入件数全体の 71％を 10 社で占有し，また，MSO（Multiple System Operator）の 4 グループで加入者の 53％を占めている（総務省放送を巡る諸課題に関する検討会，2016a）ことから，少数の MSO による CATV 事業の寡占化が進行しているといえる。

　MSO とは複数の地域の CATV 放送施設を所有・運営する統括運営会社のことで，経営管理機能を有するほか，設備や番組の一括調達を行うなど，効率的な経営を行うことを目的とするものである。1993 年の地元事業者要件の廃止

と業務区域制限の緩和が，外資や商社などを CATV 事業に参入させる背景となった。主な MSO は，北海道，関東，近畿，九州で事業展開する（株）ジュピターテレコム（J:COM）（属する運営会社 28 社，75 局），愛知県，岐阜県で事業展開する（株）コミュニティネットワークセンター（CNCI）（属する運営会社 11 社），千葉県，神奈川県，長野県，静岡県，岡山県で事業展開する（株）TOKAI ケーブルネットワーク（属する運営会社 6 社），三重県，新潟県で事業展開する（株）CCJ（コミュニティケーブルジャパン）（属する運営会社 4 社）である。

　規制が緩和される以前は 1 市町村に 1 局という営業地域規制があったため，CATV は地域の独自性や文化，地域住民のニーズに応じた地域関連情報を提供するコミュニケーション・メディアであった。しかし，コミュニティ・チャンネルを重視しない MSO もあり，そのような MSO の台頭は CATV の地域性を希薄化させ，情報通信メディアへと発展していく傾向がみられる。今後，コミュニティ・チャンネルの視座から，従来通り地域のコミュニケーション・メディアとして地域に根ざした事業展開をする CATV と，他方で，番組供給や通信事業を主要業務として展開する情報通信メディアとしての CATV という，CATV の 2 極化が進行していくであろう。

6. CATV とデジタル化

　CATV 事業者にとって地上波のデジタル化は CATV 加入者獲得のビジネスチャンスとなることから，CATV のデジタル多チャンネル化やフルデジタル化を推進している。それには，事業者単位で対応するケースと，近隣の CATV 事業者や資本系列による連携を強化して共同事業化するケースがみられる。

　まず CATV の広域連携には，隣接地域の事業者間でネットワークを整備し連携するものと，県の整備する広域ネットワークを利用した連携がある。隣接地域の事業者間での広域連携の事例として，三重県や富山県があげられる。三重県では県内 9 事業者が CATV 網を相互接続することによって高速大容量の

ネットワークを整備し，デジタルヘッドエンド（番組の信号を幹線ケーブルに
送出する装置の総称）の共用やインターネットサービスを実施している（総務省，
2007）。

　このほかにも CATV 事業者間の連携として，デジタルヘッドエンドの共用・
共同事業や，番組や機材等の共同購入，広告・イベント開催等の共同事業の実
施があげられる。たとえば，（株）東京デジタルネットワーク（TDN）では，北
海道から鹿児島までの 13 事業者が，デジタルヘッドエンドの共用，ローカル
コンテンツの相互活用，放送機器・番組の共同購入などを実施することで，コ
ストの削減や事業連携を図っている（東京デジタルネットワーク，2017）。

　地上波のデジタル化は CATV のインフラのみならず，地域の放送メディア
へも大きな影響を与えている。コンテンツがデジタル化することで，視聴者は
個人のライフスタイルに応じた視聴形態や視聴端末を選択できるようになっ
た。在京キー局によるインターネットを用いた番組配信は，地上波ローカル局
や CATV を経由することなく番組の視聴を可能とした。そのため，地上波ロー
カル局や CATV の放送サービスは，これまで以上に地域との連携を深めるこ
とで全国放送との差別化をはからざるを得ない。しかし，地域メディアが提供
するコンテンツやビジネスモデルは従来と大きく変わらない。地上波ローカル
局が提供する地域関連情報は，文字情報のデータ放送も含めまだ県域（ブロー
ドキャスト）の一元的な情報が多く，自社制作番組率の低さはすでに述べたと
おりである。CATV では他地域の CATV 局と番組を相互交換したり，2012
年 10 月から始まった「全国コンテンツ流通システム」（AJC-CMS：All Japan
Cable-Contents Management System）を用いて CATV の地域コンテンツの全国
的な制作・流通の促進を図っているが，これは地域のナローキャスト性につな
がるものではない。地上波ローカル局と CATV は，それぞれがブロードキャ
スト性とナローキャスト性をもつ地域メディアとして棲み分けていくのか，そ
れとも，ブロードキャスト化ないしはナローキャスト化していくのか，地域メ
ディアとしての在り方が問われる。

7. ナローキャストな CATV

CATV はモア・チャンネル型 CATV の時代から，地域関連情報を提供する地域メディアとして期待されてきた。地域関連情報を提供するだけでなく，地域関連情報によって，住民相互のコミュニケーションを活発化し，さらに地域文化を育成するという期待も含まれていた (船津衛，1999)。

しかし，CATV は歴史的展開の中で，難視聴型 CATV からフルサービス型 CATV へと発展することで情報通信メディアへと発展してきた。CATV が提供するサービスの増加に伴い，加入者の CATV の用途も広がっている。加えて，地元に活動の基盤をもたない MSO が広域的に展開してきており，CATV の地域メディアとしての存在意義が揺らいでいるようにも考えられる。

そこで，CATV 事業者は地域関連情報の提供に対してどのように考えているのだろうか。CATV 事業者を対象に 2013 年 12 月に実施した調査[1]の結果によると，CATV 事業者が考える CATV が地域社会へ果たす役割は，「地域情報の提供」が 97.2％で最多となり，以下，「情報通信インフラ」(78.5％) と「災害・防災情報の提供」(76.4％) が続く。そのほか，運営形態別に差がみられるのは，「営利法人」と「第 3 セクター」で「娯楽の提供」「地域振興」「地域文化の育成」が多く，また「第 3 セクター」では，「情報通信インフラ」「住民参加の促進」が他の運営形態より多い (図Ⅸ-2 参照)。この結果から，運営形態にかかわらず，多くの CATV 局が地域情報の提供をはじめ，地域の文化，振興，住民参加など，地域社会に果たす役割について重要視していることが確認できる (大谷奈緒子ほか，2014)。

CATV 加入の目的は，CATV の所在地の状況や個人の志向によってさまざまで，都市部では住民の地域関連情報の要求は希薄化する傾向もみられる。しかし前掲の調査結果によると，CATV の事業が多目的化されつつある状況下でも，地域関連情報の提供は CATV の役割として位置づけられており，このことは，多くの CATV 事業者が CATV を地域メディアとして捉えていることの表れといえよう。

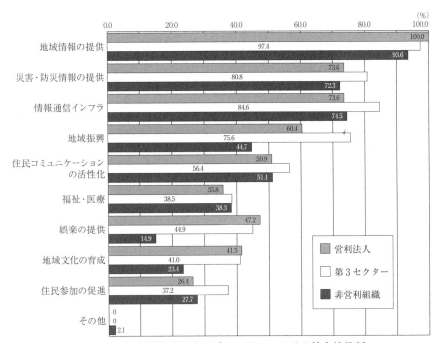

図Ⅸ-2　運営形態別　サービスエリアにおける社会的役割

出所) 大谷奈緒子・川島安博・松本憲始・川上孝之 (2014) より筆者作成

　CATV に期待されるもうひとつの機能は，地域情報を提供することによる
コミュニティ形成へ寄与する機能である。これまでの CATV 研究において，
地域メディアが地域社会に対する住民の情緒的一体感や共同性を醸成するメカ
ニズムは明確にはなっていない。しかし，過去に実施された調査の結果によれ
ば，コミュニティ・チャンネルの接触の程度と居住地に対する愛着度や定住意
志の強さとの間に高い相関があることが報告されている（竹内，1989）。
　島崎が実施した調査の結果（島崎・大谷，2007）からも，コミュニティ・チャ
ンネルの視聴者は居住年数が長く，地域への愛着が強い住民の間で地域社会へ
の関与度が高いという知見を得ている。さらに，コミュニティ・チャンネルの
視聴者は，図Ⅸ-3 に示すようにコミュニティ・チャンネルを「地域に対する
住民の関心を高めるのに役立つ」や「地域住民の交流を深めるのに役立つ」と

評価しており，コミュニティ・チャンネルの地域関連情報が住民にとって有用であることを示している。しかし，社会的効用のうち，「地域住民の生活環境の改善に役立つ」への評価は高いとはいえない。これはコミュニティ・チャンネルで提供される地域関連情報の質に関わる問題であろう。調査対象となったCATV に限らず，コミュニティ・チャンネルが提供する地域関連情報は，地域社会の出来事についての「結果情報」や，これから行われる行事や政策についての「事前情報」が多く，地域社会の諸問題を提起し，争点を明確化するような「議題設定機能」を果たすような情報はあまりない (清原, 1989)。「議題設定機能」を果たす情報，すなわち，環境の監視機能，ジャーナリズムの機能を果たす情報が少ないため，コミュニティ・チャンネルの「地域住民の生活環境の改善に役立つ」という効用は住民から評価されていないといえる。これはCATV だけの問題ではなく，地上波ローカル局も同じ問題を抱えている。両者にとって，地域ジャーナリズムとしての地域メディアの存在意義を問う課題である。

　CATV ではコミュニティ形成に寄与するものとして，住民のアクセスと参加についても議論されてきた。CATV のパブリック・アクセス・チャンネルである。これまでも住民が投稿したビデオを番組で放送したり，住民あるいは

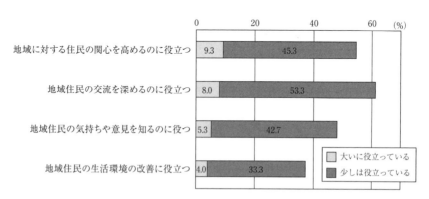

図IX-3　コミュニティ・チャンネルの社会的効用評価

出所）島崎哲彦・大谷奈緒子（2007）より筆者作成

学生が制作した番組を放送したりすることはあったが，近年，CATV 事業者が企画や制作に関与して住民による番組制作を支援したりするなど，ケーブルテレビ事業者の地域連携の事例が多数みられる。たとえば，東京ケーブルネットワーク（株）では，地元小学生のショートフィルムの制作を支援し，文京映画祭での上映をバックアップした（総務省放送を巡る諸課題に関する検討会，2017）。

　CATV はもはや総合情報通信メディアになりつつあるが，地域密着型のコミュニケーション・メディアを軸とした総合情報通信メディアとなるのか，あるいは CATV のインフラに傾斜した総合情報通信メディアとして展開していくのか，地域社会と住民との連携がその鍵を握るといえよう。

8.　コミュニティ FM

　ラジオのアナログ放送は現在も従来通りの放送を行っているが，ラジオのデジタル化の方針は紆余曲折を経て 2010 年代になってようやく具体化されてきた。アナログラジオ放送は地上波テレビのように停波することなく，従来どおり存続し，他方でデジタル化が展開している。しかしながら，ラジオ放送もまた 2000 年代に入り，インターネットの普及やメディアのデジタル化の影響を受けた。たとえば，インターネットを利用することによって電波の地理的制約を超えた IP サイマルラジオサービスや，地上波テレビ放送のデジタル化によって空いた周波数を利用した携帯端末向けマルチメディア放送サービスが始まった。

　ラジオ放送もテレビ放送と同じく，NHK と民放局によって放送される。NHK はテレビ放送と同様に単一の組織体で AM 第 1 放送，AM 第 2 放送，FM 放送による全国放送を行い，他方，民放は番組ネットワークによって全国放送を実現している。このラジオネットワークは，ラジオがテレビに圧迫された起死回生の策として 1965 年に結成されたものであり，テレビのネットワーク間のような熾烈さはない（稲田植輝，1998）。AM 放送の場合，TBS ラジオ＆

コミュニケーションズをキー局とする JRN 系列が 34 局，文化放送・ニッポン放送をキー局とする NRN 系列が 40 局，独立局が 3 局となり，FM 放送の場合は，JFN 系列が 38 局，JFL 系列が 5 局，MEGA-NET 系列が 5 局，そのほか 10 局ある（日本民間放送連盟，2017）。

　これらのラジオ局のほか，災害情報の視座から特に注目されている地域メディアとしてコミュニティ放送（コミュニティ FM）がある。コミュニティ放送は，1992 年にコミュニティ放送制度が施行され，市区町村内の一部の地域において，地域に密着した情報を提供することを目的に設立された超短波（FM）放送局（地上基幹放送）のことである。コミュニティ放送局は空中線電力が 20W 以下で必要な放送エリアをカバーできる必要最小限のものとしているため，県域放送局のように広範なエリアでのサービスはできないが，一方でエリアを限定していることから，より地域に密着した情報を提供したり，地域の防災・緊急情報を提供したり，エリア内に限定した広告を出稿したりすることが可能である。この放送局は総務大臣の免許を受けて運用される民間の放送局で，FM 放送の周波数帯を利用して放送を行っている（総務省ホームページ，2017）。

　また，コミュニティ放送は，地上基幹放送局として，放送法・電波法上，所定の規律が適用されるが，毎日放送の努力義務など一部の規制については緩和されている。地域密着メディアとして，「地域に密着した各種の情報に関する番組等，当該地域の住民の要望に応える放送が，できる限り 1 週間の放送時間の 50％以上を占めていること」旨の努力義務が課せられている（総務省放送を巡る諸課題に関する検討会，2016b）。

　染谷薫（2003）は県域放送局とコミュニティ放送局の違いについて，表Ⅸ-3 のように整理している。双方の放送局とも地域メディアとしての役割を果たしているが，放送エリアのカバレッジが異なることで，県域放送局は県域単位の地域メディアであるのに対し，コミュニティ放送局はコミュニティ単位での地域メディアといえる。

　コミュニティ放送局は 1992 年 12 月に北海道で全国初のコミュニティ放送局「FM いるか」が開局したのに端を発し，その後，1995 年に発生した阪神・

淡路大震災において，被災地住民への情報伝達手段として機能したことからコ
ミュニティ放送への関心が高まり，コミュニティ・メディアとして災害時の
コミュニティ放送の役割が期待されるようになった。コミュニティ放送局の
運営主体は，第3セクター，民間，NPO，学校法人など多様である。地域の
振興と公共の福祉を目的に住民参加型の放送をしており，2016年現在，47都
道府県において298局が開局している（総務省放送を巡る諸課題に関する検討会，
2016b）。

　ラジオのメディア特性として，同時性，速報性，可搬性があげられ，聴取
形態の特徴としては，可搬性（携帯性，移動性）とながら性があげられる（三上
俊治，2004）。また，南田勝也（2008）はラジオの声と音が伝える世界について，
「ラジオという機器を通じて声ないし音を聴くという経験は，直接的にしろ間
接的にしろ，また肯定的にせよ否定的にせよ，広範な層を対象に『情熱的に』
『語りかけてくる』ものとして作用していた」とし，ディスク・ジョッキーが
語りかける放送内容は，いわば“擬似”パーソナル・メディアとして機能する
と指摘している（南田，2008）。聴取形態と“擬似”パーソナル・メディアとし

表Ⅸ-3　県域放送局とコミュニティ放送局の概要

項目	県域放送局	コミュニティ放送局
（1）放送区域	都道府県	市町村
（2）対象人口	数百万〜数千万人	数万人〜数十万人
（3）放送内容	一般情報	身近な情報
（4）主な情報範囲		
・行政情報	国／都道府県	市町村
・生活情報	一般	地域
・交通情報	主幹道路単位	詳細情報可能
・気象情報	主要都市	その地域の気象
・緊急情報	広域報道	具体的な地元情報
（5）放送広告対象	比較的大きな企業	小企業／商店可能
（6）20秒CM料金	3〜10万円程度	3,000円程度

注）コミュニティ放送局の対象人口は1万人に満たないところもあり，20秒のスポットCM料金も1
万円以上から1,000円以下まで大きな差がある。
出所）染谷（2003）

ての働きかけはラジオ特有のもので，このようなパーソナル・メディアとして
のコミュニケーションがラジオには存在することを考慮すると，マクウェール
（1983=1985）のマス・メディアの機能のうち，「Ⅱ 解釈」や「Ⅴ 動員」をラジ
オ特有の社会的機能としてあげることができる。また，コミュニティ放送局の
ように市町村の一部の区域放送を行う場合は，マクウェール（1983 = 1985）の
受け手の視点からみた機能（「Ⅰ 情報」「Ⅱ 個人のアイデンティティ」「Ⅲ 総合と
社会的相互作用」「Ⅳ 娯楽」）のうち，Ⅲ 統合と社会的相互作用も強く機能する
といえるだろう。

　これまでも，そしてこれからも地域メディアとして期待されているCATV
のコミュニティ・チャンネルであるが，CATV の MSO 化，広域化や連携が
進行するなかで，コミュニティ・チャンネルへの取り組みが各局で異なってお
り，コミュニティへの関与はCATV によって差がある。他方，ラジオのコミュ
ニティ放送局はCATV のサービスエリアよりも狭いカバレッジで放送し，そ
の設立目的からも地域メディアとしての要素が強く，加えて，少人数のスタッ
フと市民パーソナリティで運営したり，放送局が身近にあったりすることから，
より地域性が高い地域メディアといえる。黒字経営のCATV とは違い，コミュ
ニティ放送には経営面，運営面，生活の中でのラジオ離れなど課題はあるもの
の，災害時や復興時の情報提供や被災者の生活支援・復興に寄与するメディア
として期待されるだけでなく，コミュニティ放送の特性に"擬似"パーソナル・
メディアとしての作用が加わることで，日常の生活におけるコミュニティの統
合と発展に寄与する地域メディアとして期待できる。

注

(1) 調査は，公益財団法人電気通信普及財団・平成 24 年度研究調査助成を受けて
　　実施した（研究代表者　川島安博）もので，調査対象は NHK ソフトウェア『ケー
　　ブル新時代』（2013 年 1・2 月合併号）掲載「資料・ケーブルテレビオペレーター
　　一覧」から，日本ケーブルテレビ連盟の正会員事業者を局単位で 429 局を抽出
　　し，2013 年 12 月 10 日から 27 日に，郵送法によって質問紙調査を実施した（有
　　効回答率は 42.4%）。

(2) 東洋大学21世紀ヒューマン・インタラクション・リサーチ・センター（島崎
哲彦プロジェクト　平成16年度共同研究）「現代社会におけるメディアとコミュ
ニケーション行動に関する調査2005」の助成を受けて行われた調査である。調
査対象者は米沢市に居住する15歳から64歳（2005年7月末現在）の男女900名で，
住民基本台帳より確率比例2段抽出法で抽出し，2005年10月1日から31日に，
往復郵送調査法によって質問紙調査を実施した（有効回収率は20.9%）。

引用文献

稲田植輝『最新　放送メディア入門』社会評論社，1998.

大谷奈緒子・川島安博・松本憲始・川上孝之「ケーブルテレビの現状と将来像」『東
洋大学社会学部紀要』52（1），2014.

川島安博『日本のケーブルテレビに求められる「地域メディア」機能の再検討』
学文社，2008.

コミュニティ ネットワークセンター，http://www.cnci.co.jp（2017年6月30日ア
クセス）.

清原慶子「地域メディアの機能と展開」竹内郁郎・田村紀雄編著『新版　地域メ
ディア』日本評論社，1989.

CCJ，http://www.ccj-gr.co.jp（2017年6月30日アクセス）

島崎哲彦『21世紀の放送を展望する―放送のマルチ・メディア化と将来の展望に
関する研究―』学文社，1997.

島崎哲彦・大谷奈緒子「地域密着型ケーブルテレビの地域への効用―米沢市の事
例―」『東洋大学社会学部紀要』44（2），2007.

ジュピターテレコム，http://www.jcom.co.jp（2017年6月30日アクセス）

鈴木健二『地方テレビ局は生き残れるか』日本評論社，2004.

総務省「コミュニティ放送」http://www.tele.soumu.go.jp/j/adm/system/bc/commu/
index.htm（2017年11月26日アクセス）

総務省情報通信政策局地域放送課「ケーブルテレビの現状について」2006. http://
www.soumu.go.jp/joho_tsusin/policyreports/chousa/yusen/pdf（2008年9月21
日アクセス）

総務省「ケーブルテレビを取り巻く現状」2007，http://www.soumu.go.jp（2008年
9月21日アクセス）

総務省情報通信政策局『「2010年代のケーブルテレビのあり方に関する研究会」報
告書（案）』2007，http://www.soumu.go.jp（2008年9月21日アクセス）.

総務省「ケーブルテレビの現状」2012，http://www.soumu.go.jp（2012年9月10
日アクセス）

総務省放送を巡る諸課題に関する検討会「地域における情報流通の確保等に関す

る分科会　ケーブルテレビ WG（第 1 回）　配付資料「ケーブルテレビの現状と課題について（事務局）」2016a, http://www.soumu.go.jp/main_sosiki/kenkyu/housou_kadai/02ryutsu12_04000097.html（2017 年 6 月 30 日アクセス）

総務省放送を巡る諸課題に関する検討会「放送を巡る諸課題に関する検討会（第 5 回）配付資料「コミュニティ放送の現状（事務局資料）」2016b, http://www.soumu.go.jp/main_sosiki/kenkyu/housou_kadai/02ryutsu07_03000114.html（2017 年 6 月 30 日アクセス）

総務省「小規模施設特定有線一般放送」2017a, http://www.soumu.go.jp/menu_seisaku/ictseisaku/housou_suishin/ss-catv.html（2017 年 6 月 30 日アクセス）

総務省「ケーブルテレビの義務再放送制度（受信障害区域における再放送に係る指定）」2017b, http://www.soumu.go.jp/menu_seisaku/ictseisaku/housou_suishin/gimu_saihousou.html（2017 年 6 月 30 日アクセス）

総務省「ケーブルテレビの現状」2017c, http://www.soumu.go.jp（2017 年 6 月 30 日アクセス）

総務省放送を巡る諸課題に関する検討会「放送を巡る諸課題に関する検討会（第 15 回）配付資料「ケーブルビジョン 2020 ＋〜地域とともに未来を拓く宝箱（概要）」2017. http://www.soumu.go.jp/main_content/000487436.pdf（2017 年 6 月 30 日アクセス）

染谷薫「地域に根づくコミュニティ放送の可能性」田村紀雄編『コミュニケーション学入門』NTT 出版，2003.

竹内郁郎「地域メディアの社会理論」竹内郁郎・田村紀雄編著『新版　地域メディア』日本評論社，1989.

田村紀雄（1989）「地域メディア論の系譜」竹内郁郎・田村紀雄編著『新版　地域メディア』日本評論社.

電通総研『情報メディア白書 2014』ダイヤモンド社，2014.

TOKAI ケーブルネットワーク，http://www.tokai-catv.co.jp/company/group.html（2017 年 6 月 30 日アクセス）

東京デジタルネットワーク，http://www.tdn.ne.jp/index.php（2017 年 6 月 30 日アクセス）

日本民間放送連盟「2007 年 09 月 12 日（報道発表）民放デジタル化設備投資額について」https://www.j-ba.or.jp/category/topics/jba100651（2017 年 6 月 30 日アクセス）

日本民間放送連盟「全国ラジオ局ネットワーク」, https://www.j-ba.or.jp/network/radio.html（2017 年 6 月 30 日アクセス）

船津衛『地域情報と社会心理』北樹出版，1999.

マクウェール，D.（竹内郁郎ほか訳）『マス・コミュニケーションの理論』新曜社，1985.（McQuail, D., *Mass Communication Theory—An Introduction*-, 1983.）

三上俊治『メディアコミュニケーション学への招待』学文社，2004.

南田勝也「音声メディア－ラジオとユース・カルチャー」橋元良明編著『メディア・コミュニケーション学』大修館書店，2008.

美ノ谷和成『放送メディアの送り手研究』学文社，1998.

山本武利「広告媒体としての地域メディア」竹内郁郎・田村紀雄編著『新版　地域メディア』日本評論社，1989.

ラスウェル，H. D.（学習院大学社会学研究室訳）「社会におけるコミュニケーションの構造と機能」シュラム，W. 編『マス・コミュニケーション』創元社，1954. (Schramm, W. (ed.) *Mass Communication: A Book of Readings selected and edited for the Institute of Communications Research in the University of Illinois by the Director of the Institute*, University of Illinois Press, 1949.)

第X章　放送倫理

　本章では，放送倫理とは何か，その制度的な背景や関連する社会的事象など
を踏まえたうえで，意義や今日的課題などを概観する。

1. 制度的背景――放送法と番組基準

　日本国憲法第21条は，戦前および戦中の大日本帝国憲法下における表現，
言論への抑圧の歴史から，「集会，結社及び言論，出版その他一切の表現の自
由は，これを保障する。」と，何らの留保なく表現の自由を保障している。し
たがって，現代の日本において表現の自由は，全ての人びとが享受，保持する
基本的な権利とされている。とりわけ，広く社会に向けて，大規模かつ継続的
に情報を発信している新聞や放送などのマス・メディアは，表現や報道の自由
を行使する主体として確固とした地位を築いており，同時に，国民の知る権利
に応える重大な責務を負っている。

　表現の自由が一切の留保なく認められているといっても，何をどのように表
現しようとそこに制約はない，ということではない。たとえば，近年では，い
わゆるヘイトスピーチが社会的な問題とされているのは周知のとおりである。
日本では，2016年にヘイトスピーチ解消法（「本邦外出身者に対する不当な差別
的言動の解消に向けた取組の推進に関する法律」）が施行された。ある対象への暴
力的・差別的表現を発する自由は，表現の自由の名の下に無制限に保護される
べきなのか，ヘイトスピーチを投げかけられる側の人権との相克はどのように
調整されるべきか，といった喫緊の課題に，現代社会は直面し続けている。

　このような日本の環境において，表現に対する法的な規制のありようを媒体別にみると，新聞や雑誌においては，その表現内容を直接的に規制する法はない。他方，放送には，電波の希少性などを根拠とする「放送法」があり，一部番組内容や，制度面での規制がかけられている。同法は総務省（旧郵政省）が所管している。

　表現の自由が保障された憲法下で，放送法はどのような条文となっているか，ここでその200近い条文の全てを辿ることは不可能だが，放送倫理に関連する冒頭の条文をみていきたい。

　同法は下記の第1条で，法の「目的」を，放送の効用の保障，表現の自由の確保，民主主義の発達への寄与と規定している。

　　第一条　この法律は，次に掲げる原則に従つて，放送を公共の福祉に適合するように規律し，その健全な発達を図ることを目的とする。

　　一　放送が国民に最大限に普及されて，その効用をもたらすことを保障すること。

　　二　放送の不偏不党，真実及び自律を保障することによつて，放送による表現の自由を確保すること。

　　三　放送に携わる者の職責を明らかにすることによつて，放送が健全な民主主義の発達に資するようにすること。

　条文中の用語を定義する第2条に続き，第3条は「放送番組編集の自由」を謳っている。憲法第21条の精神を放送法において改めて示しているともいえる条項である。

　　第三条　放送番組は，法律に定める権限に基づく場合でなければ，何人からも干渉され，又は規律されることがない。

　しかしこれ以降，放送内容への規制，あるいは放送への規律を求める条文が続く。第4条は，「国内放送等の放送番組の編集等」について以下のとおり定めている。

　第四条　放送事業者は，国内放送及び内外放送（以下「国内放送等」という。）
　の放送番組の編集に当たつては，次の各号の定めるところによらなけれ
　ばならない。
一　公安及び善良な風俗を害しないこと。
二　政治的に公平であること。
三　報道は事実をまげないですること。
四　意見が対立している問題については，できるだけ多くの角度から論点
　を明らかにすること。

　なお，番組準則と呼ばれる上記第 1 ～ 4 項の位置付けについては，法的に一
定の強制力をもつ“法規範”ではなく，あくまで放送事業者への倫理的な規
制を求めた理念的な“倫理規範”であるとする主張がある（小町谷育子，2016）。
これに対し，高市早苗総務大臣（当時）は，「放送法に抵触する事案があった場
合には，放送法を所管する立場から，行政指導等の必要な対応を行う」「放送
法第 4 条の放送番組の編集に係る番組準則に係る規定について，（中略）過去
に国会でも答弁されているとおり，『法規範性を有する』ものである」旨を記
者会見で述べている（総務省，2017）。これらは，後述する放送倫理・番組向上
機構（BPO：Broadcasting Ethics & Program Improvement Organization）の「『ク
ローズアップ現代』“出家詐欺”報道に関する意見」（ここでいう出家詐欺報道と
は，出家して戸籍名を変更できることを悪用した詐欺が広がっていること紹介した
NHK の報道を指す）の公表に端を発する放送法の解釈をめぐる議論の一部であ
り，さまざまな見解があるところである（大森麻衣，2016）。
　さらにこれは，放送法第 1 条の各項における「保障する」「確保する」との
表現の主語は誰なのか，すなわちその主体はどこにあるのか，との論点とも関
連する。すなわち，同法第 1 条の主体は政府であり，政府は放送における表現
の自由を保障しなければならないと解され，したがって，放送を内容面から
規制しかねない第 4 条各項には，表現の自由を定めた憲法第 21 条の観点から
も法規範性を認めることはできないとするものである（2015 年 11 月 6 日付 BPO

放送倫理検証委員会決定第 23 号）（放送倫理・番組向上機構，2017）。これらの議論
は今なお決定的な解消には至っておらず，相互の主張の差異は常に潜在してい
る状態といえる。

　次に同法第 5 条をみると，放送事業者は自社の「番組基準」を定めることが
求められている。

　　第五条　放送事業者は，放送番組の種別（教養番組，教育番組，報道番組，
　　娯楽番組等の区分をいう。以下同じ。）及び放送の対象とする者に応じて放
　　送番組の編集の基準（以下「番組基準」という。）を定め，これに従つて放
　　送番組の編集をしなければならない。

　このとおり，放送事業者は番組を規律する基準をもつことが求められている
ものの，その内容は，放送事業者が自主的に定めることになっている。たとえ
ば，民間放送事業者の業界団体である日本民間放送連盟（民放連）加盟の放送事
業者（2017 年 10 月現在 206 社）の番組基準はいずれも各社のウェブサイトで公
表されているが，これらをみると，民放連が定めた「放送基準」を自社の番組
基準の雛形としているケースが多数みられる。すなわち，放送基準全文をその
まま引用していたり，あるいは，社としての基本的な姿勢を示す文言や基幹的
な条文以外は，民放連の放送基準を“準用する”などとしているケースである。
　ここで民放連の放送基準を概観すると，同基準は 1951 年にラジオ放送基準
が，1958 年にテレビ放送基準が制定され，1970 年に双方が統合されたのちも，
時代状況にあわせて適時改正を重ねており，直近の改正は 2015 年である（日本
民間放送連盟，2016）。前文で，その理念を以下のように謳っている（民放連ウェ
ブサイト，2017 より抜粋）。

　　「民間放送は，公共の福祉，文化の向上，産業と経済の繁栄に役立ち，平
　　和な社会の実現に寄与することを使命とする。われわれは，この自覚に基づ
　　き，民主主義の精神にしたがい，基本的人権と世論を尊び，言論および表現

の自由をまもり，法と秩序を尊重して社会の信頼にこたえる。 放送にあたっては，次の点を重視して，番組相互の調和と放送時間に留意するとともに，即時性，普遍性など放送のもつ特性を発揮し内容の充実につとめる。

　　1. 正確で迅速な報道

　　2. 健全な娯楽

　　3. 教育・教養の進展

　　4. 児童および青少年に与える影響

　　5. 節度をまもり，真実を伝える広告

　次の基準は，ラジオ・テレビ（多重放送を含む）の番組および広告などすべての放送に適用する。」

　前文に続き，以下の18章立てで全152の条文が並んでいる。12章までが主に番組，13章以降が主に広告（CM）を対象とした内容となっているが，上記のとおり，すべての基準が番組，CMのいずれにも適用される（民放連ウェブサイト，2017より抜粋）。

1章 人権

2章 法と政治

3章 児童および青少年への配慮

4章 家庭と社会

5章 教育・教養の向上

6章 報道の責任

7章 宗教

8章 表現上の配慮

9章 暴力表現

10章 犯罪表現

11章 性表現

12章 視聴者の参加と懸賞・景品の取り扱い

13章 広告の責任

14章 広告の取り扱い

15章 広告の表現

16章 医療・医薬品・化粧品などの広告

17章 金融・不動産の広告

18章 広告の時間基準

　個別の条文に詳細には触れられないが，民間放送事業者が順守，留意すべき基本的な事項が，あくまで自主的に定められており，さらに，条文を補足する解説や，関連する法令や各業界の自主ルール，参照すべき過去の事例なども紐付けられている。放送倫理上，参照すべき項目の体系を成しているのが放送基準である。

　放送基準の条文を読むと，「〜しない」「〜取り扱わない」など，一見して“べからず集”であるかのような表現が目立つ。たとえば，第1条の条文は「人命を軽視するような取り扱いはしない」である。しかし，既述のとおり，放送基準は半世紀を越える放送の歴史とともに改正を重ねてきた蓄積があり，いわば先人達の経験知が凝縮された指針，規範とみるべきものである。単に番組や広告の自由度を狭める，あるいは縛り付ける規制としてではなく，一定の質を確保するために自らを律する規律と捉えることが肝要である。

　日本放送協会（NHK）も，放送法に則り番組基準を独自に制定，公表している。「国内番組基準」では，NHKの使命として，「全国民の基盤に立つ公共放送の機関として，何人からも干渉されず，不偏不党の立場を守って，放送による言論と表現の自由を確保し，豊かで，よい放送を行うことによって，公共の福祉の増進と文化の向上に最善を尽くさなければならない」（日本放送協会ウェブサイト，2017）と謳い，人権・人格・名誉，人種・民族，宗教，政治・経済，犯罪，広告などの放送番組一般の基準の他，教養，教育，報道，スポーツ，娯楽など各番組における基準を定めている。また，国際放送に関しては「国際番組基準」があり，「外国人向けおよび邦人向け国際放送および協会国際衛星放

送を通じて，諸外国のわが国にたいする理解を深め，国際間の文化および経済交流の発展に資し，ひいては国際親善と人類の福祉に貢献する」（日本放送協会ウェブサイト，2017）などとして，番組編成や番組ジャンルごとの規準を定めている。

　放送法に戻ると，第6条では，「放送番組審議機関」の設置が定められている。
　　第六条　放送事業者は，放送番組の適正を図るため，放送番組審議機関（以下「審議機関」という。）を置くものとする。

　上記に続けて，「審議機関は放送番組の適正を図るため必要な事項を審議する」「審議機関は放送事業者に対して意見を述べることができる」「放送事業者は，番組基準を変更するときは審議機関に諮問しなければならない」などと，審議機関（一般に「番組審議会」とも呼ばれる）の機能や権限が規定されており，これらを通じて放送事業者は間接的に規律されていることがわかる。さらに，第6条は議事の概要の公表も義務付けている。また，同法第7条により，テレビ局については，審議機関の人数は7人以上とされており，そのメンバーは学識経験者から委嘱することとされている。
　なお，NHKの番組審議機関は，国内放送にかかわる「中央放送番組審議会」と「地方放送番組審議会」（北海道から九州沖縄まで8地区），国際放送にかかわる「国際放送番組審議会」が設置されている（日本放送協会ウェブサイト，2017）。

2.　放送をめぐる規制の動きと放送界の対応のダイナミズム

　1953年のテレビ放送の開始以降，日本の放送倫理の歴史をひもとくと，放送がもつ社会への影響力が強まるにつれて，番組内容や表現の一部が「暴力的である」「低俗，俗悪だ」「人権侵害にあたる」などと問題視されるようになり，これに伴い公権力をはじめとした（法的）規制強化の声が高まる中で，放送事業者側がそれへの対策として，自主・自律的な規制を何らかの形で導入する，

というダイナミズムを見出すことができる。ここでは，問題とされた放送関連の事例とそれに伴う規制圧力の動向や，放送番組に対して行われた行政指導などを概観したい。

(1) 放送に対する社会的批判

　放送に対する社会的批判の動きを，日本民間放送連盟『民間放送50年史』の記述に基づき，年代ごとにみていきたい（日本民間放送連盟，2001）。

　1960年代には，少年の非行化が問題視される中で，自民党の関連団体である国民政治研究会が「俗悪番組は追放すべき」などとする提言をまとめた。また，郵政省が放送番組懇談会を設置するなど，政府・与党からの批判の高まりが放送開始10年あまりでみられるようになった。

　1970年代以降，報道陣の目前で被害者が殺害された豊田商事事件[1]，日航機墜落事故[2]，さらには深夜番組における性表現などを背景に，一般市民からも放送への批判の声があげられた。1978年に，日本PTA全国協議会が"不良マスコミ"への法的規制を求める申し入れを総理府や郵政省，民放連などに行った他，1980年には，消費者団体が「子どものためのテレビCM連絡会」を発足させ，CM表現などに関してもさまざまな要望を出す動きをみせた。

　1980年代になると，雑誌を中心としたいわゆる有害図書に対する規制も社会的な争点となり，放送による影響もその背景にあるとして問題視された。さらには，衆議院予算委員会が深夜放送のワイド番組における性表現を俎上に載せ，中曽根康弘首相が「郵政省でチェックし，警告を発するなど然るべき措置を採るべき」「国会が常時監視，監督することが有効」などと答弁した。前節で触れた放送番組審議機関については，1985年2月，左藤恵郵政大臣が民放各社の社長と審議機関の委員長宛に放送基準の遵守を求める文書を送付した。同年末には，郵政省が審議機関の運営に関するガイドラインを作成し，各社に周知した。翌1986年，衆議院予算委員会で佐藤文生郵政大臣が「テレビの青少年への影響を念頭に，番組審議会活性化のための指導，助言をしていきたい」などと答弁した。また，1988年には審議機関の機能を拡大する改正放送法が

施行された。それまでは審議機関の構成員として社内委員が認められていたが，これが廃止され，全ての委員を外部から選任することとなった他，議事概要の公開も義務付けられた。

1990 年代には，『NHK スペシャル』の海外ロケでのやらせ問題[3]，ダイオキシン汚染野菜に関する報道[4]などの放送にまつわる事案の他，社会的にも，オウム真理教による松本サリン事件[5]や坂本弁護士一家殺害事件[6]などの一連の事件や，連続幼女誘拐殺人事件[7]など，きわめて大きな注目を集めた事件が発生し，これらを扱う報道に対してもさまざまな意見が寄せられるなどした。重要な動きとしては，1996 年末の「多チャンネル時代における視聴者と放送に関する懇談会」による報告書（多チャンネル時代における視聴者と放送に関する懇談会，1996）の公表があげられる。同報告書は，後に BPO の前身組織のひとつである，放送と人権等権利に関する委員会機構（BRO：Broadcast and Human Rights/Other Related Rights Organization）の設立の契機となった。BPO については後に概観するが，さまざまな事案を受けての社会的批判や規制圧力の高まりと，それに対する自主規制的な反応という構図はここでも確認することができる。なお，放送法は 1997 年にも改正され，審議機関の議事録の公開方法に関する考え方を郵政省が文書で放送事業者に通知するという動きもあった。これまでにみたとおり，そしてこれ以降も，放送法はその改正を通じて，審議機関の権限拡大・強化のみならず，徐々に放送事業者への規制範囲を広げていることが通史的に把握される。

1990 年代後半になると，青少年有害社会環境対策基本法案，人権擁護法案，個人情報保護法案など，放送のみならず表現の自由総体からみて問題があるとされる立法の動きが相次いだ。郵政省には「青少年と放送に関する調査研究会」が設置され，青少年と放送の関係が鋭く問われた。また，自民党が「報道と人権のあり方に関する検討会」「選挙報道に係る公職選挙法のあり方に関する検討委員会」を設置するなど，事件・事故報道や選挙・政治報道のあり方に強い関心をみせた。

2000 年代以降も，上記の各種動向や法案の検討などが継続した他，消費者

金融業者のCM放送が多重債務問題を悪化させているとの批判を招くなどした。2007年には，関西テレビ放送の『発掘！あるある大事典Ⅱ』での納豆によるダイエット効果の特集において，虚偽のデータの使用や外国人出演者の発言のねつ造，グラフの無断引用などが行われていたことが明らかとなった。同社は民放連を除名され，さらには，虚偽の放送が行われた場合の再発防止計画の提出を放送法に盛り込むなどの規制強化が検討されることとなったが，BPOの機能強化，具体的には，BPO内の放送番組委員会を放送倫理検証委員会に発展的に改組したことなどで，結果的に同法の改正は免れた。ここでも，問題事案の発生，社会的批判と公的規制を求める動き，そして放送界の自主的な対応という時系列がみられることとなった。

（2）総務省による行政指導

　放送に対する社会的な圧力のうち，公権力による具体的な働きかけの形態の代表的なものとして，ここでは総務省（旧郵政省）による行政指導に注目したい。行政指導とは，行政手続法第2条によれば，「行政機関がその任務又は所掌事務の範囲内において一定の行政目的を実現するため特定の者に一定の作為又は不作為を求める指導，勧告，助言その他の行為であって処分に該当しないものをいう。」と規定されている。放送事業者への総務省による行政指導には，警告，文書による厳重注意，口頭による厳重注意，文書による注意，口頭による注意の5種類がある。1980年から2015年の間に約30件の指導が行われているが，2009年から2012年までの民主党政権下においては指導はなかった。以下，日本民間放送連盟『放送倫理手帳2017』（日本民間放送連盟，2017）から，具体的な指導内容をいくつか拾い上げ概観する。

　1992年に放送されたNHKの『NHKスペシャル　ムスタン王国』で，いわゆるやらせがあった。これは前掲のとおりである。これに対し，1993年3月19日，「真実でない報道を行うなど，大きな社会問題を引き起こしたことは公共放送としての社会的責任に鑑み，きわめて憂慮すべき事態」（日本民間放送連盟，2017）として厳重注意とされた。

1993 年 9 月に民放連で開催された会合でのテレビ朝日の報道局長による発言が，翌月の産経新聞で「非自民党政権が生まれるように報道せよ，と社内に指示した」との趣旨で報じられた。実際にはそのような発言はなかったものの，元局長（10 月に辞職）は国会に証人喚問された。1994 年 8 月，テレビ朝日は本件に関して調査報告書を公表し，9 月には検証番組を放送した。これに対し，1994 年 9 月 2 日，「放送法に違反する事実は認められないが，役職員などに対する教育を含む経営管理面で問題」（日本民間放送連盟，2017）として厳重注意とされた。

1995 年には，民放 2 局において，オウム真理教の松本智津夫被告の顔などの短いカットがサブリミナル的に挿入された事案に対し，「放送事業者に対する国民の信頼を損ない，放送の公共性と社会的影響力に鑑み遺憾」（日本民間放送連盟，2017）として注意と厳重注意の指導がそれぞれに行われた。

2005 年から翌年にかけて放送された通販番組などにおいて，民放連と NHK の「アニメーション等の映像手法に関するガイドライン」（映像や光の点滅，コントラストの強い画面の反転などを量的基準を示して制限している）（日本民間放送連盟，2017）に定める基準を超える点滅映像などの手法が用いられた。同ガイドラインは各社の番組基準と一体的に運用されており，番組基準に沿った放送を定める放送法との関係でその運用に重大な遺漏があった（日本民間放送連盟，2017）として，NHK と民放 76 社を厳重注意とした。また，再発防止体制の確立を要請した他，民放連に対しては，加盟各社に法令遵守の徹底を周知するよう要請した（日本民間放送連盟，2017）。

前掲の『発掘！あるある大事典 II』については，2005 年から 2007 年までの複数の放送回について，報道は事実をまげないなどと定める放送法に違反したとされた。「放送の公共性と言論報道機関としての社会的責任に鑑み誠に遺憾」として，2007 年 3 月 30 日に警告を行うとともに，再発防止に向けた措置の 1 ヵ月以内の報告と，その実施状況の 3 ヵ月以内の報告が要請された（日本民間放送連盟，2017）。

2014 年 5 月の NHK『クローズアップ現代』で，前掲の出家詐欺報道が放送

された。これにブローカーとして出演した人物が，後日「演技指導によるやらせだった」と告発した。NHK は，過剰な演出はあったものの，捏造ややらせはなかったとの報告書を 2015 年 4 月 28 日に公表した（日本放送協会「クローズアップ現代」報道に関する調査委員会，2015）。同日，「事実に基づかず，放送法および番組基準にそぐわない放送をした」（日本民間放送連盟，2017）などとして厳重注意とされた。

（3）放送倫理基本綱領

ここまでみてきた行政指導は，経済的な制裁や，あるいは一定期間の業務停止といった直接的な罰則の類ではないものの，指導の事実が公表されることで，放送事業者にとっては深刻な社会的制裁と受け止められる。このような批判を受けての放送界側の対応の事例として，個別社の再発防止策の制定・公表，対応組織の設置・改組，放送基準あるいは憲章，内規などの自主ルールの制定・改廃などがあり得るが，次にみる放送倫理基本綱領は，内容もさることながら，その制定の経緯からしてもとりわけ重要な意義をもっている。以下に，綱領の全文を日本民間放送連盟『放送倫理手帳2017』（日本民間放送連盟，2017）より引用する。

放送倫理基本綱領（1996 年 9 月 19 日制定）

（社）日本民間放送連盟と日本放送協会は，各放送局の放送基準の根本にある理念を確認し，放送に期待されている使命を達成する決意を新たにするために，この放送倫理基本綱領を定めた。

放送は，その活動を通じて，福祉の増進，文化の向上，教育・教養の進展，産業・経済の繁栄に役立ち，平和な社会の実現に寄与することを使命とする。

放送は，民主主義の精神にのっとり，放送の公共性を重んじ，法と秩序を守り，基本的人権を尊重し，国民の知る権利に応えて，言論・表現の自由を守る。

放送は，いまや国民にとって最も身近なメディアであり，その社会的影響

力はきわめて大きい。われわれは，このことを自覚し，放送が国民生活，とりわけ児童・青少年および家庭に与える影響を考慮して，新しい世代の育成に貢献するとともに，社会生活に役立つ情報と健全な娯楽を提供し，国民の生活を豊かにするようにつとめる。

　放送は，意見の分かれている問題については，できる限り多くの角度から論点を明らかにし，公正を保持しなければならない。

　放送は，適正な言葉と映像を用いると同時に，品位ある表現を心掛けるようつとめる。また，万一，誤った表現があった場合，過ちをあらためることを恐れてはならない。

　報道は，事実を客観的かつ正確，公平に伝え，真実に迫るために最善の努力を傾けなければならない。放送人は，放送に対する視聴者・国民の信頼を得るために，何者にも侵されない自主的・自律的な姿勢を堅持し，取材・制作の過程を適正に保つことにつとめる。

　さらに，民間放送の場合は，その経営基盤を支える広告の内容が，真実を伝え，視聴者に役立つものであるように細心の注意をはらうことも，民間放送の視聴者に対する重要な責務である。

　放送に携わるすべての人々が，この放送倫理基本綱領を尊重し，遵守することによってはじめて，放送は，その使命を達成するとともに，視聴者・国民に信頼され，かつ愛されることになると確信する。

　一読してわかるように，根底にある理念が放送基準と重なる部分が大きい同綱領の制定は，1995 年，既述の一連のオウム真理教による事件に関する報道[(8)]が社会問題化し，テレビ報道への信頼が揺らいだことが発端となった。事態を重くみた民放連は同綱領の制定に向けて動き出した。民放連内部で案文を固めた段階で，NHK から「綱領を共同で制定したい」との提案があり，1996 年，民放連は理事会で制定を正式に決定した（日本民間放送連盟，2001）。このように同綱領は，オウム事件という大きな事件を受けて，各放送局が定める番組基準の根本にある "理念" を再確認し，放送に期待される使命を達成する決意を

新たにするため，民放連と NHK が初めて共通の倫理綱領として定めたもので
ある（日本民間放送連盟，2017）。二元体制とも称される，民放と NHK の垣根
を超えた放送界あげての放送倫理上の対応としては，BPO の発足に次ぐ出来
事であったといえるであろう。

3.　放送倫理・番組向上機構

　次に，放送倫理・番組向上機構（BPO：Broadcasting Ethics & Program Improvement
Organization）について，その創設の経緯をはじめ，役割，仕組みなどを概観し
たい。

　BPO は，2003 年 7 月 1 日に放送界の第三者機関として発足した。その経緯
は，BPO のウェブサイト（放送倫理・番組向上機構，2017）にも前史を含めて簡
略に記述されているが，これまでにもみたとおり，放送倫理上のさまざまな問
題の発生や，総務省による番組内容への行政指導が頻発するなどしたことが要
因としてある。また，既述の事例以外にも，市民からの放送を含むマス・メディ
ア批判の高まりがさまざまにあった。これらを受けて，政府・与党など公権力
側からの規制強化の動きがみられるなか，郵政省の「多チャンネル時代におけ
る視聴者と放送に関する懇談会」が，報告書（多チャンネル時代における視聴者
と放送に関する懇談会，1996）で"放送に対する苦情対応機関"に言及し，これ
が「放送と人権等権利に関する委員会」の設立（1997）に繋がった。また，放送
の児童・青少年への影響が社会問題化したことを受け，「放送と青少年に関する
委員会」が設立された（2000）。そして，関西テレビの『発掘！あるある大事典Ⅱ』
の問題をきっかけに，「放送倫理検証委員会」が設立されることとなった（2007）。

　BPO は，組織の目的を「放送事業の公共性と社会的影響の重大性に鑑み，
言論と表現の自由を確保しつつ，視聴者の基本的人権を擁護するため，放送へ
の苦情や放送倫理上の問題に対し，自主的に，独立した第三者の立場から，迅
速・的確に対応し，正確な放送と放送倫理の高揚に寄与すること」と定めてい

る（放送倫理・番組向上機構規約第3条）（放送倫理・番組向上機構，2017）。上述の3委員会や，委員会の委員を選任する評議員会などが置かれ，NHK，民放連，そして民放連加盟社が構成員とされている。同規約第6条では，「構成員は，委員会の審議などに協力すると共に，その見解，要望などを尊重する」などとされている。BPOの設置にあたり，NHKと民放連は基本合意書を取り交わし，「放送局自らが視聴者の意見を真摯に受け止め，苦情等に迅速に対応できる体制を整備するなど，自律的取り組みを一層推進することを確認した」，「第三者機関の機能の強化と第三者機関に対する各放送局の対応の改善を図り，放送界全体として自主自律体制の確立を目指すことで合意した」としている（日本民間放送連盟，2017）。

　さらに，民放連加盟社はBPOの発足にあたり，以下を申し合わせている（日本民間放送連盟，2017）。

　▽委員会の活動に対し，その独立性を妨げることなく円滑な運営に協力する。

　▽各委員会からの決定により指摘された放送倫理上の問題点を真摯に受け止め改善に努める。

　▽指摘を受けた当該加盟社は，改善策を含めた取り組み状況を3ヵ月以内に委員会に報告する。

　▽BPOの活動内容を視聴者に広く周知する。

　▽BPOの活動への対応にあたっての責任者を定める。

　このように，BPOが放送界の自主・自律の精神で設立された機関であることを，当初から意識的に明確化していることがうかがえる。

　次に，3つの委員会について概観する。

　個々の委員会の役割の概要は，BPOのパンフレット（放送倫理・番組向上機構，2017）にまとめられている。発足が最も新しい「放送倫理検証委員会」は，放送番組の質を向上させるため，放送倫理上問題があるとされた番組を審議し，あるいは，虚偽の内容により視聴者に著しい誤解を与えた疑いのある番組について審理を行い，ヒアリングなどの調査を経て，議論の結果を意見，見解，勧

告などとして公表する。放送事業者に再発防止計画の提出を求める場合もある。委員は，弁護士，大学教授，ジャーナリストなど 10 名からなる。

　「放送と人権等権利に関する委員会」は，放送による名誉，プライバシーなどの人権侵害からの救済を主な目的とし，これらに関する放送倫理上の問題も審理の対象としている。原則，当事者からの申立制であり，放送日から 3 ヵ月以内に当該局に伝えられ，かつ 1 年以内に委員会に申し立てられる必要がある。審理の結果は，勧告や見解などとして通知・公表される。委員は，弁護士，大学教授など 9 名からなる。

　「放送と青少年に関する委員会」は，青少年に関連する放送や番組への視聴者意見などをもとに審議を行う。また，青少年と放送に関する調査研究や，良質な番組の推奨などを通じ，視聴者と放送局を結ぶ回路の役割を担う他，中高生によるモニター制度も設けている。審議の結果は，見解，提言，要望などとして公表される。委員は，大学教授，ノンフィクションライターなど 7 名からなる。

　各委員会はこれまでに多数の事案を扱い，決定を公表している。検証委員会は 25 事案，放送人権委員会は 62 事案，青少年委員会は 13 件である。ここで，いくつかの特徴的な決定をみていきたい。全ての決定は BPO のウェブサイトで公表されている（放送倫理・番組向上機構，2017）。

　検証委員会の第 1 号案件は，TBS の「『みのもんたの朝ズバッ！』の不二家関連の 2 番組に関する見解」（2007 年 8 月 6 日）である。不二家の元従業員の「賞味期限の切れた材料を再利用している」との内部告発を基に報じたが，告発内容は信じるに足るものであったものの，証言者への取材の不十分さ，内部告発 VTR の時期の曖昧さ，商品名の混同，根拠の薄い断定的コメントなどの問題が指摘され，その後の放送での謝罪も，曖昧さや当初の放送から時間がかかりすぎている点などが問題視された。委員会は，内部告発に基づく番組制作の困難さを理由に放送倫理上の責任を問わなかったが，「番組はもっとちゃんと作

るべき」と付言した（放送倫理・番組向上機構，2017）。

　2009年11月17日には，個別の番組を特定せずに，バラエティー番組全般について議論し，それまでの意見等とは異なる様式や文体で「最近のテレビ・バラエティー番組に関する意見」を取りまとめた。意見書は，視聴者がバラエティー番組に対して嫌悪感を抱く要素を例示し，視聴者が嫌悪し反発する背景に，制作者と視聴者の意識の間にズレが生じたことが原因ではないかと分析したうえで，視聴者の現実にあわせ，「新しいバラエティーを作り上げてほしい」と要望した。また，放送界全体で議論・検討する場が必要と提言し，具体例としてシンポジウムの開催や優れた番組の顕彰制度の充実などをあげた（放送倫理・番組向上機構，2017）。

　直近の事例では，前掲のNHK総合テレビの「『クローズアップ現代』"出家詐欺"報道に関する意見」（2015年11月6日）が話題となった。委員会は，「情報提供者に依存した安易な取材」や「報道番組で許容される範囲を逸脱した表現」により，著しく正確性に欠ける情報を伝えたとして，「重大な放送倫理違反があった」と判断した。併せて，総務省が放送法を根拠に番組内容を理由とした行政指導をNHKに対して行ったことを「極めて遺憾」と批判，放送法の解釈をめぐる議論が喚起されることとなった（放送倫理・番組向上機構，2017）。

　最新の案件は，「2016年の選挙をめぐるテレビ放送についての意見」（2017年2月7日）である。2016年7月には，衆議院議員選挙および東京都知事選挙が行われた。これらをめぐるテレビ放送に対し，活字メディアから，"政治や選挙に関する報道への政府や自民党による「政治的に中立でない」などとの批判から，報道量が減少した"との趣旨の批評がみられたことや，視聴者からも「有権者の判断に資する情報を十分に伝えたのか疑問である」「立候補者の取り上げ方が公平を欠いていた」などの指摘があったことを背景に，2つの選挙を取り上げた番組を複数視聴したうえで，選挙報道全般のあり方について審議した。意見書は，選挙報道に求められているのは「量的公平」ではなく，政策の内容や問題点など有権者の選択に必要な情報を伝えるために，取材で知り得た事実を偏りなく報道し，明確な論拠に基づく論評をするという「質的公平」である

と指摘したもので，通知は NHK と民放連に対し行われた（放送倫理・番組向上機構，2017）。

　次に，放送人権委員会の事案をみていく。

　人権侵害があったとされた最初の案件は，伊予テレビ（現在のあいテレビ）の「自動車ローン詐欺事件報道」（2000 年 10 月 6 日）である。元自動車販売仲介業者が架空ローン容疑で逮捕された事件を伝えたニュースで，自動車販売業者が「事件と関係ない自分の店の映像が断りもなく撮影され放送された。映像のボカシ処理が不十分で店名がわかり，事件の共犯かのような印象を視聴者に与えた」などとして，名誉・信用の毀損を訴えた。委員会は，ボカシ処理をしても全体的な特徴から関係者には容易に判別可能であったと指摘し，容疑者と共犯関係にあるかのように視聴者に印象付け，申立人の社会的評価が傷つけられ人権侵害があったと勧告した（放送倫理・番組向上機構，2017）。

　近年の事例で特徴的なものとして，同一番組に別の当事者からそれぞれ申し立てられた事案がある。フジテレビの「ストーカー事件再現ドラマへの申立て」（2016 年 2 月 15 日）および「ストーカー事件映像に対する申立て」（同日）である。前者は，社内いじめを受けた女性被害者の証言や再現ドラマなどから成る番組で，いじめの「首謀者」でストーカー行為を指示したとされた女性が，「事実無根の放送」であるとして人権侵害を申し立てた。委員会は，① 放送内容には真実性が認められず，フジテレビが真実であると信じたことに相当性はない，② 視聴者は「イメージ」と表示された部分も含め，放送全体を現実の事件の再現であると受け止める，③ 申立人の周囲の人など一定の範囲内の人によっては同定される場合は権利侵害が成立しうるとし，放送が申立人の名誉を毀損するものであると判断し，フジテレビに人権と放送倫理にいっそう配慮するよう勧告した（放送倫理・番組向上機構，2017）。

　後者は，同番組でストーカー行為をしたとされた男性が，取材協力者から提供された映像のボカシが薄く，自分と特定されてしまうとして人権侵害を申し立てた。委員会は，放送の目的には公益性があり，基本的事実関係については

真実であると認められるので，名誉毀損の成立までは認められず，プライバシーを侵害したとまでは認められないとしたものの，① 一方当事者の側からのみ取材を行った，② 申立人や関係者が同定できる結果となった，③ 申立人からの苦情に真摯に対応しなかった，などの点で放送倫理上問題があるとした（放送倫理・番組向上機構，2017）。

　社会的に大きな注目を集めた STAP 細胞⁽⁹⁾の問題でも，人権委員会が扱った事案がある。「STAP 細胞報道に対する申立て」（2017 年 2 月 10 日）である。STAP 細胞に関する論文を検証した NHK の特集番組が，「ES 細胞を『盗み』⁽¹⁰⁾，それを混入させた細胞を用いて実験を行っていたと断定的なイメージの下で作られたもの」であったとして，当事者である研究者が人権侵害を申し立てた。委員会は，STAP 研究に関する事実関係を巡っては見解の対立があり，委員会が立ち入った判断を行うことはできないとしたうえで，場面転換のわかりやすさや画面ごとの趣旨の明確化などへの配慮を欠いた編集の結果，一般視聴者に申立人が何らかの不正行為をしたと受け取られる内容になっており，名誉棄損の人権侵害が認められると勧告した。また，取材を拒否する申立人を追跡するなどの行為には放送倫理上の問題があるとも判断した（放送倫理・番組向上機構，2017）。

　なお，人権委は申し立てに対し，審理入り前に当事者間での協議を促しており，この時点で解決に至る「仲介・斡旋」のケースもある。これまでに約 50 件が仲介・斡旋により解決されている（放送倫理・番組向上機構，2017）。

　また，人権委は，委員会決定のグラデーションがわかりづらいといった声を受け，2012 年，「人権侵害」「放送倫理上重大な問題あり」にあたる「勧告」，「放送倫理上問題あり」と，「要望」「問題なし」を含む「見解」に区分を整理している（放送倫理・番組向上機構，2017）。

　最後に，青少年委員会の見解などをみていく。

　2001 年のアメリカでの同時多発テロに伴う報道を受け，「衝撃的な事件・事故報道の子どもへの配慮」についての提言（2002 年 3 月 15 日）がなされた。同

時多発テロ後の論文や保護者等へのアンケートを参考に議論し，① 不安をあおらないよう，刺激的な映像の使用に配慮する，②「繰り返し効果」の影響について慎重な配慮と検討を行う，③ 子どもにも理解しやすいニュース解説を放送する，④ 子どもに配慮した番組作りの研究や心のケアに関する専門家との連携を図る，の4点を提言した（放送倫理・番組向上機構，2017）。

　「子ども向け番組」についての提言（2004年3月19日）では，子ども番組制作者との意見交換や，番組視聴，海外の状況の調査などをもとに議論を重ねた。民放各局の子ども向け番組に対する明確なビジョンが見えないなどと指摘し，① 子どもの成長を促す番組を作るという社会的責務の再認識，②「青少年に見てもらいたい番組」の積極的なアピール，③ 多様な価値観の提示，購買欲の過度な扇情の抑制，④ 子どもに良い番組についての多角的な検討，の4点を要望としてまとめた（放送倫理・番組向上機構，2017）。

　また，「青少年への影響を考慮した薬物問題報道についての要望」（2009年11月2日）では，青少年と薬物をとりまく社会情勢と，視聴者からの意見を踏まえて議論を行った。薬物検挙者数が減少傾向にある中で，合成麻薬事犯の検挙人員の6割強を未成年者と20歳代の若年層が占めており，その将来が懸念されることや，各放送局が2009年夏に起きた芸能人の薬物事件に多くの時間をかけて報道したことについて，視聴者から批判的な意見が多数寄せられたことなどを踏まえ，① 薬物が個人の健康や社会に与える深刻な被害の実態を正確に伝え，青少年が薬物について考え，使わない選択に導くための番組制作，② 青少年に薬物への興味を惹起させるような表現がないようきわめて慎重な配慮，③ 薬物犯罪を犯した個人に焦点を当てるだけでなく，その背景や影響をふくめて多角的に報道し，薬物問題の解決に向けて取り組むこと，の3点を要望した（放送倫理・番組向上機構，2017）。

　東日本大震災に際しては，「子どもへの影響を配慮した震災報道についての要望」（2012年3月2日）が公表された。発災から1年を迎えるにあたり，① 震災関連番組内で映像がもたらすストレスへの注意喚起を行うこと，② 注意喚起は震災ストレスに関する知識を保護者たちが共有できるように，わかりやす

く丁寧なものとすること，③特に番組宣伝スポットでの映像使用には十分な配慮をすること，の3点を各放送局に要望した（放送倫理・番組向上機構，2017）。

　このように青少年委員会は，どちらかというと個別の番組ではなくより包括的な事象に対する問題提起を行うことが多い。

　以上，BPOの成り立ちや働きを簡単にみてきた。BPOに対しては，「放送局寄りの決定を行っており，放送界のお手盛りではないか」「国の関与が必要である」といった批判が寄せられることがある（2015年11月10日の第63回民間放送全国大会での民放連・井上弘会長によるあいさつ）。一方で，3委員会の委員には放送局の職員などは含まれていないことから，放送界の自主性を発揮するための仕組みとしては不十分ではないか，との逆方向からの懸念も考えられよう。そのようななかでBPOは，放送倫理という拠るべき大きな価値観のもと，虚偽などの番組問題，人権侵害，青少年と放送といった観点から，具体的事案への対応を確実に重ねてきており，そのことは適切に評価されるべきであろう。

4.　放送倫理の今日的意義

　前節のBPOの設立経緯からみても，番組関連の不祥事などが発生する度に，社会的な批判を受けて公権力が規制強化の動きをみせるのは一般的な現象といえる。このような介入を防ぎ，放送界が自主・自律して存在するため，ひいては表現の自由を守るための"手段"として，放送倫理は存在するともいえる。すなわち，放送法や放送基準，各社の番組基準の他，BPOが発信してきた多くの見解などに基づいて日常の番組制作などを遂行することで，適正な放送内容が維持され，外部からの介入を招くような隙を作らないことに繋がるのである。

　ここには当然ながら，誤った情報などから受け手，すなわち視聴者やリスナーを保護するという，マス・メディアとしての当然の責務が内包されている。

社会や世界の情勢を伝える報道はもちろん，生活に密着した情報を提供する情報番組や，バラエティー，スポーツなどの娯楽分野においても，適切かつ健全な内容を維持することは，受け手を質の低い情報から単に保護するだけでなく，その生活を豊かにし，民主主義社会の発展に資するための基礎といえる。前掲の放送倫理基本綱領にも，「放送は，民主主義の精神にのっとり，放送の公共性を重んじ，法と秩序を守り，基本的人権を尊重し，国民の知る権利に応えて，言論・表現の自由を守る」と，日本国憲法に呼応するかのような一文があるように（日本民間放送連盟，2017），放送倫理の遵守という基本的な条件を充足することは，憲法下における主権者たる国民にとっては，さまざまな場面でその主権を行使するうえでの判断材料を得ることに直結しているといえるであろう。

　また，これまで述べてきた理念的側面以外に，放送局の実務的側面にも着目したい。ひとたび放送倫理上の問題が発生すれば，スポンサーや出演者の降板など，番組制作の領域だけでなく，編成面での突発的な対応や営業面での悪影響も想定される。さらに，CMに関しても，放送されたCM内容に何らかの問題があることで社会的批判を惹起するなどした場合，当該CMの広告主にとどまらず，それを放送した放送局にも一定の責任が問われ，媒体としての信頼や価値をも失いかねない。事象によってはこれらの損失は甚大であり，このような事態を避けるためにも，放送基準をはじめとした各種の規範を守ることは重要である。同時に，営利企業である放送局の経済的自立を維持することは，たとえば特定の勢力からの直接，間接を問わない経済的な介入への防壁の役割も果たしうることから，報道・表現の自由を現実のものとするために不可欠な要素といえる。

　このような放送倫理の機能を実体化させるには，その重要性を放送に携わる者が認識することが不可欠である。番組制作に携わる者（放送局の社員，下請け制作会社のスタッフ，外部のフリーランスのスタッフなど）はもちろんのこと，放送局のコンプライアンス部門担当者のみならず，経営層に至るまでも同様である。そのためには，明文化された各種基準や指針の類を，"煩わしい決まりごと"などと敬遠するのでなく，自らを守る有益な道具として，より積極的にい

わば，表現の自由を獲得するための武器として捉え，活用する姿勢が求められるであろう。さらには，そのような放送倫理に関する認識が広く社会一般に理解されることも重要であり，たとえば BPO の活動を通じて，あるいは日々の放送を通じて，理解を求めていく努力が放送界には求められているであろう。

注

(1) 1985 年 6 月 18 日，豊田商事が起こした巨額の詐欺事件に関連し，同社の会長が多くの報道陣に自宅を取り囲まれる中で殺害された。記者やカメラマンなどが現場にいながら事態を制止しなかったことで，マス・メディアの対応の是非が問われた。

(2) 1985 年 8 月 12 日，日本航空の航空機が操縦不能に陥り群馬県の山中に墜落し，乗員乗客 524 名のうち 520 名が死亡した。事故後，遺族などに対するマス・メディアの取材活動が配慮に欠けるなどとして批判を招いた。

(3) 1992 年秋に放送された番組中，ムスタン王国のロケ現場で，スタッフに高山病にかかったかのような演技をさせたり，流砂現象を人為的に起こすなどのいわゆるやらせがあった。新聞報道により表面化し，NHK は後に郵政省からの行政指導を受けた（日本民間放送連盟，2017）。

(4) 1999 年 2 月 1 日，テレビ朝日の『ニュースステーション』が，埼玉県所沢市産の野菜から高濃度のダイオキシンが検出されたと報道し，野菜価格が急落するなどしたが，実際にダイオキシンが検出されたのは煎茶であった。テレビ朝日は同年 6 月に郵政省による行政指導を受けた（日本民間放送連盟，2017）。

(5) 1994 年 6 月 27 日，長野県松本市でオウム真理教の信者らが神経ガスのサリンを散布し，多くの死傷者を出した。事件直後から，現場近隣に住む通報者を犯人視する報道が過熱するも，後にオウム真理教による犯行とわかり，冤罪事件としても注目を集めた。

(6) 1989 年 11 月 4 日，オウム真理教問題に取り組んでいた坂本堤弁護士とその家族が，同教団の信者らにより殺害された。この直前に，放送内容をめぐって教団幹部から抗議を受けた東京放送（現在の TBS テレビ）が，坂本弁護士へのインタビューテープを幹部らに見せていた。同社は，結果的に事件を惹起したことや取材源の秘匿などの観点から批判を浴びた。

(7) 1980 年代末に発生した，女児 4 人が犠牲となった誘拐殺人事件である。残忍な犯行の手口，不可解な動機，加害者のいわゆる“おたく”的な性質などから，社会的に大きな関心を集めた。

(8) 1989 年の坂本弁護士一家殺害事件，1994 年の松本サリン事件の他，複数の殺

人および殺人未遂事件や，東京都内の地下鉄内で神経ガスのサリンがまかれ多数の死傷者を出した 1995 年の地下鉄サリン事件などを指す。

(9) 2014 年 1 月，理化学研究所の研究者らが，分化した細胞に外的刺激を与えることで再度分化する能力が得られたと発表し，それを STAP (Stimulus-Triggered Acquisition of Pluripotency) 細胞と称した。画期的な発見として大いに注目されたが，研究上の疑義が多数指摘され，のちに論文は撤回された（須田桃子，2015）。

(10) 動物の初期胚から将来胎児になる細胞を取り出し，あらゆる細胞に分化できる能力をもったまま培養し続けることができるようにしたものを ES 細胞（胚性幹細胞）という。再生医療の要として研究が進められている（東邦大学，2017）。

(11) 2009 年，複数の著名な俳優らが覚せい剤取締法により逮捕され，大きく報道された。このうちあるタレントは，逮捕前に一時失踪するなどしたことから，一層報道の過熱を招いた。

【引用文献】

放送倫理・番組向上機構，http://www.bpo.gr.jp（2017 年 8 月 22 日アクセス）

小町谷育子「放送法はどう解釈すべきか」『GALAC』No. 226，2016.

日本放送協会，http://www.nhk.or.jp（2017 年 8 月 22 日アクセス）

日本放送協会「クローズアップ現代」報道に関する調査委員会『「クローズアップ現代」報道に関する調査報告書』日本放送協会，2015.

日本民間放送連盟『放送基準解説書 2014　2016 補正版』日本民間放送連盟，2016.

日本民間放送連盟『放送倫理手帳 2017』日本民間放送連盟，2017.

日本民間放送連盟，http://www.j-ba.or.jp（2017 年 8 月 22 日アクセス）

日本民間放送連盟編『民間放送 50 年史』日本民間放送連盟，2001.

大森麻衣「NHK『クローズアップ現代』問題及び放送法をめぐる国会論議」『立法と調査』No. 380，2016.

総務省，http://www.soumu.go.jp/（2017 年 8 月 29 日アクセス）

須田桃子『捏造の科学者 STAP 細胞事件』講談社，2015.

多チャンネル時代における視聴者と放送に関する懇談会『多チャンネル時代における視聴者と放送に関する懇談会報告書』郵政省，1996.

東邦大学，http://www.toho-u.ac.jp/index.html（2017 年 8 月 22 日アクセス）

第XI章　放送と市民

1. 放送は誰のものか

　日本の放送法は，放送を規律する目的について，放送を通じて「公共の福祉」と「その健全な発達」を実現するためだと謳っている（放送法第1条）。「公共の福祉」とは「社会構成員全体の共通の利益」を意味する（『広辞苑』第六版）。さらに放送法は，「放送が国民に最大限に普及されて，その効用をもたらすことを保障すること」や「放送が健全な民主主義の発達に資するようにすること」といった原則を掲げている（第1条1〜3）。これらから，放送は日本社会で生きるすべての市民に共通する利益（公益）に奉仕するものであり，また社会の民主主義的発展にも貢献するものでなければならない，と想定されていることがわかる。

　放送にこうした目的が課せられているのはなぜか。その理由としてはこれまで，①放送が有限希少な国民の財産（＝公共財）である電波を用いること，②社会的影響力が強いことなどがあげられてきた（長谷部恭男，1992）。そして放送のこうした「公共的性格」のゆえに，新聞・雑誌などの活字メディアにはない各種の規制も存在してきた。たとえば，公序良俗の維持，政治的公平性，報道の事実性，対立的論点の多角的解明義務といった規定（「放送法」第3条の2①）や，教養，教育，娯楽，報道といった各ジャンルをバランスよく編成する，いわゆる「総合編成」の規定（第3条の2②）などである。

　しかし，市民の日常感覚としては，放送が必ずしも「市民共通の利益に奉仕し，民主主義の発達に寄与している」とは言い難い。むしろ放送と市民の間には大きな溝が存在しており，その距離は次第に大きくなっている。そして，プライバシーの侵害や低俗番組の増加，やらせや差別的表現の問題などを通じた

市民の放送への批判・不信の高まりを背景に，政治権力が公然と言論・表現の規制に乗り出すといった事態まで招くようになっている。放送が市民の権益を守り，奉仕するのではなく，政治権力が放送による不利益から市民を守るという逆説的構造が生まれているのである。「権力と市民に挟撃されるメディア」といわれる状況である（原寿雄，2000）。

　では，なぜ放送と市民の間にこのような対立的関係が生じたのだろうか。今後放送は，現代社会における民主主義に貢献し得るのか。インターネットの普及などメディア環境が急激に変化するなかで，放送と市民の関係は今後どうあるべきなのだろうか。本章では，このような問題意識に立ち，放送と市民や民主主義の関係性について歴史的に概観したうえで，アクセス権論，パブリック・アクセス，メディア・リテラシーなど，放送と市民の関係性をめぐるいくつかの現代的問題や論点について考察する。

2.　民主主義とマス・メディア

(1)　表現の自由とマス・メディアをめぐる伝統的な考え方

　民主主義社会の維持・運営において表現の自由の保障が重要な原則となっていることについて異論はないだろう。民主主義社会は，社会を支える諸個人が多様な意見や情報を十分に知り，自己の政治社会的意見や判断を自由に形成しながら，結果として社会全体の意思形成を図っていくことで成り立っているからである。それゆえ表現の自由は，憲法学などにおいても伝統的に「優越的地位」を与えられてきた。すなわち，健全な民主的政治過程が維持されている限り，たとえば経済的な自由を制約するよう立法がなされても，その修正は可能であるが，表現の自由が制約され民主的な政治過程自体が機能しなくなれば，経済的自由を含めて憲法が保障するさまざまな自由や諸権利を実現していくプロセスそのものが失われてしまうからである（長谷部，1992）。したがって他の自由権と比較して表現の自由を中心とする精神活動を規制しようとする場合には，より厳格な憲法判断の対象となるのが通例である。

　こうした伝統的リベラリズムの立場において重要視されてきたのがマス・メ
ディアの自由である。たとえば日本国憲法第21条の「言論，出版その他一切
の表現の自由」の中には，新聞，放送などのマス・メディアの表現の自由，報
道の自由が含まれると考えられており，最高裁も「報道の自由は，憲法21条
が保障する表現の自由のうちでも特に重要なもの」と判断している（山田健太,
2004）。このようにマス・メディアの自由が重要視されるのは，マス・メディ
アが立法・行政・司法に次ぐ「第四の権力」とも呼ばれるように，民主主義社
会の運営に大きな影響力をもつようになっているからである。選挙のように政
治的意思表示を求められる際だけでなく，日常生活においても人びとはマス・
メディアを通して多くの情報を受容し，それに基づいてさまざまな判断や選択
をしている。したがってマス・メディアは，政治権力による規制や検閲から最
大限自由であることによって，事件や事象をその背景や前提を含めて自由にか
つ多角的に市民に伝え，市民に判断材料を提供することができると考えられて
いるのである（浜田純一，1990）。

　このような表現の自由とマス・メディアをめぐる考え方は，これまで「思想
の自由市場」という言葉によって語られてきた。「思想の自由市場」は，政治
権力からの介入や干渉がなく言論・表現に関わる諸活動が自由に営まれれば，
民主主義の基本条件である言論の多様性，意思形成の多様性を担保するメカニ
ズムが機能するという見方である。

　しかし他方で，このように国家権力，政治権力からの自由のみをもって表現
の自由（およびマス・メディアの自由）を捉えることの限界や問題性も指摘され
てきた。たとえば，J. カランは「マスメディアと民主主義：再評価」という論
文において，マス・メディアが政治権力を監視する“番犬”であると考える
見方は，非現実的で時代遅れなものになってしまったと指摘する（カラン，J.，
1991 = 1995）。カランによれば，そうした見方はマス・メディアが「非常に政
治的で対抗的な時代に生まれた」ものであり，国家が常に「不道徳で潜在的に
専制的であり，自由な発言と自由な新聞がそれら絶対主義に対する防衛」と
しての機能を果たしていた時代から生まれている。しかし現代社会では，ほと

んどのマス・メディアは脱政治化して商業主義化しているうえ，国家以外の領域（たとえば巨大化した金融資本，産業資本，多国籍資本など）においてもさまざまな種類の権力が発動され行使されるという状況が生じているため，マス・メディアを政治権力に対する“番犬”としてのみ位置づける見方が有効性を失ったというのである。

(2) 市民的公共性の「構造転換」

　こうした問題の背景を考える際，J. ハーバーマスが『公共性の構造転換』で展開した議論は重要である。ハーバーマスは，この変化を「市民的公共性」が変質するプロセスとして歴史的に説明している（ハーバーマス，J., 1990 = 1995）。

　ハーバーマスによれば「市民的公共性」は，18世紀の西欧近代国家における資本主義経済の発展を背景に，先行する絶対主義的体制に対抗する新興勢力として台頭したブルジョワジー（市民階級）を担い手として生成したものである。絶対主義的体制における権力者のような政治的もしくは宗教的権威をもたない市民たちが，自らの政治的，経済的主張の拠り所としたのは「自由・平等な討論を通じた合意形成」であった。市民たちはコーヒーハウスやパブなどを舞台に活発な言論活動を展開し，そこから政治や社会について自由に批評したり議論したりするコミュニケーション空間が生まれる。やがて，それらの市民を対象にしたパンフレットや冊子，雑誌や新聞といった媒体が生まれ，さまざまなジャンルの言論，評論活動が活性化し，新聞や雑誌などが定期刊行物化していった。このような媒体を軸にしながら形成された「市民的公共性」は，私的・商業的利害が追求される経済的領域からも既存の行政的権力が発動される国家の領域からも相対的に独立した領域としての社会的領域の存在を前提としていた。

　しかし，19世紀後半以降の資本主義の独占段階への移行と自由主義的法治国家から「社会国家」（福祉国家）への転換によって，「市民的公共性」は変質と崩壊を余儀なくされる。ハーバーマスはこの変化を，「組織化された資本主義」段階における「公共性の再封建化」と呼ぶ。自由主義的な資本主義から福

216

祉国家的な「組織化された資本主義」へと転化した段階においては，国家は経済政策や福祉政策などを通じて断続的に経済や社会の領域に介入していく。その結果，「市民的公共性」を成立させた社会的領域は消失してしまう。そこでは，かつて市民たちによる自由で平等な討論を政治社会的意思形成へと媒介したメディアも変質してしまう。メディアは，一方で公的事柄，政治的事柄に関する広報的な情報提供，政治プロパガンダとして利用されていく。他方でメディアは，新聞社，電話会社，ラジオ局，映画会社，テレビ局など各種のマス・メディア産業として成長し，主として娯楽産業化の道を辿っていく。そしてこのようにメディアが変質していく中で，市民たちは政治や社会について自由に「議論する公衆」から，マス・メディアから送られる大量の情報を一方的に「消費する公衆」へと変化していく。

　以上のようなハーバーマスの時代診断は，現代社会におけるマス・メディアと市民の関係の問題を考えるうえで示唆的である。

　第1に，過去の一時期であれ存在したとされる「市民的公共性」は，市民とマス・メディアとの相互作用によって生成したものと考えられている。市民たちによる自由で平等な討論は，マス・メディアによって媒介されることによって「市民的公共性」を作り出し，「世論」の形をとった社会的意思の形成へと接続されていくからである。ハーバーマスが描いた「市民的公共性」の変質プロセス（＝「公共性の構造転換」）は，この市民とマス・メディアの相互関係が失われ，マス・メディアがプロフェッショナル化，ビジネス化し，国家や経済の領域に機能的に従属していくとともに，そこから市民が排除されていくプロセスでもある。第2に，歴史学的な検証の手続きを経て抽出される「市民的公共性」は，歴史的に実在したものとして想定される一方，同時に規範的な位置を付与されてもいる（阿部潔，1998）。しばしば誤解されるように18世紀の自由主義的資本主義が理想化されて捉えられていたわけではないが，しかし歴史過程の中で実際に成立した「公共性」の中に，ハーバーマスは西欧近代化の産物としての合理性の発現を見出していた。そして，この合理性を準拠点とし，「市民的公共性」をある種の「理念型」とすることによって現代社会における

マス・メディアの状況を批判的に理解し分析することが可能になっているのである。

　このように考えると，主として権力からの干渉に対する「防衛的」な性格においてマス・メディアを特徴づける，伝統的でリベラリズム的なマス・メディア理解とは異なり，ハーバーマスの議論は「より積極的に市民の意思形成の道具としてメディアを捉える」ものであるといえる（カラン，1991 = 1995）。またそれゆえにこそ，その一見ペシミスティックな時代診断にもかかわらず，現代社会におけるマス・メディアと市民の関係性に対する鋭い批判となり得ているのであり，同時にマス・メディアと市民とがどのような方向で関係性を回復していくべきかを示唆するものとなっているといえる。

3.「アクセス権」論の展開

　ハーバーマスのいう「公共性の構造転換」が深刻化したのは，20世紀半ば以降であるが，この時期にはマス・メディアへの「アクセス権」を焦点化する議論や「アクセス権」を求める市民たちによる運動も展開されるようになった。それはマス・メディアと市民との関係性を問い直し，「市民的公共性」を回復しようとする動きでもあった。

　放送の領域で，そうした動きがもっとも顕著になったのは1960年代以降のアメリカであった。アメリカの放送における「アクセス権」をめぐる議論の嚆矢といえるのが1949年の米連邦通信委員会（FCC）による報告「放送事業者の論説放送」である（内川芳美，1989）。いわゆる「公正原理（Fairness Doctrine）」を確立したものとして知られる同報告でFCCは，公共的に重要な論争的争点に関する放送に当たっては，その争点をめぐる賛否の諸見解を公正に提示する義務があるとし，もしある争点をめぐって一方の側の見解のみが放送された場合，対立する立場の見解の放送に適正な機会を提供する積極的義務があるとした。この公正原理に対しては放送業界から編集権や表現の自由の侵害に当たるとして激しい反発が起こり，それ以降もさまざまな議論の対象となった。

　しかしこの「公正原理」を拠り所としながら，「放送へのアクセス権」を要求する運動は大きな進展を遂げていく（津田正夫・平塚千尋編，2002）。その多くは人種や社会的マイノリティたちによる公民権運動や，放送局の放送内容に対する反論権を要求する裁判を通じて展開された。

　もっとも有名な事例は「レッド・ライオン事件」判決（1969）である。これはペンシルベニア州のレッド・ライオン・ラジオ局（WGCB）が，ある番組の中でフレッド・クックという作家の著作について共産主義的であるとして非難したことに対し，クック側が反論放送を求めて時間要求をしたところ拒否されたことに端を発している。そして反論放送を行うよう裁定したFCCとレッド・ライオン局との間の裁判に発展し，連邦最高裁はクック側の主張を認め，「最も大切なのは視聴者の権利であって，放送事業者の権利ではない。……本件において決定的なのは適切なアクセスを行う公衆の権利である」として放送局側の権利よりも，市民側の言論・表現の自由を優先させる判断を下して注目を集めた。

　また，1967年のバンザフのFCCに対する苦情申し立ての事例も放送へのアクセスを求める市民運動を大きく後押ししたものである。これは3大ネットワークのひとつCBSの傘下であるニューヨークのテレビ局WCBSが放送していたタバコの広告CMについて，法律家で消費者運動のリーダーでもあったジョン・バンザフがFCCに苦情を申し立てたものである。申し立ての内容は，喫煙を奨励しその利点を強調するような内容のCMに対して，煙草の有害性という対立見解を述べる反論放送を要求したものであった。これについてFCCはバンザフの主張を認め，WCBS側に対立見解のための機会提供を命じた。放送業界やタバコ業界はこの裁定に反発したが，FCCは，この裁定が公共的に重要な論争的争点を公正に提示しなければならないという，放送事業者の義務を定めた「公正原則」に沿ったものであるとして退け，その後のコロンビア地区巡回控訴裁判所の判決もFCCを支持した（内川，1989）。

　このようなメディアへのアクセスを求める市民たちの運動の理論的拠り所になったのは，メディア法の専門家J.バロンによる一連の議論であった（バロン，

J.A., 1973 = 1978)。バロンは，巨大産業化したアメリカのマス・メディアシステムにおいては，個々の市民による言論や表現の自由とマス・メディアの表現の自由との調整のあり方が，きわめて深刻な問題になっていると指摘する。なぜならばバロンの見るところ，「思想の自由市場」という考え方が，実際にはマス・メディア産業による市場の独占によってすでに幻想となっており，合衆国憲法修正第1条のいう「言論・表現の自由」は，市民の自由ではなくマス・メディア産業にとってのそれへ転化してしまっているからである。バロンは，多様な市民の見解や立場が「ラジオ，テレビ，新聞を通じて広められるのでなければ，ほとんど影響力を持たない」現状に鑑みれば，マス・メディアへの市民の「アクセス権」が市民権として法的に保障されなければならないと主張した。そして言論の自由の領域において自明視されてきた「国家からの自由」という観念を退け，「アクセス権」実現のために政治権力による一定の調整機能を肯定する議論を展開していったのである。

　「アクセス権」をめぐる議論は，日本でも1970年代以降活発化した。たとえば渡辺洋三は，日本の言論市場において「送り手」と「受け手」との分裂・固定化が進んでいるとして，「送り手」の権利とは区別される意味での「受け手の権利の保障」という問題，そして「受け手」の立場に立つ市民を「送り手」の側に立たせるための新たな表現手段としての「大衆行動の権利の保障」という問題が生じていると指摘している（渡辺洋三，1975）。また堀部政男は，日本国憲法第21条の「集会，結社及び言論，出版その他一切の表現の自由」の規定を根拠として，アクセス権は国民主権の原理として基礎づけられるとしている（堀部政男，1978）。堀部は，憲法第21条のこの規定はマス・メディアの言論の自由を保障するものと考えられがちであるが，このような自由権は本来的に個々の国民に属するものである以上，「言論の自由の本来的・究極的な享有主体は個々の国民」であり，個々の国民の自由権をいかに保障できるかが，マス・メディアが巨大化した社会にとって大きな課題となっていると主張した。

4. 放送と市民を架橋する実践

　以上のような市民の運動や理論的展開を背景としつつ，1960 ～ 70 年代以降，放送への市民のアクセス権を保障し，それを通じて放送と市民との関係性を強化しようとする実践的な試みがさまざまな形で生まれていった。ここではその代表的な例として，パブリック・アクセスとメディア・リテラシーを取り上げる。

(1) パブリック・アクセス

　パブリック・アクセスは，市民が自主的にテレビやラジオの番組を制作し，これを放送局が放送するという活動である。ヨーロッパでは 1960 年代から，オランダやフランスにおいて「海賊放送」「自由ラジオ・テレビ」などが存在したが，これらは若者を中心としたサブカルチャーを背景として言論・表現の機会を求める市民が行う「無免許・非合法放送」であった。こうした放送が次第に各国の放送制度にパブリック・アクセスとして組み込まれながら合法化され，地上波のローカル放送やケーブルテレビなどを通じた「市民放送」として多様な展開を見せていった (平塚千尋，2002；林香里，1997)。

　アメリカにおいても，ケーブルテレビの一部のチャンネルを市民に開放するという形でパブリック・アクセスの道が開かれた。FCC は 1972 年，ケーブルテレビにおけるパブリック・アクセスの実施を義務化する規則を定め，市民が無料で利用できるチャンネルの提供や，教育・自治体用のチャンネルの提供，さらにパブリック・アクセスチャンネルを活用する市民への施設・機器の提供などをケーブルテレビ事業者に義務づけた。同規則はその後，ケーブルテレビ事業者の言論・表現の自由を侵害するものとして違憲判決を受けたが，その後も地方自治体当局による権限 (フランチャイズ権) の形で存続し，パブリック・アクセスチャンネルが事実上制度化されていった。正確な統計はないが，現在アメリカのケーブルテレビには少なくとも 1,000 を超えるパブリック・アクセスチャンネルが存在し，これらのチャンネルを利用して市民たちは自由に自ら

の意見や立場を発表することができる。そしてケーブルテレビ局も地方自治体の当局も放送内容に検閲・修正や編集の手を加えることはなく，放送は原則として先着順に無料で行われる（津田正夫・平塚千尋編，2002）。

　またアメリカの公共放送 PBS やイギリスの BBC においてもパブリック・アクセスは試みられた。米ボストンの PBS 局である WGBH は 1971 年に『キャッチ 44』というパブリック・アクセス番組を，また BBC は 1973 年に『オープンドア』という番組をスタートした。これらは市民制作・市民参加による番組といっても，制作・放送に関しては細かなルールが定められ，編集権や放送内容についての責任は放送局側にあった。たとえば BBC の『オープンドア』は市民から募った番組提案について BBC 側がスタッフや機材も含めて市民を支援しながら制作・編集するというスタイルで，本来的な意味でのパブリック・アクセスとはやや異なるものであった。

　1990 年代に入るとパブリック・アクセスは台湾や韓国，日本などアジア諸国にも徐々に広がっていく。とりわけ韓国においては 2000 年に施行された「改正放送法」が公共放送 KBS に月 100 分間のパブリック・アクセス番組の放送を義務づけたことをきっかけに，少なくとも地上波に関する限り世界でももっとも本格的なパブリック・アクセスの取り組みが展開されるようになった（米倉律，2006）。この 2000 年の「改正放送法」は，「視聴者主権」を前面に押し出すものであった。それまで単なる番組審議機関に過ぎなかった放送委員会を，米 FCC をモデルにしつつ放送政策の立案と規制に広範な権限をもつ独立行政委員会に格上げしたほか，放送事業者による「視聴者委員会」の設置の義務づけ，放送で事実誤認や名誉毀損などの被害を受けた市民による反論権（＝「反論報道請求権」）などを定めた。そして，放送への市民参加を促進するものとしてとりわけ注目されたのがパブリック・アクセスの実施であった。

　パブリック・アクセス番組は「視聴者が直接企画・制作した放送番組，または視聴者が直接企画して放送発展基金などの支援を受けて制作した放送番組」と定義され（放送法施行令 51 条），KBS におけるパブリック・アクセス番組の運営は KBS 自体ではなく，外部の有識者で組織する視聴者委員会（第三者委員

会）が行うこと，また KBS は番組を無償で放送すること，番組の著作権は制作者に帰属することなどとされている。現在，KBS は毎週土曜日の午後の 30 分枠で『開かれたチャンネル』というパブリック・アクセス番組を編成している。市民が制作した番組は視聴者委員会が採否を審議し，採択された番組が全国に放送される。採択では，制作者の主義主張やメッセージが明確であることが求められ，政治的・思想的に偏りがあったり，特定の企業や組織を批判するような内容があったとしても，その根拠が明確であり，かつ公序良俗に反しない限り放送されるべきだと判断される。番組の制作にかかる費用は，放送発展基金という公的な基金から 1 本約 80 万円を上限に支給される。番組は，政治社会的なテーマや地域の問題などに市民の目線から切り込むようなドキュメンタリーやリポートが多く，放送後広く話題を呼んで実際に問題の解決に繋がるようなケースも出てきている。

　こうしてみると韓国におけるパブリック・アクセスは，公共放送 KBS による取り組みというよりも，放送の民主化を通じて市民の権利を拡張し，社会の民主化を図る韓国社会自体による取り組みという性格が強いといえる。KBS 以外にも韓国にはパブリック・アクセスを実施する放送事業者は多く，また市民が取材・制作したリポートやニュースをネット上や放送で取り上げる「市民記者制度」など多様な取り組みが試みられている。

(2) メディア・リテラシー

　放送と市民の関係性を捉え直し強化していくことを考える際，パブリック・アクセスと並んで重要な意味をもつのがメディア・リテラシーである。メディア・リテラシーは，論者によってさまざまな定義がなされているが，市民がメディアや情報を批判的に受容・分析・解釈すると同時に，自らメディアを使いこなして意見や主張を発信していくことを目指す活動である（吉見俊哉・水越伸, 2001）。リテラシー（Literacy）は本来，読み書き能力，識字能力を意味するが，このリテラシーが新聞やテレビ，ラジオ，コンピュータなどに接し，利用する際にも重要になっていることからメディア・リテラシーという言葉が使われる

ようになったものである。

　メディア・リテラシーの実践には，大きく2つの類型がある（鈴木みどり編，2001）。第1は，教育の場で取り組まれている実践活動である。これはメディア・リテラシーを学校教育におけるカリキュラムの中に位置づけ，マス・メディアの特性や社会的機能，産業構造などについての知識を得ると同時に，新聞や雑誌の記事や放送番組，広告などのメディア・コンテンツにおける表現上の特徴や技法，ステレオタイプ，効果などについて学び，メディアを批判的に受容し理解することを目的とする。第2は，自己表現の手段としてメディアを使いこなしていくことを目指す活動である。そこではNGO，NPOなどの市民運動を中心に市民たちが自らの意見や主張を広く社会に発信していくために，さまざまなメディア機器，情報機器などを利用し使いこなす能力を習得することが目指される。

　メディア・リテラシーの理論的，実践的活動は，イギリスやカナダ，オーストラリアといった諸国においては比較的長い歴史があり，1960〜70年代以降特に盛んに行われるようになった。とりわけカナダでは1987年，オンタリオ州の教育省がメディア・リテラシーを中学・高校の正規のカリキュラムに位置づけるガイドラインを策定し，これ以降カナダはメディア・リテラシー教育の先進地として世界的に注目されることになった（菅谷明子，2000）。オンタリオ州のガイドラインでは，① 中学・高校の国語科の少なくとも3分の1の時間はメディア教育に使う。② 中学1年から2年までは，全授業時間の10%をメディア教育と何らかの関連性をもたせて教える。③ 高校では国語科の選択科目としてメディア教育を新設する，という3点を柱としていた。そして，マス・メディアの多くが利潤を追求する商業企業であること，マス・メディアにおいて表出される価値観や見解などがしばしば一面的で偏っていること，したがってマス・メディアとは異なるオルタナティブな物事の見方を身につける必要があること，などが学年に応じて多角的に教えられている（オンタリオ州教育省，1989 = 1992）。

　こうしたメディア・リテラシーの展開の背景には，一方においてマス・メ

ディアが巨大産業化・商業主義化する中でメディアにおける「送り手」と「受け手」の分裂とその固定化が進行し，市民がマス・メディアの発する情報を一方的に受容し消費する「消費者」に転化してしまうことへの深刻な反省がある。そして少数の専門化した組織集団であるマス・メディアによる情報の生産のあり方に対して異議を申し立て，マス・メディアが日々大量に生み出す情報の一面性や政治性，イデオロギー性に批判的に向き合うことのできる主体性を培うことによってこそマス・メディアを取り巻く現状の変革が可能になると考えられている。

　メディア・リテラシーは，市民が「受け手」としての地位にのみ甘んずることなく自ら「送り手」にもなっていくことを志向する点で，パブリック・アクセスとも問題意識を共有する活動であるといえる。しかし，同時にメディア・リテラシーには，それが一方的なマス・メディア批判になることで，結果としてマス・メディアと市民の対立や分断をかえって固定化・強化してしまう危険性があることも指摘される（吉見・水越，2001）。日本でも近年盛んになってきた現実のメディア・リテラシー教育の現場では，たとえば放送が生み出す情報を俗悪で程度が低いものとして，それらに騙されない賢い視聴者を育てようという方向性が強調される一方で，「送り手」対「受け手」という二項対立図式を乗り越えメディアに対する市民の主体性を取り戻していくという実践を社会的に定着させていくという展望はなかなか開かれない。その意味でメディア・リテラシーを，放送や新聞などのマス・メディアと市民の生産的で循環的な回路を取り戻し強化していく実践としてどのように活性化できるかが問われているといえる。

5. 新しいメディア環境における放送と市民の関係

　近年，デリベラティブ・デモクラシー（熟慮民主主義）など，新たな民主主義理論を唱道してきたJ. ハーバーマスは，現代社会をメディアやコミュニケーションが決定的な役割を果たすようになった「メディア社会」と規定し，メ

ディア社会における政治システムの正統性が人びとのコミュニケーションとそれを媒介するマス・メディアにこれまでになく依存する構造をもつに至っている点を強調する (Habermas, J., 2006)。そして複雑化，多元化した現代社会の民主主義にとって人びとの討議，コミュニケーションのプロセスそのものが決定的に重要な意味をもつ以上，このプロセスに公開性や透明性，参加の平等性などをどう担保するか，またそうした自由で合理的な討論の場をどう制度化していけるかが重要だと指摘する。ハーバーマスの構想は，社会に存在する市民たちの多様なコミュニケーションネットワークを，マス・メディアの媒介によって相互に接続しながら政治過程に対して効力をもつ世論形成過程へと成長させていくことを目指すものである。

　しかし，こうしたハーバーマスの議論においては，時代的制約もありインターネット（ブロードバンド）の普及に代表されるような，21世紀以降のメディア環境が十分に踏まえられていない。インターネット（ブロードバンド）の世界的な普及，デジタルカメラ，携帯電話（スマートフォン）といったデジタルメディア機器の日常生活への浸透は，メディア社会のランドスケープを劇的に変容させている。人びとは，ブログや電子掲示板などのサービス，Twitter，Facebook，Instagram のような SNS，Youtube のような動画共有サービスなどを利用して，自由に，そして活発に情報発信や意見交換を行うようになっている。またそうしたインターネット上の情報の流れは，新聞や放送などのマス・メディアのように一方向的なものではなく，双方向的かつ拡散的・不定形なものであり，ときとして国境さえも容易に越境していく（伊藤守，2014）。

　こうしたメディア状況は，放送と市民の関係性において幾つもの課題を生み出している。第1に，情報源としての必要性や信頼性においても，また世論形成などの社会的影響力においても放送の存在意義は相対的に低下している。それは，これまで以上のテレビ不信やテレビ離れという形で顕在化している。そして第2に，人びとが情報や意見を自由に発信するメディア活動のハードルが一気に下がった結果，ネット系の市民メディアが多様な活動を展開するようになり，そのことが先述のような放送におけるパブリック・アクセス活動の社会

的意義を低下させることに繋がっている（金山勉・津田正夫，2011）。こうした
なか，放送と市民の距離は不可逆的に拡大しつつあるようにみえる。

　しかし他方において，新しいメディア状況は放送と市民の関係をより緊密化
し強化することを可能にする諸条件を生み出してもいる。第1に，市民による
放送参加のあり方は，従来のように市民が制作した番組を放送局がそのままの
形で放送するという方法（狭義の「パブリック・アクセス」）だけでなく多様な形
態が可能となっている。たとえば，インターネット上の市民メディアに多く
みられる市民記者のように，市民が取材して書いた原稿や映像をニュース番組
で取り上げるという手法がある。あるいは番組についての意見や感想，関連の
情報を視聴者が交換し合うネット上のフォーラムのような場を放送局が運営す
ることで，市民の声を放送にフィードバックしたり，そこから新たな番組を企
画・制作したりするような試みもすでに多様な形で展開されている。

　第2に，アーカイブ技術の発達も放送と市民の関係にとって重要な意味をも
つ。従来，放送は「送りっ放し」の文字通り，「一度，電波に乗って放送され
たらそれで終わり」というのが放送局にとっても視聴者にとっても常識であり，
過去に放送された番組の多くは保存されることなく失われてきた。しかし，録
画技術や保存環境の発達・整備に伴い1980年代以降は放送番組が組織的・系
統的に保存・蓄積されるようになってきた。そしてそれらが，近年急速に発達
したデジタル技術，アーカイブ技術によって，放送局内の業務利用（資料映像）
のみならず，文化的・知的資源（＝知識インフラ）として社会に還元され，研究
者による学術利用や市民の社会文化的な活動における利用の道が開かれつつ
ある（水島久光，2008）。また欧米では，さらに一歩進んで放送番組のアーカイ
ブを，博物館や美術館，図書館・文書館といった他の文化的・知的資源のアー
カイブと連携し，統合的なアクセスを可能にすることによってインターネット
上に巨大な「デジタル公共空間」を作り出すことを目指す動きもさまざまな形
で進展している。たとえば，英国映画協会，英国図書館，英国国立公文書館
などの組織との連携を進める英BBCの「デジタル公共空間構想（Digital Public
Space Project，2011〜）」や，ヨーロッパ諸国の文化的・科学的な資産をEU全

体で共有することを目的にEU加盟30ヵ国以上の諸機関が連携して進めるデジタル・オンラインアーカイブである「Europeana（2008〜）」はそうした動きの代表的なものである（米倉律・伊吹淳，2013）。

　こうした動きが，実際にどのような形で放送と市民の関係を強化したり，再構築したりすることにつながっていくかは現時点では未知数な部分も少なくない。また，著作権法を始めとするメディア関連の法制度の整備など，解決すべき課題も多い。しかし，本章冒頭で記したように，放送が社会で生きるすべての市民に共通する利益（公益）に奉仕するものであり，また社会の民主主義的発展に貢献するものであり続けようとするならば，新たなメディア環境のもとで生じた新たな諸条件を有効活用しながら，次の時代への展望を切り開いていくための地道で継続的な取り組みが重要であろう。

引用文献

阿部潔『公共圏とコミュニケーション』ミネルヴァ書房，1998.

バロン，A. J.（清水英夫ほか訳）『アクセス権』日本評論社，1978.（Barron, J., *Freedom of the Press for Whom?*, Indiana University Press, 1973.）

カラン，J.「マスメディアと民主主義：再評価」カラン，J. & グレヴィッチ，M. 編（児島和人・相田俊彦監訳）『マスメディアと社会』勁草書房，1995.（Curran, J. and Gurevitch, M., *Mass Media and Society: General Perspectives*, London, Edward Arnold, 1991.）

オンタリオ州教育省（FCT訳）『メディア・リテラシー』リベルタ出版，1992.（Ontario Ministry of Education, *Media Literacy: Resource Guide*, Queen's Printer for Ontario, 1989.）

ハーバーマス，J.（細谷貞夫・山田正之訳）『公共性の構造転換』（第2版），未来社，1995.（Habermas, J., *Strukturwandel der Öffentlichkeit*, Suhrkamp Verlag Frankfurt am Main, 1990.）

Habermas, J., "Political Communication in Media Society: Does Democracy Still Enjoy an Epistemic Dimension?", *Communication Theory*, 16, 2006.

浜田純一『メディアの法理』日本評論社，1990.

長谷部恭男『テレビの憲法理論』弘文堂，1992.

原寿雄『市民社会とメディア』リベルタ出版，2000.

林香里「独のオープンチャンネル」『総合ジャーナリズム研究』No.59, 1997.

平塚千尋「海賊放送から市民放送へ」NHK 放送文化研究所『放送研究と調査』
　2002 年 2 月号.

堀部政男『アクセス権とは何か』岩波新書，1978.

伊藤守「オーディエンス概念からの離陸」伊藤守・毛利嘉孝編『アフター・テレ
　ビジョン・スタディーズ』せりか書房，2014.

金山勉・津田正夫編『ネット時代のパブリック・アクセス』世界思想社，2011.

水島久光『テレビジョン・クライシス－視聴率・デジタル化・公共圏』せりか書房，
　2008.

菅谷明子『メディア・リテラシー』岩波新書，2000.

鈴木みどり編『メディア・リテラシーの現在と未来』世界思想社，2001.

津田正夫・平塚千尋編『パブリック・アクセスを学ぶ人のために』世界思想社，
　2002.

内川芳美『マス・メディア法政策史研究』有斐閣，1989.

山田健太『法とジャーナリズム』学陽書房，2004.

吉見俊哉・水越伸『メディア論』放送大学教育振興会，2001.

米倉律「韓国 KBS のパブリック・アクセス」『放送研究と調査』2006 年 10 月号.

米倉律・伊吹淳「デジタルアーカイブ時代における公共放送の役割―テレビ 60 年
　プロジェクト『放送文化アーカイブ』構想を中心に―」NHK 放送文化研究所『年
　報 2013』第 57 集，2013.

渡辺洋三『現代法の構造』岩波書店，1975.

第XII章　海外の放送事情

1. 世界の放送の多様性

　世界中に放送局はあるが，放送体制は国ごとに異なる。放送の発展の歴史や，政府と放送局の関係，社会の中で放送の位置づけ，ビジネスモデルなどの違いによりさまざまな放送制度があり，番組やサービス内容にも影響を与えている。さらに技術の進展も放送を根源的に変える要素となる。

　放送はラジオから始まった。1896年にイタリアのマルコーニが無線電信機を発明して以降，ラジオ技術は急速に発展していった。1912年にイギリスの旅客船タイタニック号が沈没して1,500人を超える犠牲者を出した事故では，タイタニックの遭難信号をニューヨークで受信してホワイトハウスに伝えたのがマルコーニ社の職員であった。第1次大戦後，軍による無線使用制限が解かれると，無線受信機メーカーが中心になって，アメリカ各地に次々に放送局が作られた。認可を受けた最初の放送局は1920年，アメリカ・ペンシルベニア州ピッツバーグに設立されたKDKAだといわれている。放送局では，ラジオ受信機の売り上げのほか，コマーシャルを放送に乗せ，相当な利益をあげた。商業放送という新しい産業の誕生である。しかし，多くのラジオ局が限られた周波数に群がり，許可を得ないまま放送を出したり，ライバル局より強い電波を出したりする問題も起きた。

　規制が不十分なまま放送が始まったアメリカの混乱状態をみて，危機感をもったイギリス政府は，国内の主な無線機メーカーに企業連合を結成して共同で放送会社を設立するよう提案した。メーカー側はこれを受け入れ，1922年，民間企業のイギリス放送会社BBC（British Broadcasting Company）を設立した。その後イギリス政府は放送のあるべき姿を検討するための調査委員会を設置し，

その勧告を受けて，1927 年，BBC（British Broadcasting Corporation）に組織を変えた。公共放送としての BBC の誕生である。

ドイツでは 1923 年に放送が始まったが，1933 年ナチスは政権を握るとドイツ全土の放送ネットワークを国有化し，国民啓蒙宣伝省のもとに置いて，プロパガンダ放送を開始した。放送メディアはナチスの宣伝のための強力な武器として悪用された。その反省からドイツでは戦後，政府の影響が及ばない公共放送制度を作りあげた。現代でも，世界には政府の一機関として運営され，政権の方針を国民に伝達するプロパガンダを主要目的とする国営放送局がある。

放送事業者には，大きく「商業放送」，「公共放送」，「国営放送」の 3 つがある。アメリカのように自由競争のもと産業として放送が発展し，公共放送はあっても商業放送が圧倒的に強い国もあれば，イギリスのように放送を公共サービスと位置づけている国もある。また，政治権力の道具として国営放送のみの国もある。現在は，多くの国が公共放送ないし国営放送と商業放送の併存体制をとっているが，どの種類の放送事業者が大きな影響力をもってきたかによって各国の放送体制は特徴づけられる。商業放送が中心なら自由競争モデル（Laissez-faire），公共放送が主導するなら家父長主義モデル（Paternalism），政治権力のプロパガンダを担う国営放送が中心なら独裁主義モデル（Authoritarianism）と分類される（Head, S. W. and Spann, T. 2001：409-410）。本章ではまず，この分類に基づいて世界の放送メディアを概観したい。

各国の放送体制は固定されたものではなく，さまざまな状況により変化する。1980 年以降の変化の大きな潮流として，世界のメディアは公共サービスアプローチから，営利志向の自由競争モデルへと向かっていると指摘されている（Hodkinson P., 2011：151）。加えて，現在，放送局のあり方そのものを揺さぶる地殻変動が起きているといわれている。放送と通信の融合である。本章では，多様な世界の放送の現状を概観しながら，激変するメディア環境の中で放送界が直面している課題について検討する。

2. 自由競争モデル——アメリカ

　自由競争モデルは「新自由主義」と呼ばれるイデオロギーがもとになっている。18世紀のアダム・スミスの経済理論の影響を受け，政府の規制や介入を最小限に制限し，企業が収益拡大を目的に自由に競争すれば，市場の「見えざる手」によって需要と供給のバランスが取れてくるという考え方である。メディアに関していえば，放送局は自由に自らの判断で番組やサービスを提供すべきで，その成否は視聴者の需要があるかどうかが決めることであり，放送局が受信料などの財源をもとに公共サービスとして事業を運営すれば市場をゆがめてしまうと主張する。

　アメリカの放送の歴史をみると，黎明期からアメリカの放送業界で中心的な役割を果たしてきたのは地上波商業放送の3大ネットワークNBC，CBS，ABCである。ネットワークとは，全米各地の加盟放送局に対して番組を供給する事業体のことで，1926年NBC，1927年にCBSがネットワーク放送を始めた。1930年代にはラジオが黄金時代と言われるほどの人気を博した。一方で，放送と通信を所管するFCC（米連邦通信委員会）は2社が放送界を独占的に支配する構造を懸念し，NBCの一部を切り離すことを決め，1945年ABCが生まれた。

　1941年，NBCとCBSが，ニューヨークでテレビ放送を開始した。第2次世界大戦中一時中断したが，戦後の48年から，ネットワークが夜のプライムタイムに番組供給サービスをスタートさせた。初期のころの番組は，娯楽番組，教育・教養番組，報道番組などバラエティに富んだ総合編成だったという（霜鳥秀雄，1999）。1948年のテレビの所有率はわずか0.4％だったが，1960年には87.1％に伸びた。これに平行して，ネットワークもニューヨークを中心とした東海岸から中部そして西部へと延びていった。50年代に入って，ネットワークが西海岸に到達し，視聴者の数が大幅に増えたことによって，番組の大衆化が一気に始まった。CBSで放送されたルーシー夫妻による庶民の家庭を舞台にしたホーム・コメディー『I Love Lucy』や『パパはなんでも知っている』（CBS

と NBC), 『奥様は魔女』(ABC) など人気番組が生まれ, アメリカ大衆文化に
テレビが深く入り込んでいった。映画『グッドラック＆グッドナイト』で描
かれたジャーナリスト, エド・マローは, 娯楽番組であふれるテレビについて,
「50 年後, 100 年後の歴史家が今のネットワークの放送を観れば, 彼らの目に
は退廃と逃避, 現実世界からの遮断に映るだろう」と現状を批判し,「テレビ
は人を教育し, 啓発し, 鼓舞することさえできる。しかし, それはあくまで人
間がテレビをどう使いたいのか, その決意にかかっている。そうでなければテ
レビは配線と電気の詰まった箱に過ぎないのだから」と述べたのが1958 年で
ある。

　娯楽番組に重点を置いて視聴率競争を繰り広げるネットワークを補完する
目的で, 1969 年, アメリカに公共放送サービス PBS が誕生した。3 大ネット
ワークがテレビ市場を寡占する中で, 視聴率に関係なく高品質の教育・教養番
組, 重要な社会問題を扱う時事番組などを放送することを使命としている。た
だし, アメリカの公共放送システム PBS は全米各地のコミュニティ放送局や
大学内に拠点を置く, 小規模のテレビ局が加盟するネットワークとして活動し
ており, PBS という放送局があるわけではない。アメリカ・バージニア州に
ある PBS の本部は自ら番組を制作することはなく, 外部から番組を調達した
り, メンバーの放送局が制作した番組を加盟局に配信したりしている。ラジオ
については「NPR (National Public Radio)」という公共放送システムがある。

　高い目的意識をもって誕生したアメリカ公共放送だが, 受信料のような視聴
者の負担金を財源とせず, 政府の交付金や企業や個人の寄付で成り立っており,
商業放送に比べると財政的に不安定で, 財源問題は, 誕生以来しばしば政争の
具として使われてきた。しかし, 商業放送では提供されない番組を放送すると
いう補完的な存在でありながらも PBS は, コミュニティにとって必要なサー
ビスを提供する大切な役割を期待されていて, また高い信頼を得ている。

　FCC によると, 2016 年 3 月現在全米に 1,782 のテレビ局があり, そのうち
商業放送局が 1,387 局, 公共放送 PBS を中心にした非商業放送局は 395 局ある。
商業局では 80%以上がネットワークに加盟している。ラジオは商業局と非商

業局を合わせて1万5,491局ある。アメリカは，世界で最も多様に放送が展開されている国である。伝統的な商業ネットワーク，後発の非営利の公共放送に加え，ケーブルテレビや衛星放送が普及し，さらに近年インターネットを利用した多様なコンテンツ配信が急激に浸透してきているが，発展の基盤となっているのが自由な競争である。

アメリカでの放送関連の諸制度，法規制は，商業放送を中心とした競争的発展を維持・調整することに主眼が置かれた。その代表例に，FCCが制定した「フィンシン（Financial Interest and Syndication）ルール」や「プライムタイム・アクセス・ルール」等があげられる。1970年に制定された「フィンシン・ルール」は，番組を独占状態にしていたネットワークが，プライムタイム番組の制作，所有あるいは国内販売などに携わることを禁止したものである。また，1971年の「プライムタイム・アクセス・ルール」は，全米上位50市場のネットワーク直営・加盟局に対して，プライムタイム（19時〜23時）に，ネットワーク発の番組を1日3時間とし，残りの1時間はローカル局が自主編成することを求めたものである。ローカル番組や独立プロダクションの番組を育成するとともに，ローカル局の多様性のある番組編成を意図したものであった（霜鳥，1999：199）。

3大ネットワークを軸に発展してきたアメリカの放送界だが，80年代以降，その市場に大きな変化が起きる。ひとつは，1986年の第4のネットワークFoxの誕生である。Foxは，最初は平日夜の限定的な放送であったが，徐々に放送を広げていった。若い年代層にターゲットを絞り，特に1993年にプロフットボールNFLの放送権を高額の契約金で獲得しスポーツ分野に参入したことで，その存在感を高めた。このほかにも95年には，ワーナー・ブラザース（WB），ユナイテッドパラマウント（UPN）の2つの新規ネットワークが誕生した（2006年，WBとUPNは事業統合し，CWの名称になった）。

もうひとつ，放送市場に激変をもたらしたのは，ケーブルテレビの普及である。ケーブルテレビは，1950年代に地上放送の難視聴対策として登場した。70年代に入り，映画やドラマの専門チャンネルHBOやスポーツ専門チャンネ

ル ESPN，80 年以降は 24 時間ニュースチャンネル CNN，音楽専用チャンネル MTV，ドキュメンタリー専門チャンネルディスカバリーなど人気チャンネルが牽引し，加入者を伸ばしていった。特に CNN は 1991 年の湾岸戦争で，西側メディアで唯一，記者がバグダットに残り，取材を続けた。湾岸戦争は，生中継された最初の戦争であり，開戦後 7 日間の CNN の平均視聴率は，3 大ネットワークを上回った。

　こうした中で，95 年に「フィンシン・ルール」が，96 年に「プライムタイム・アクセス・ルール」が撤廃された。アメリカの放送の歴史の中で，FCC は 3 大ネットワークの寡占化に歯止めをかけようと留意してきたが，多メディア，多チャンネル化が進んだため，規制緩和へと向かっていったのである。現在，アメリカでは，85% 以上の人がケーブルテレビや衛星デジタルテレビなど有料放送で多チャンネルを享受している。1 世帯平均の受信チャンネル数は 100 を超えると言われている。このような自由競争モデルに根差したアメリカの放送界において，地上放送は長期的に視聴率の低下傾向が続き，90 年以降，業界の再編が進んだ。1995 年，ABC がディズニーに，CBS は電機大手のウェスティングハウスに買収された。CBS はその 4 年後，バイアコムに買収された。NBC は 2004 年，ヴィヴェンディ・ユニバーサルと合併し NBC ユニバーサルになり，さらにケーブルテレビ最大手のコムキャストの傘下に入った。

　メディア企業の吸収合併は現在にいたるまで繰り返されている（NHK 放送文化研究所，2017）。しかしネットワークを中心に，ケーブルや衛星放送，PBS が共存する構図自体が大きく変わることはなかった。ところが近年，その構図自体を変える新規参入者が登場した。Netflix や Amazon など，インターネットを活用してコンテンツを配信する事業者である。OTT（Over the Top）と呼ばれる新たな事業モデルは，アメリカの既存の放送界のビジネスモデルを大きく揺さぶるものであった。この点については，後述したい。

　なお，「自由競争モデル」の放送体制は中南米諸国にもみられる。メキシコでは，世界のスペイン語圏最大の放送事業者 Televisa や TV Azteca の 2 社を中心とした商業放送が視聴シェアの大半を占めている。また，ブラジルも

Globo（グロボ）や Record（レコルジ）といった商業ネットワーク局を中心とした放送体制である。両国とも公共放送はあるが，影響力は限定的である。

3. 家父長主義モデル――ヨーロッパ

　放送は産業であるという「自由競争モデル」がある一方で，放送は社会全体に利する資源であるという「公共放送モデル」もある。放送を社会にどう位置づけるかは，その国の放送制度やメディア運営に影響を与える。ヨーロッパの多くの国では，放送を公共サービスとみなし，その担い手としての公共放送局を中心に放送制度が発展してきた。

　世界の公共放送の先駆者であるイギリスでは，1922 年にイギリス放送会社 BBC（British Broadcasting Company）が設立された。一足早く放送が始まったアメリカでは，規制が不十分なまま自由競争の中ラジオ局が乱立し，混乱状態になっていた。そした状況をみたイギリス政府は，国内の主な無線機メーカーに企業連合を設立させたのが BBC の始まりである。その後，イギリス政府は放送のあるべき姿を検討するため，2 つの調査委員会を設置した。サイクス委員会（1923）では，放送の財源として広告を導入することを「放送の水準の低下」を招くとして否定し，クロフォード委員会（1925）では，「放送は国民の利益の受託者の役割を担う公共事業体により行われるべきであり，その地位と任務は，公共サービスのそれと同じであるべき」という勧告を行った。そして 1927 年，国王の特許状に基づき受信許可料で運営される公共事業体としての BBC（British Broadcasting Cooperation）となった。

　アメリカの公共放送は，商業放送では提供されない番組を放送するという補完的な存在であるのに対して，BBC は，報道・教育・娯楽の幅広いジャンルの番組を提供しているイギリス最大の放送局である。現在 BBC は，テレビで総合チャンネルの BBC ONE，BBC TWO のほか，就学児童向けの CBBC や幼児向けの CBeebies，ニュース専門チャンネルの BBC News など 8 チャンネル，ラジオでは 11 チャンネルのほか，すべての番組をネット経由で見られる BBC iPlayer など，多彩なサービスを提供している。2016 年のデータで職員数 2 万916 人，事業収入 48 億 2,700 万ポンド（約 7,200 億円）で，視聴者から聴取する受信許可料を主要財源としている（BBC, 2016）。2017 年度の受信許可料の額は，年 147 ポンド（約 22,000 円）となっている。

　BBC の初代会長のジョン・リースの放送に対する考え方が，「公共放送モデル」の基本理念になっている。リースは放送を単なる娯楽とは考えず，国民を啓蒙する手段であり，放送を提供するものには国民を導く義務があると認識していた（Reith, 1924：34）。彼は著書の中で，「我々の責任は，できる限り多くの家庭にあらゆる部門の人間の知識，努力，業績に最良のもののすべてを送り届け，有害なものまたは有害になり得るものを避けることである」と記し，国民が欲するものではなく，国民が必要なものを提供することが BBC の使命だと考えた（簑葉信弘，2002）。こうした理念をもとに，BBC は，報道・教育・娯楽を提供することを使命として維持しており，2017 年に発効した第 9 次特許状には BBC の業務の目的として，次の 5 点があげられている（DCMS, 2016）。

① 公平なニュース・情報を提供して，国民が周りの世界を理解し，関与する手助けを行う。
② すべての年齢の国民の学習を助ける。
③ 最も創造的で，高品質で特色あるアウトプット，サービスを提供する。
④ 英国のすべての国民，地域の多様なコミュニティを反映し，表現し，その役に立つ。
⑤ 英国，英国文化，英国の世界に対する価値を反映する。

　公共放送 BBC は，視聴者から徴収する受信許可料を主要財源としており，その料額は政府が決める。また，2017 年から BBC を規制することになった放送通信分野の独立規制機関 Ofcom（放送通信庁）の人事も政府が決定する。このように，BBC は制度上，政府の影響を受ける。イギリスの 2 大政党の内，保守党は自由競争を重視する「新自由主義」に親和性をもち，労働党は社会の

平等を重視する「社会民主主義」の理念をもとに政策を進める。そのため保守党政権になると，公共サービスの縮小・自由化という方針のもとBBCに対する姿勢は厳しくなり，労働党政権下では，公共サービスの拡大・保護に向かう。1922年のラジオ放送開始からテレビ時代に入った1950年代半ばまで，イギリスの放送はBBCが独占していたが，保守党のチャーチル政権期の1955年商業放送ITVが設立され，公共放送と商業放送の二元体制となった。その後，同じく保守党のサッチャー政権時の1982年に非営利のChannel 4，1990年に商業放送Channel 5が誕生した。地上波以外にも，1984年に多チャンネルを提供するケーブルテレビがサービスを開始し，1990年に衛星放送のBskyB（現在のSky）が事業を始めた。このように，市場原理に基づく競争拡大の大きな流れの中に放送もおかれているが，イギリスでは，公共放送BBCと4つの商業放送の二元体制は維持され，商業放送も地上波は「公共サービス放送」と規定されている。

　制度・運営面では政府の介入の余地があるBBCだが，編集方針や報道・番組内容については，政治権力から独立を保ち，不偏不党を守ることを大原則としている。このことにも初代会長リースの理念が反映されている。1926年，イギリスで大規模なゼネストが起きた。当時大蔵相だったチャーチル氏を中心にイギリス英府は，BBCに政府の主張を一方的に放送させ，ストを鎮圧しようとした。しかし，リース会長はBBCの自主性と独立は守られるべきだと訴え，ストライキ側の見解も伝えた。また，1982年のフォークランド戦争でも，BBCは自国の軍隊を「イギリス軍」，相手国の軍隊を「アルゼンチン軍」と呼んで客観的な報道に努め，「わが軍」「敵軍」という呼び方を期待したサッチャー首相は，BBCの報道姿勢を「反逆罪」と非難した。さらに，2003年のイラク戦争では，当時のブレア首相が参戦の正当性の根拠とした「イラクのサダム・フセインは45分以内に大量破壊兵器を展開できる」とした情報について，BBC記者が「誇張されたものだ」とラジオで報じたところ，ブレア氏が猛反発し，BBCに報道内容の訂正と情報源の開示を求めた。この問題で，BBCは会長と経営委員長が同時に辞任に追い込まれる事態になったが，その後の超党

派の調査委員会の調べで，BBC の報道内容は正しかったという報告が出された。

　イギリス以外のヨーロッパの多くの国でも，公共放送を中心に放送体制を確立し，その後，商業放送が設立され二元体制に移行し，さらにケーブルや衛星放送などの登場で多チャンネル化が進むという経過をたどっている。

　たとえば，ドイツでは，ARD，ZDF，そしてドイチェランドラジオの3つの公共放送機関がある。ARD は第2次大戦後に州ごとのばらばらに設立された公共放送から構成されている放送協会の連合体組織で，ZDF は 1950 年代後半，全州が共同で設立した公共放送である。ドイツの放送体制の特徴は，放送に対する権限が，連邦政府ではなく，各州の権限とされていることである。これは，ナチス時代に国歌により放送が乱用された苦い経験の反省に基づいている。ZDF を設立する際も，連邦政府の権限を強めるために当時の政権が国営テレビ放送の設立にとりかかったが，州側が反発し，裁判所に提訴，裁判所は州が放送に対する権限をもつとの判断を下した。その代わりとして州が共同で設立したのが ZDF である。

　ドイツの公共放送の使命は，連邦裁判所がこれまで積み重ねてきた「放送判決」の中で示されており，おおよそ次のように要約できる。

・社会に存在する意見をできる限り幅広く，取りこぼしなく反映し，個人と公共の意見・意思形成に寄与する。
・その際，ニュースや政治解説だけでなく，娯楽番組やスポーツなど様々な生活領域にかかわる情報番組を通じて，社会に存在する情報，経験，価値態度，行動規範の多様性を伝える。
・それによって民主主義的秩序と文化的な生活にとって放送がもつ本質的な機能を果たす。
　　　　　　　　　　　　　　　　　　　　　　　　　（杉内，2012：182）

　公共放送がこれらの使命を果たすための財源としてドイツでは，かつてはテレビ受信機を所有する世帯から徴収する受信料であった。しかし，インターネットによるテレビ視聴の増加で都市部の若者を中心に未登録者が増え，構造

的な徴収不足が懸念された。そこで法改正が行われ，2013 年に受信機の所有
の有無に関係なく，すべての世帯が支払う「放送負担金」制度が導入された。

　フランスでは，公共放送は FTV（フランス・テレビジョン），ドイツと共同
で設立した ARTE，海外向けの放送を出す Outre-mer 1ere，ラジオフランス
がある。フランスでは，国家が放送を独占する状況は 1980 年代まで続いた。
1982 年にミッテラン政権により新しい放送法が制定され，放送事業への民間
からの参入が認められた。1987 年には公共放送の一つのチャンネルが民営化
され，現在商業放送最大手の TF1 になった。

　フランス・テレビジョンの財源は長い間，受信料と広告の複合体制であった。
受信料については国の税体系の中に組み込まれていて「公共放送負担税」とし
て位置づけられ，国家によって税金として徴収され，公共放送機関に分配され
ている。広告については，2008 年に当時のサルコジ大統領が禁止すると宣言し，
2009 年から，午後 8 時以降翌朝 6 時まで広告は禁止された。当初は広告をす
べてなくす計画だったが，その後のオランド政権で，広告全廃の方針は見直さ
れた。このように運営面では政府の影響を直接受けるフランスの公共放送では
あるが，放送法の中で「番組制作にかかわるすべてのジャーナリストは，あら
ゆる圧力，ニュースソースの暴露の要求や，知らないうちに或いは自らの意思
に反する行為の受け入れを拒否することができる。すべてのジャーナリストは
プロフェッショナルとしての内なる信念に反する行為の受け入れを拒否するこ
とができる」として，編集権の独立とジャーナリストの良心を保障している。

　このように財源のあり方や放送制度自体は国によって多様であり，国家の影
響を受けることもあるが，公共放送の不偏不党で公平な報道を目指す姿勢は共
通のものであり，規範として尊重されている。編集権の独立は，公共放送と次
章で紹介する国営放送とを区分けする重要な要素に位置づけられている。

4.　独裁主義モデル——アジアとそのほかの地域

　アメリカを中心とした「自由競争モデル」やヨーロッパ中心の「公共放送モ

デル」に加えて，政府がその放送内容まで干渉する「独裁主義モデル」の国営
放送を中心に放送が展開してきた国々がある。アジアやロシア・東欧など旧
共産圏などの多くの国では，放送が，独裁的で非民主的な政治権力により，プ
ロパガンダ的な役割を担わされてきた。本節では，そうした独裁主義モデルを，
まずアジアの放送局を事例に考える。

　アジアは多様であり，そのメディア状況もひとくくりにできないが，放送開
始当初から近年まではある程度，似たような発展過程を遂げている。アジアで
も，日本や，韓国，インド，インドネシア，タイ，中国，フィリピン，マレー
シア，アフガニスタン，モンゴルなど多くの国で，1920年代から30年代にか
けてラジオ放送が開始された。放送開始当初から，テレビ時代に入っても，日
本など一部の例外を除いて，ほとんどの国で，国家が放送の組織，運営，技術，
そして放送内容について，独占的な統制を行ってきた。

　その体制を現在に至るまでほぼ維持している国は，北朝鮮，中国，ベトナム，
カンボジア，ラオスなどである。北朝鮮では，メディアはすべて国営で，政権
を握っている朝鮮労働党のプロパガンダ機関として運営されており，当局への
批判的な放送は皆無である。中国も北朝鮮同様一党独裁体制にあるが，状況は
やや異なる。1978年の改革開放政策以降，少しずつメディアに変化がみられ，
テレビ・ラジオも広告を取るようになってきた。広告費を上げるためには視聴
率が無視できないため，一般視聴者のニーズを把握し，それに応える必要があ
り，ある程度多様な番組が放送されている。しかし，放送は，基本的に共産党
や政府の方針，考え方を国民に伝え，指導する役割を担っており，番組は放送
前に審査がある。さらに，習近平国家主席が2016年2月にCCTV（中国中央
テレビ）を訪れ，編集者や記者らに共産党への服従を求めるなど，統制の強化
が図られている。

　一方で，メディアの自由化へ舵を切っている国もある。長期間にわたって
軍事政権が続いたミャンマーでは，2011年に民政への移管を果たしたことで，
放送体制の変革も進んでいる。たとえば国営放送局のMTRVでは「公共放送
化」の方針を打ち出した。MTRVのニュースでは，これまで独自に取材はせず，

政府の情報省からくる原稿をアナウンサーが読み上げるだけだったが，新たに
ニュース部門を設置した。また民間企業のシュエ・タン・ルイン社が，2010
年ミャンマーで初めての衛星放送プラットフォーム事業 SKY NET をスター
トさせ，海外の番組を含めて 130 〜 140 チャンネルの有料サービスを行って
いる。タイでは，2008 年に，首相府直轄の TITV が閉鎖され，新たに公共放
送 Thai PBS が設置された。税金で運営されているものの，政府による統制を
排除し，ニュースやドキュメンタリー，教育番組などを放送しており，広告を
取らない。また政権とも距離を置く「公共放送」として一定の評価を受けてき
た。しかし，2014 年，軍人出身のプラユット氏がクーデターで政権を握った後，
放送に対する政治的な圧力が強まっているといわれており，メディアの自由度
は後退している。

　このほかに，独裁モデルが当てはまらなくなっているケースもある。たとえ
ば，韓国では 1980 年代に民主化を遂げ，政権に批判的な野党が認められるよ
うになった。受信料と広告を財源とする KBS は時の政権からの圧力が強いと
言われる。2014 年，300 人を超える犠牲者を出した旅客船セウォル号の沈没事
故に関して，大統領府から政府の対応のまずさの批判を抑えるよう要請を受け
た KBS の社長が報道現場に圧力をかけたとされる疑惑が明らかになった。し
かし，KBS の最高意思決定機関である理事会は，これを問題視し社長の解任
案を可決した。放送に対する政治圧力が顕著になると，それを押し戻そうと反
発する力も働くようになっている。

アフリカ・中東の放送局

　アフリカでも，多くの国で，独立後は「独裁モデル」で発展してきたが，ア
フリカ諸国のほとんどで，旧宗主国の放送制度が引き継がれている。アフリカ
東部などの旧イギリス植民地はイギリス連邦に加盟しており，各国の放送事業
者は CBA（英連邦放送連盟）メンバーとして放送全般にわたって相互協力でき
る体制になっている。一方，アフリカ西部の旧フランス植民地の国々では，独
立後も文化的，経済的にフランスとの関係が続き，放送コンテンツもフランス

本国の番組を再放送する例も多くみられる。

　アフリカで最初に定時放送を行った国はケニアで，旧イギリス植民地時代の1928年8月のことである。当初はアフリカにいるイギリス人に向けた英語番組だけであったが，第2次世界大戦の頃からアフリカの人に向けても放送されるようになった。現在ケニアでは，国土の90%以上をカバーする公共放送KBCが一日24時間，英語とスワヒリ語の放送を実施している。商業放送局もあり，また，KBCが南アフリカの衛星放送MultiChoiceと共同出資して衛星放送事業も行っている。広大な大地が広がるアフリカでは衛星放送のメリットが生かしやすい。しかし，有料放送の代金を支払える人はごくわずかで，実際の契約数は限られている。

　アフリカ地域で放送分野の主導役を果たしてきたのは南アフリカ共和国である。1991年に人種隔離政策を廃止し，94年に国民統一政府が発足して以来，放送は劇的な変化を遂げた。公共放送SABCは，言語差別をなくすため，テレビ・ラジオともに11の公用語をすべて使用するようになった。さらに，2000年以降一部民営化され，SABCの放送事業は公共サービス部門と商業・コミュニティ・サービス部門に分割された。

　アフリカ大陸の大部分の国では部族や言語の数が多く，また文盲率も高い。このため各国政府は，放送を国民の一体化，生活の向上，教育の普及のための有効な手段として重視している。ナイジェリアでは2015年5月，12のコミュニティラジオ放送局が認可された。地域ごとに，そこで暮らす部族や言語に合わせて放送されるコミュニティラジオの設立目的には，住民の意識の向上や民主化などが謳われている。

　中東地域で大きな存在感を占めているのが衛星放送である。なかでも1996年にカタールで開局したアルジャジーラはイスラムの価値観が支配する中東社会に多様性を持ち込もうと，女性の社会進出などのタブーに挑戦してきた。アフガニスタン戦争やイラク戦争では，アメリカの爆撃による一般市民の悲惨な被害を世界に伝え，アメリカの怒りを買ったが，戦争報道のあり方に一石を投じた。2010年からの反政府運動「アラブの春」でも，衛星放送が大きな影響

を与え，ジャーナリズムの空白地帯といわれた中東に一石を投じた。現在，中東では，衛星放送チャンネル数が増え続け，2014年後半には有料・無料合わせて900チャンネルを超えたとされる。ただ，中東や北部アフリカでは，衛星放送チャンネルの影響力を警戒する各国政府によるメディア規制が強まっている。逮捕されたり身柄を拘束されたりするジャーナリストも多い。原油価格の値下がりから財政的にも厳しさを増しているアルジャジーラを含め，多くの衛星放送チャンネルが厳しい状況に立たされている。

　このように，独裁主義モデルで放送が発展してきた国々でも，放送体制に違いが際立つようになってきている。現状では大きく分けて3つの方向性に区分けできる（山田，2015：86）。ひとつ目は，国の支配が小さくなり，メディアの自由が拡大している国。2つ目は，まだ政府の圧力は残り一進一退を繰り返しながらも，メディアの自由化への動きがみられる国。3つ目は，今もメディアが政権の強いコントロール下に置かれている国であり，中国や北朝鮮，ベトナム，イランなど数は少なくなっている。

5. 世界の放送——変化の潮流

　前節まで「自由競争モデル」，「家父長主義モデル」，「独裁主義モデル」という大きく3つの異なる放送体制とその発展をみてきた。こうした違いを超えて，世界の「放送」がかつてない地殻変動を経験している。その契機となったのは「放送と通信の融合」である。ラジオから始まった放送にテレビが加わった時も大きな変化であった。さらにケーブルテレビや衛星放送の登場や地上デジタル放送への移行も，放送を激変させるものとして受け止められた。しかし，それらはいずれも従来の放送の延長線上で起きていた高度化・高性能化の一環として捉えることができる。ところが今起きている変化は，ビジネスモデルや，番組・コンテンツの中身，制作手法，配信のあり方を変え，さらには視聴者の視聴行動を変化させ，「放送」という概念そのものを変える可能性をもっている。本節では，放送が直面している変化を概観する。

　放送界を揺るがす震源となったのが，ネット経由で番組をオンデマンドで提供するOTT事業者の急成長である。OTTとはOver the Topの略で，ケーブルや衛星を経由せず，ネットで番組やコンテンツを配信することで，アメリカでは，Netflix，Hulu，Amazonの3大OTT事業者が知られている。アメリカの家庭の8割以上がケーブルや衛星放送などの有料契約を結び，居間の大きなテレビ受信機で番組を楽しむというのが一般的であった。ところが，OTT事業者からコンテンツが直接配信されるようになると，パソコン，スマホ，タブレットなどを使って，自分の好きな時間に，好きな場所で，好きなコンテンツを見られるようになった。ケーブルや衛星放送はバンドル（束）と呼ばれる数十ときには100を超えるチャンネルをまとめて提供することで月平均100ドルを超える高額の料金設定をしてきたが，OTT事業者は月10ドル程度と低料金で利用できる。ほとんど見ない多チャンネルの契約形態に不満を募らせてきた視聴者は，ケーブルテレビや衛星契約を解除する「コード・カッティング（cord-cutting）」や契約のチャンネル数を削って料金の安い契約に変える「コード・シェービング（cord-shaving）」，あるいは，若者を中心にそもそも有料契約をせず，ネットで見たい番組を調達する「コード・ネバーズ（cord-nevers）」を行うケースが増えてきた。ケーブルテレビや衛星放送事業者にとっても，また彼らから再送信料という形で収入を得ているネットワーク局にとっても経営の根幹を揺るがす脅威とされ，既存メディアも対応を迫られた。ネットワークのABC，NBC，Foxの親会社であるWalt Disney，NBC Universal，21st Century Foxは共同でOTTサービスHuluを設立し，ネットワークなどが制作した番組を提供している。一方CBSは2014年独自のOTTサービスとしてCBS All Accessを始めた。

　こうしたOTT事業者の影響をヨーロッパの公共放送はどう受け止めているのだろうか。たとえばイギリスでは，NetflixやAmazonは事業を展開しており，契約数を伸ばしているが，アメリカほど直接の驚異に感じてはない（田中，2016）。イギリスでは，OTT事業者が提供するようなオンデマンドサービスを，公共放送BBCが一足早くスタートさせていたことが大きい。BBCでは，2002

年にラジオ番組のオンデマンドサービスを開始し，その後テレビ番組への拡大を目指して2004年に技術実験，翌年実用化実験，そして2007年からBBC iPlayerの名称で本格的なサービスを始めた。NetlifxがOTT事業を始める前のことである。BBC iPlayerは，公共サービスとして受信許可料で運営されており，放送中の番組を同時に見られるほか，放送後30日まで無料で見逃した番組を見ることができる。イギリスでは，ITVやChannel 4もBBCとほぼ同時期にオンデマンドでの番組提供を始めている。イギリスは世界で一番多くオンデマンド視聴をしているというデータもある（Ofcom, 2016）。

　こうした背景からアメリカのOTT事業者がイギリスの既存メディアを揺るがすという状況は起きていない。ただし，全く影響がないわけではなく，間接的には変化の風を受けている。ひとつは制作費の高騰である。NetflixやAmazonは，単に他社の制作番組をOTTで提供するだけでなく，高額な制作費をかけて，番組制作に乗り出し，『ハウス・オブ・カード』のように著名な賞を受賞し高い評価を受けている番組も多い。イギリス王室を描いたドラマ『ザ・クラウン』は，BBCもドラマ化を狙ったものの，最後はNetflixが権利を取得した。Netflixは約180億円の制作費をかけたと言われているが，公共放送が一つのドラマのために決してつぎ込めない金額である。世界中で人気を博したBBCの自動車情報番組『トップ・ギア』の司会者は高額の契約金でAmazonに移った。また，焼き菓子を作る腕前を競うBBCの看板番組『ベイク・オフ』もライバル社に買われた。背景には，コンテンツのグローバル化があげられる。番組がグローバルにヒットすれば，その売り上げは莫大であり，世界展開を狙って，制作費も高騰している。しかし世界的ヒットを予測してコンテンツを制作することは難しい。そもそも視聴者は多様であり，コンテンツを世界展開する際に「国際的視聴者」は存在せず，個別の「国内市場の視聴者」をターゲットにしている。そのため，同じ番組でも国によって販売戦略を変えたり，時にはコンテンツを修正したり，あるいは番組の形態や演出などフォーマットだけを売って，中身の制作はローカルの制作者が行うというケースも増えている。

OTT 事業者の登場でコンテンツが国境を超えることがずっと容易になった。インターネット上では，国にいながら世界中の膨大なコンテンツを視聴でき，また自国のコンテンツを世界中に展開することもできる。Netflix は 2016 年現在，世界 190 の国・地域に事業を拡大している。中国や北朝鮮，シリアなどごく一部の国を除いて，ほぼ世界中をカバーしている。こうしたことが可能なのは，インターネットという伝送路の強みであり，この点でも放送のあり方を根本的に変える可能性をもっている。

OTT 事業者の間接的な影響として，従来の放送事業者が強く意識しているのが，視聴習慣の変化である。たとえばオンデマンド視聴の増加に合わせて，ドラマなどを第 1 話から最終回まで一気に見る「ビンジ・ウオッチング」をする視聴者が増えていることがある。そのため，多くの放送局では，番組をまとめて視聴できるよう，1 本ずつではなく全作セットで提供するケースも増えている。また世界中の溢れるコンテンツから視聴者にどう選んでもらえるのかということを大きな課題として認識している。Netflix などでは，その過去の視聴履歴から次に見る番組を個々人にレコメンド（推薦）しているが，BBC でも iPlayer に同様の機能を付けるなどパーソナル化をキーワードにサービス向上を目指している。多くの人に同じコンテンツを一度に届けることができるという放送の特性とは異なる方向性である。

6. 大競争時代の放送メディア

2016 年のアメリカ大統領選挙は，デジタル時代のメディアの変容を顕在化させたと言われている。ネットワークの ABC はテレビやインターネットでニュース・番組映像を配信するだけでなく，ソーシャルメディアの Facebook と提携し，"Facebook Live" を活用して，党大会のスピーチや現場からのインタビューなどを生放送した。一方 CBS は Twitter と組んで，CBS News をライブで流した。デジタル空間でのメディア間の競争は激化している。たとえば，伝統ある新聞社のワシントン・ポストは，2016 年には 60 人のビデオジャー

ナリストを抱え，自社内に放送スタジオを作り，映像ニュースも制作している。さらに 360 度カメラで大統領選挙の党大会の模様をライブ配信した YouTube もある。従来の放送局やプリントメディア，新興のソーシャルメディアなど多様なプレーヤーが，時に手を組み，時にライバルとなる大競争時代に入っている。

　競争が激しくなればなるほど，人びとの興味を引く情報・ニュースが重視され，社会にとって本当に必要なニュースであっても注目されないまま陰に隠れてしまうこともある。こうした中で，大統領選挙では，メディアの信用性が問題視された。溢れる情報の中に意図的に嘘を拡散するフェイク・ニュースが混じりこんだ。またトランプ大統領は自分に批判的な放送メディアのニュースをフェイク・ニュースと呼び，一定の支持を受け，ネットワークの報道の信頼を揺るがす事態となった。アメリカでは，1987 年に公平原則（Fairness Doctrine）が撤廃されており，議論が分かれる社会問題について，放送局は，双方の見解を公平に報道する必要はなく自分の立場を明確にして伝えることができる。このことが，視聴者にとって情報の信用性に疑問を抱かせることとなった。大統領選挙報道の反省からアメリカでも強い公共放送を求める声が一部であがったが，自由競争を基本とするアメリカ・メディア界で実現するのは難しいとみられる（藤戸，2017）。

　一方で，イギリスでは公平性は大原則として維持されている。BBC は，報道の不偏不党・正確さ（Impartiality・Accuracy）を設立以来，最重要視し，報道ガイドラインの基盤においており，今後もその姿勢を変える意思はない。

　商業主義からも政府の圧力からも独立した報道機関として，信頼される情報源となることを目指している。しかし，BBC や世界の多くの公共放送でも市場の競争から完全に自由になれない（Meyerhofer, 2015 : 83）。2017 年に発効した新特許状で，初めて BBC の規制を行うことになった独立機関 Ofcom（放送通信庁）は，BBC が新規事業を立ち上げる際，「公共の利益」と「市場への影響」を調査し，承認するかどうかの判断を下す。公共放送モデルを維持しながら，市場競争とのバランスが求められている。BBC は営利目的の子会社が BBC の

コンテンツを世界に販売しているが，国内の市民に対する公共サービスの提供を目的に設立された公共サービス放送がますますグローバル化の波にもさらされている（Lowe, G. F. and Goodwin, P. 2015：16）。

　放送メディアには国家というコミュニティを基盤とする共同性を想定した公共圏への利益に資する役割があると理解される（大石，2016：72）。しかし現実には，自由競争モデルのアメリカでも，家父長主義モデルのイギリスやヨーロッパでも，視聴者はオンデマンドで自分の見たい番組を中心に選択する傾向が強まっている。そのため放送局は，人びとが見るべき番組ではなく，見たい番組を提供することを重視する傾向にある。

　ただ，ロイター・ジャーナリズム研究所が日本を含む世界 36 ヵ国で行った調査によると，ソーシャルメディアよりもテレビでニュースを得る人の方が今でも圧倒的に多く，またソーシャルメディアで流れているニュースも，大半は従来の報道機関が情報源になっているという。ソーシャルメディア上の映像コンテンツも多くは従来の放送局が制作したものである。こうしたことからソーシャルメディアの台頭が即ち放送局の危機というわけではない。ロイター・ジャーナリズム研究所の調査担当者は「フェイク・ニュース問題は，主流メディアの存在意義を再確立する絶好の好機だ」と述べている（Reuter, 2017）。

　放送と通信の融合が進み，細分化した視聴者の関心に応えるかのように多種多様なメディアが生まれている。その中で，放送メディアには，同じ社会に暮らす市民が共有すべき知識や経験を提供する，公共圏における社会基盤としての存在意義があるのではないだろうか。そのためには，溢れる情報・コンテンツの中から，品質と正確さにおいて信用できるメディアとして市民から選択され，いざというときに頼られるメディアであり続けることが求められる。大競争時代の放送メディアは自らの価値をどこに置くのかが問われている。

引用文献

NHK 放送文化研究所『データブック世界の放送 2017』NHK 出版，2017.
大石裕「メディアと公共性」大石裕・山越修三・中村美子・田中孝宜編『メディ

アの公共性　転換期における公共放送』慶應義塾大学出版会，2016.

Ofcom（Office of Communications）UK Audience Attitudes to the Broadcast Media, 2016.
https://www.ofcom.org.uk/research-and-data/tv-radio-and-on-demand/tv-research/audience-attitudes（2017 年 6 月 30 日アクセス）

霜鳥秀雄「米商業テレビネットワーク 50 年の軌跡～プライムタイム番組編成からの考察～」NHK 放送文化所『年報 44』1999.

DCMS（Department for Culture, Media & Sport）, Broadcasting; A copy of Royal Charter for the continuance of the British Broadcasting Corporation, 2016.
https://www.gov.uk/government/uploads/system/uploads/attachment_data/file/577829/57964_CM_9365_Charter_Accessible.pdf（2017 年 6 月 30 日アクセス）

杉内有介「ドイツの公共放送の制度と財源」NHK 放送文化研究所『年報 56』2012.

藤戸あや「2016 年米大統領選にみるアメリカのテレビメディアの変容～最新報告　ネットと融合した巨大情報空間～」NHK 放送文化研究所『放送研究と調査』2017 年 6 月号，2017.

Head, S. W., Spann, T., et al., *Broadcasting in America, ninth Edition*, Houghton Mifflin Company, 2001.

Hodkinson, P., *Media, Culture and Society, an introduction*, SAGE, 2011.

BBC, BBC Annual Report and Accounts 2015/16, 2016. http://downloads.bbc.co.uk/aboutthebbc/insidethebbc/reports/pdf/bbc-annualreport-201516.pdf（2017 年 6 月 30 日アクセス）

簑葉信弘『第二版　BBC イギリス放送協会』東信堂，2002.

Meyerhofer, T., Public Service Media in 'Coopetitive' Network of Marketisation, Lowe, G.F., Yamamoto, N., (eds.) *Crossing Borders and Boundaries in Public Service Media*, NORDICOM, 2015.

山田賢一「アジアのメディア状況―『政治圧力』の下での苦闘―」慶應義塾大学メディアコミュニケーション研究所・NHK 放送文化研究所（編）『ジャーナリズムの国籍　途上国におけるメディアの公共性を問う』慶應義塾大学出版会，2015.

Reith, J.C.W., *Broadcast over Britain*, Hodder and Stoughton, 1924.

Reuter Digital News Report 2017, 2017. http://www.digitalnewsreport.org/

Lowe, G.F., Goodwin, P. et al., Crossing Borders & Boundaries in PSM. Heritage, Complication and Development, Lowe, G.F., Yamamoto, N., (eds.) *Crossing Borders and Boundaries in Public Service Media*, NORDICOM, 2015.

索　引

執筆者 (五十音順)

〈編著者〉

島崎　哲彦 (しまざき　あきひこ) (Ⅰ章担当)

1946 年	神奈川県生まれ
1989 年	立教大学大学院社会学研究科博士前期課程修了　博士 (社会学)
1996〜2017年	東洋大学社会学部助教授・教授, 東洋大学大学院社会学研究科客員教授
現　　職	東洋大学現代社会総合研究所　客員研究員
	日本大学法学部新聞学研究所　研究員
	日本大学法学部・日本大学大学院新聞学研究科非常勤講師
専門分野	マス・コミュニケーション論, メディア論, 社会調査法
著　　書	『21 世紀の放送を展望する―放送のマルチ・メディア化と将来の展望に関する研究―』(学文社, 1997), 『新版・マス・コミュニケーションの調査研究法』(共著, 創風社, 2006), 『マス・コミュニケーション調査の手法と実際』(共編著, 学文社, 2007), 『放送論』(共編著, 学文社, 2009), 『ネットワーク化・地域情報化とローカルメディア―ケーブルテレビの今後を見る―』(共著, ハーベスト社, 2009), 『新版　概説マス・コミュニケーション』(共著, 学文社, 2010), 『社会調査の実際―統計調査の方法とデータの分析―』第 12 版, (共著, 学文社, 2017) 他。

米倉　律 (よねくら　りつ) (Ⅴ章, Ⅷ章, Ⅺ章担当)

1968 年	愛媛県生まれ
1994 年	早稲田大学大学院政治学研究科修士課程修了
1994〜2014年	NHK 報道局ディレクター, NHK 放送文化研究所主任研究員
現　　職	日本大学法学部新聞学科准教授
専門分野	放送ジャーナリズム論, 放送史
著書・論文	『新版　概説マス・コミュニケーション』(共著, 学文社, 2010), 『メディアの地域貢献―「公共性」実現に向けて』(共著, 一藝社, 2010), 「地域メディアが伝える震災と復興――東日本大震災の被災地で活動するジャーナリスト達の 5 年――」(『日本オーラル・ヒストリー研究』第 12 号, 2016 年), 「テレビ番組における訪日外国人, 国内在住外国人の表象」(『ジャーナリズム＆メディア』Vol.10, 2015) 等。

〈著者〉

大谷　奈緒子 (おおたに　なおこ) (Ⅸ章担当)

1969 年	愛媛県生まれ。東洋大学大学院社会学研究科博士後期課程単位取得退学。東洋大学社会学部教授。専門分野は地域メディア論, メディア・コミュニケーション論。
著書・論文	『新版　概説マス・コミュニケーション』(共著, 学文社, 2010), 『ネットワーク化・地域情報化とローカルメディア』(共著, ハーベスト社, 2009), 「デジタル時代のケーブルテレビ」(『東洋大学社会学部紀要』50(1), 2012) 等。

片野　利彦 (かたの　としひこ) (Ⅹ章担当)

1981 年	福島県生まれ。東洋大学大学院社会学研究科博士前期課程修了。一般社団法

人日本民間放送連盟番組・著作権部副主査。専門分野は放送倫理。

著書・論文　「新聞・週刊誌の事件報道にみるプライバシー問題——神戸児童連続殺傷事件記事の内容分析から」(『東洋大学社会学部紀要』44(1)，2006)，「2016年の放送界概観」(『ジャーナリズム＆メディア』Vol.10，2017) 等。

笹田　佳宏 (ささだ　よしひろ) (Ⅲ章担当)

1966年　　東京都生まれ。日本大学大学院総合社会情報研究科修士課程修了。日本大学法学部新聞学科准教授。専門分野はメディア法，放送法。

著書・論文　『放送制度概論—新・放送法を読みとく』(共著，商事法務，2017)，『新版　概説マス・コミュニケーション』(共著，学文社，2010)，『放送法を読みとく』(共著，商事法務，2009) 等。

田中　孝宜 (たなか　たかのぶ) (XII章担当)

1965年　　大阪府生まれ。名古屋大学大学院国際開発研究科博士課程修了。NHK放送文化研究所メディア研究部副部長。専門分野は，世界の公共メディア研究，災害報道。

著書・論文　「グローバル社会における公共メディアと災害報道」(共編著『メディアの公共性 転換期における公共放送』慶應大学出版会，2016)，「BBCの『EU国民投票』報道〜公平な報道のためのガイドラインと職員研修〜」(『放送研究と調査』2016年10月号，2016)，Disaster Coverage and Public Value from Below：Analyzing the NHK's Reporting of the Great East Japan Disaster, *The Value of Public Service Media NORDICOM, 2014.* 等。

西土　彰一郎 (にしど　しょういちろう) (Ⅳ章担当)

1973年　　福岡県生まれ。神戸大学大学院法学研究科博士後期課程修了。成城大学法学部教授。専門分野は憲法，メディア法。

著書・論文　『放送の自由の基層』(信山社，2011)，「デジタル基本権の位相」(ドイツ憲法判例研究会編『憲法の規範力とメディア法』信山社，2015年)，「トランスナショナル憲法の可能性」(門田孝・井上典之編『憲法理論とその展開』信山社，2017) 等。

松山　秀明 (まつやま　ひであき) (Ⅱ章，Ⅵ章担当)

1986年　　埼玉県生まれ。東京大学大学院学際情報学府博士課程満期退学。関西大学社会学部助教。専門分野はテレビ文化論，映像アーカイブ。

著書・論文　『メディアが震えた—テレビ・ラジオと東日本大震災』(共著，東京大学出版会，2013)，「テレビジョンの学知—1960年代，『放送学』構想の射程」(『マス・コミュニケーション研究』85，2014)，「日本のテレビ研究史・再考—これからのアーカイブ研究に向けて」(『放送研究と調査』67(2)，2017) 等。

水島久光 (みずしま　ひさみつ) (Ⅶ章担当)

1961年　　東京都生まれ。東京大学大学院学際情報学府修士課程修了。東海大学文学部広報メディア学科教授。専門分野はメディア論，情報記号論，アーカイブ論。

著書・論文　『閉じつつ開かれる世界—メディア研究の方法序説』(勁草書房，2004)，『テレビジョン・クライシス—視聴率，デジタル化，公共圏』(せりか書房，2008)，『メディア分光器—ポストテレビからメディアの生態系へ』(東海教育研究所，2017) 等。

新放送論

2018 年 3 月 10 日　第一版第一刷発行

編著者　島崎　哲彦
　　　　米倉　　律

発行所　株式会社 学文社

発行者　田中　千津子

〒 153-0064　東京都目黒区下目黒 3-6-1
電話　(03) 3715-1501 (代表)　振替 00130-9-98842
http://www.gakubunsha.com

印刷／新灯印刷㈱
（検印省略）

ISBN978-4-7620-2771-0